信息技术人才培养系列规划教材

华育兴业产学研合作系列教材

大数据应用技术

原理+技术+实战

王国珺 饶绪黎 王鹏 编著

人民邮电出版社

北京

图书在版编目（CIP）数据

大数据应用技术 : 原理+技术+实战 / 王国珺, 饶绪黎, 王鹏编著. -- 北京 : 人民邮电出版社, 2021.12（2023.1重印）
信息技术人才培养系列规划教材
ISBN 978-7-115-56213-5

Ⅰ. ①大… Ⅱ. ①王… ②饶… ③王… Ⅲ. ①数据处理－教材 Ⅳ. ①TP274

中国版本图书馆CIP数据核字(2021)第054087号

内容提要

本书主要结合当前流行的大数据框架 Hadoop、HBase、Hive、Storm、Flume、Kafka，采用案例形式系统地讲解大数据应用技术的相关知识。全书共有 8 章，分别介绍了大数据概论、大数据基础知识、大数据文件存储系统、大数据计算技术、大数据应用程序协调服务、大数据存储应用技术、大数据仓库应用技术、大数据实时应用技术。为了让读者能够及时地检验自己的学习效果，各章后面都附有相应的习题。本书提供丰富的配套资源，包括教学课件 PPT、习题参考答案等，读者可登录人邮教育社区（www.ryjiaoyu.com.cn）进行下载。

本书既可以作为高等院校大数据及其相关专业的教材，又可以作为大数据相关技术人员自学的参考书。

◆ 编　　著　王国珺　饶绪黎　王　鹏
　责任编辑　李　召
　责任印制　王　郁　马振武
◆ 人民邮电出版社出版发行　　北京市丰台区成寿寺路 11 号
　邮编　100164　　电子邮件　315@ptpress.com.cn
　网址　https://www.ptpress.com.cn
　北京天宇星印刷厂印刷
◆ 开本：787×1092　1/16
　印张：13　　2021 年 12 月第 1 版
　字数：321 千字　　2023 年 1 月北京第 2 次印刷

定价：49.80 元

读者服务热线：(010)81055256　印装质量热线：(010)81055316
反盗版热线：(010)81055315
广告经营许可证：京东市监广登字 20170147 号

前言 FOREWORD

近年来，信息化工程在各国政府的推动下实现了迅猛发展，随着网络技术的进步，进一步催生了物联网、云计算、人工智能等技术。可以说，将自然界中的一切事物以计算机可识别的符号进行记录（即数据化），并从中进行知识挖掘，已经成为大数据时代的主题，大数据应用技术也已成为衡量各国实力的重要因素。

Hadoop是最早出现且应用广泛的大数据处理工具，它具有开源、易扩展、生态圈完整等特点，涉及分布式理论知识的方方面面，可以说在诸多大数据框架中极具竞争力。Hadoop的使用人群包括科研工作者、程序工程师、教育工作者等，是当前大数据应用中认可度非常高的大数据应用基础软件框架。

鉴于此，本书选用Hadoop为工具带领读者进行大数据应用技术的学习。Hadoop透明式的设计大大降低了应用难度，它的开源设计又能满足部分读者深入学习的需求，可以说，Hadoop是大数据应用技术非常理想的入门工具。本书针对Hadoop的核心模块HDFS对小条目片段数据存储不足的问题，对比讲解了HBase的应用过程；针对Hadoop的核心模块MapReduce对程序要求较高的特点，对比讲解了Hive的应用过程；针对Hadoop的延时性，对比讲解了Storm大数据实时性的实现过程。希望读者能够基于Hadoop学习分布式存储与分布式计算的基础知识，并补充学习HBase、Hive、Storm的相关知识，加深对大数据应用技术的相关理论的理解。

本书的内容基本覆盖大数据应用技术的主要知识点，各章内容简介如下。

第1章　大数据概论：简要描述数据的基本概念、组成结构和数据价值，对比讲解大数据与当前流行的云计算和人工智能的关系，同时介绍大数据应用中涉及的主要技术及主流的应用框架。

第2章　大数据基础知识：以Hadoop为例，主要介绍基于大数据分布式文件存储理论的HDFS框架和基于大数据分布式计算理论实现的MapReduce框架，同时通过介绍YARN助力读者更好地理解Hadoop中的资源管理；并配置Hadoop应用安装的实验，为后面内容的学习做好基础理论与实验环境的铺垫与准备工作。

第3章　大数据文件存储系统：主要介绍HDFS工作流中具体的写数据、读数据的过程，介绍HDFS Shell和HDFS API的实际应用示例，助力读者理解大数据平台应用中读写数据的实际操作过程。

第 4 章　大数据计算技术：主要介绍 MapReduce 中分布式编程的实现过程，包括数据的 Mapper 输入、Shuffle 原理、Combiner 本地合并优化、Reducer 输出、计数器和常用应用的具体实现过程。

第 5 章　大数据应用程序协调服务：主要介绍了 ZooKeeper 数据模型及工作原理，并针对 ZooKeeper 能有效解决分布式环境当中多个进程之间的同步控制，使其有序地去访问某种临界资源的功能，以 Hadoop HA 为例介绍了 ZooKeeper 的应用过程及 Hadoop HA 的配置过程。

第 6 章　大数据存储应用技术：主要介绍 HBase 的工作原理及实际应用过程。HBase 的功能可弥补 HDFS 小条目片段数据存储的不足，可将数据进行排序后，按中间键进行拆分，尽量满足业务相似数据存储位置相近的要求，加快数据尤其是小条目片段数据的查询速度。

第 7 章　大数据仓库应用技术：主要介绍 Hive 的工作原理及实际应用过程。Hive 允许用户以类似于 SQL 的方式编写应用。默认情况下，Hive 首先将复杂的 SQL 解析成 MapReduce 程序，继而实现基于 HDFS 或 HBase 等工具下数据的统计计算。这可降低开发难度，一定程度地节省项目的成本。

第 8 章　大数据实时应用技术：Hadoop 的工作原理决定了它在数据存储与计算方面的延时性，本章通过对 Storm 原理与实际应用的介绍，配置一个实时约车案例，助力读者理解大数据下实时业务的实现过程。

由于与大数据应用技术相关的工具一直处于演化之中，本书涉及的内容比较广泛。限于编者水平，书中难免存在不妥之处，敬请读者提出宝贵建议，帮助完善本书。

编　者

2021 年 9 月

目 录 CONTENTS

第 7 章 大数据仓库应用技术 147

第 8 章 大数据实时应用技术 177

01

第1章　大数据概论

自世界第1台电子计算机问世以来，人们的生活发生了巨大的改变。社会信息量巨增，信息数据蕴含的价值得到人们的广泛关注。随着计算机和网络通信等相关技术的飞速发展，大数据的应用领域越来越广泛。如今企业与科研机构积极合作，推动了大数据应用技术进一步发展。

知识地图

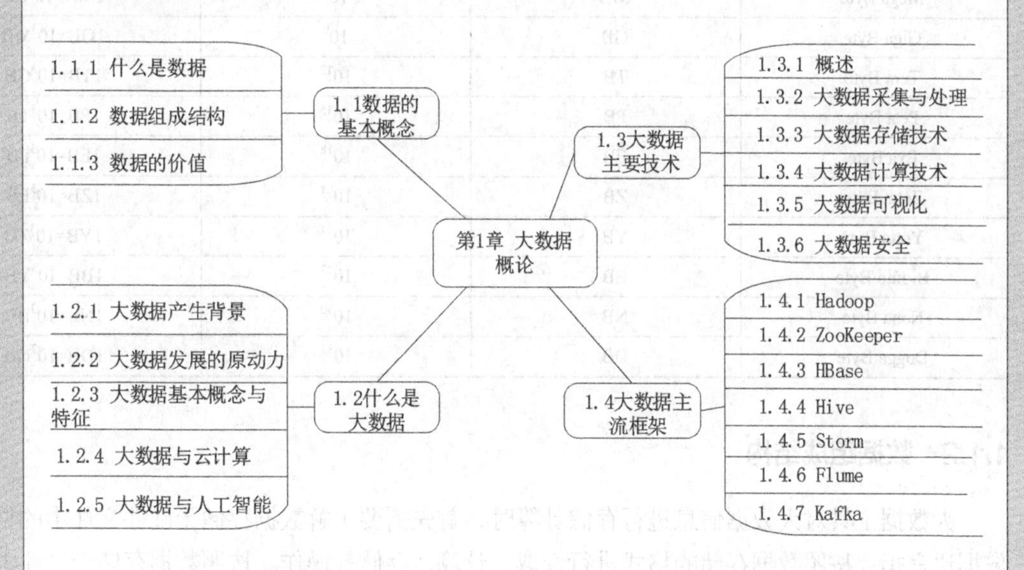

1.1　数据的基本概念

1.1.1　什么是数据

从计算机科学层面上来讲，数据（Data）主要指一切能输入计算机，且计算机能识别、记录和通过计算机程序处理的符号，在计算机中以1和0的形式进行存储。例如“hello”字符串，在常规做法中，会将其转换成ASCII，然后将ASCII对应的数字转换成计算机对应的二进制数进行存储，如表1-1所示。

表 1–1　　字符串与 ASCII 及二进制数之间的转换

字符串	h	e	l	l	o
ASCII	104	101	108	108	111
二进制数	01101000	01100101	01101100	01101100	01101111

“hello”字符串，可称为信息量，在业务中可以代表问候语等。在实际项目中，像这样的信息知识不同时，信息量各不相同，如一个日期与一篇文章的长度相差很大，计算机在处理这些信息时，会衍生出不同的数据量单位。标准中规定以 8 个二进制位（bit）表示 1 个字节（Byte），字节是计算机中存储信息表示的“基本单位”。由于硬件设计的特点，规定最接近于 1000 的 2^{10}=1024 为单位换算标准，其中 2 来自硬件存储中 0 和 1 的两种状态。具体十进制前缀（SI）数据量单位换算关系如表 1-2 所示。

表 1–2　　十进制前缀（SI）数据量单位换算关系

名称	缩写	次方	换算关系举例
Kilo Byte	KB	10^3	1KB=10^3B
Mega Byte	MB	10^6	1MB=10^3KB
Giga Byte	GB	10^9	1GB=10^3MB
Tera Byte	TB	10^{12}	1TB=10^3GB
Peta Byte	PB	10^{15}	1PB=10^3TB
Exa Byte	EB	10^{18}	1EB=10^3PB
Zetta Byte	ZB	10^{21}	1ZB=10^3EB
Yotta Byte	YB	10^{24}	1YB=10^3ZB
Bronto Byte	BB	10^{27}	1BB=10^3YB
Nona Byte	NB	10^{30}	1NB=10^3BB
Dogga Byte	DB	10^{33}	1DB=10^3NB

1.1.2　数据组成结构

大数据工具对大数据信息进行存储计算时，首先需要了解数据存储于硬件文件中的格式，然后依据语言指令按照数据存储的格式进行读取、计算、存储等操作。按照数据存储于文件中的结构模式，可将数据大体划分为结构化数据、非结构化数据和半结构化数据。

1. 结构化数据

百度百科描述：“结构化数据，简单来说就是数据库。”结构化数据具有较强的结构模式，数据本质上是“先有结构，后有数据”。例如，一个针对行业新闻数据的存储，首先在数据库中新建了一张表，定义了文章 ID、标题、发布内容、发布日期和发布人 5 个字段，如图 1-1 所示。然后依据这样的格式向各字段中存储数据，如图 1-2 所示。

Name	Type	Length	Decimals	Not null
accountid	int	11	0	☑
title	varchar	150	0	☐
content	text	0	0	☐
release_date	datetime	0	0	☐
release_user	int	11	0	☑

图 1-1 结构化数据示例定义格式

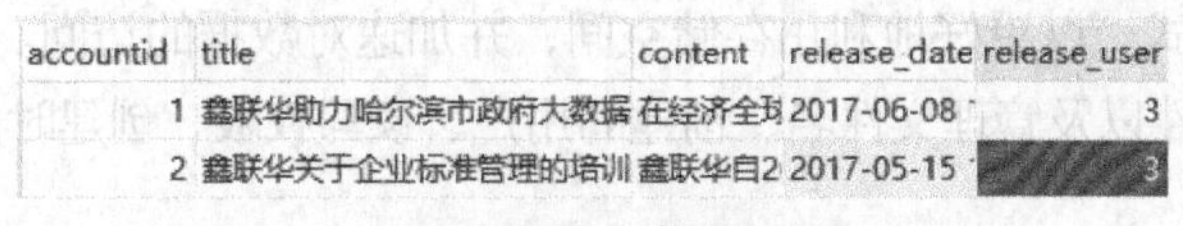

accountid	title	content	release_date	release_user
1	鑫联华助力哈尔滨市政府大数据	在经济全	2017-06-08	3
2	鑫联华关于企业标准管理的培训	鑫联华自2	2017-05-15	3

图 1-2 结构化数据示例按格式填写内容

图 1-2 中的结构化数据表现为一组二维形式的数据集，每一行表示一个实体，即一条消息。每一行的不同属性表示实体的不同方面，每一列数据具有相同的属性。

2. 非结构化数据

非结构化数据的结构模型不规则或不完整，没有预定义的数据模型，所以难以发现统一的数据结构。非结构化数据是我们日常生活中接触非常多的数据。例如，存储在文本文件中的系统日志、图像、音频、视频等数据都属于非结构化数据。这类数据不方便用数据库二维逻辑表进行描述，在数据库中存储的是整个文件位于计算机中的路径。例如，一个新闻网站使用了一些小图标，网站的程序通过读取数据库中小图标的存储路径，找到图标并将其显示在新闻页面上。

3. 半结构化数据

半结构化数据是一种弱化的结构化数据模式，具有一定的结构性，但它并不符合关系型数据模式的要求，有明确的数据大纲，包含相关的标记，可用来分割实体以及实体的属性。这类数据中的结构特征相对容易被发现和获取，通常采用类似 XML、JSON 等标记语言或格式来表示。

对于 XML、JSON 这种数据结构，目前也有些数据库提供了良好的用户接口，如 MongoDB、Hive。半结构化数据应用也很广泛，可以记录人员信息、微博信息、一些工具的配置信息等。例如，应用 XML 技术记录张三和李四两位员工的信息，除联系方式外，其他结构模式一致，XML 描述如下所示。

```
<Company>
    <Employee>
        <Name>张三</Name>
        <Salary>10000.0¥</Salary>
        <Contact>
            <Mobile>13300000000</Mobile>
            <Phone>0488-80445522</Phone>
            <Email>JDoe@email.com</Email>
        </Contact>
    </Employee>
    <Employee>
        <Name>李四</Name>
        <Salary>7000.0¥</Salary>
            <Contact>
                <Mobile>13300100340</Mobile>
                <Email>MSmith@email.com</Email>
```

```
        </Contact>
    </Employee>
</Company>
```

此外，为了方便数据的组织，可以将数据以文件的方式保存起来。相同的数据表示，可以按照不同的格式将数据组织在文件中。例如，一张表格的数据，可以按照行的顺序写入文件，也可以按照列的顺序写入文件。针对不同目的设计的存储系统（如文件系统、关系数据库等）会专门选择最适合这类数据的存储方式，以更好地利用存储空间，并加速对数据的访问。在计算机中，文件系统也会被用于管理大量文件以及管理文件名、创建的用户、读写权限、创建时间等元数据。

1.1.3 数据的价值

媒体播报时经常会有主持人报道“据大数据分析得到未来几天将有雷雨天气”“据大数据分析统计未来几年最热门的行业将对哪些人才有需求”“据大数据分析某地区房价将有上升趋势”等，这些结论毫无疑问来自大量数据的统计分析总结。“粗暴”地讲这就是“数据的价值”，即通过对数据的分析，提取数据中蕴含的价值，协助人们了解事物的现状，总结事物的运行规律，进而指导人们的生活实践。

如百度网，存储着大量的数据，其按用户对相似事物搜索频率分析用户感兴趣的事物的排名，以便每次搜索时将用户最可能查找的信息最先显示到页面。又如淘宝网，通过对用户行为数据的分析，提供当不同用户在购买商品时推荐个性化的商品的服务。这个过程完成了将数据通过计算机技术向信息的转换。通过计算机科学应用、统计学、深度学习等专业理论进行知识发现，使得数据有了实际的意义，即数据本身没有价值，结合业务需求，进行科学分析才使得它有了价值。

大数据的核心价值在于其中蕴含的知识发现。常规数据价值的分析方法是根据业务需求对数据存储格式进行存储设计，如存储于文件系统、数据库系统等，然后通过计算机程序，借助统计学、概率论、运筹学、神经网络等理论知识进行知识发现。如统计学中常用的手段，通过数据抽样获得一个样本集合，利用该样本集合得到的事物的特征来预估总体的特征。显然，当数据抽样覆盖总体的每个个体时，所得出的统计推测具有较高的置信度。

1.2 什么是大数据

1.2.1 大数据产生背景

如今随着信息化技术的迅猛发展，人们对数据所产生的价值的认知越来越清晰，对数据越来越重视。将大量数据存储于磁盘等介质，为后续的科学的数据分析打好基础成为当今的“时尚”。据中国电子技术标准化研究院全国信息技术标准化委员会大数据标准工作组发布的《大数据标准化白皮书（2018）》上显示“全球已步入大数据时代，互联网上的数据量每两年会翻一番。截止 2013 年，全球数据量约为 4.3 泽字节，2020 年有望达到 40 泽字节”。目前个人计算机内存存储容量大多为 8GB，硬盘以 500GB 和 1TB 为主，即便是商用服务器存储容量相对于泽字节（ZB）来讲也是很渺小的。针对这样大的数据量，相应的大数据存储技术与大数据计算技术成为当今大数据技术发展的主流。各国政府的政策导向成为大数据发展的主要原动力。

1.2.2 大数据发展的原动力

数据本身潜在的经济价值是大数据发展最强大的原动力，但大数据的发展离不开政策的导向与大数据技术的推动作用。

大数据的发展离不开政策的推动，世界各国大力发展大数据技术。美国在2009年就推出了“一站式”政府数据下载网站；2012年5月，英国政府注资10万英镑（约100万元人民币），支持建立首个开放式数据研究所ODI（the Open Data Institute）；日本于2012年6月，由日本IT战略本部发布电子政务开放数据战略草案，迈出了政府数据公开的关键性一步；印度联邦内阁于2012年批准了国家数据共享和开放政策；澳大利亚政府于2012年10月发布了《澳大利亚公共服务信息通信技术发展战略2012—2015》，并制定了一份大数据战略作为战略执行计划之一；欧盟委员会于2014年发布了《数据驱动经济战略》。之后这些国家和组织更是投入大量人力、物力发展大数据产业。此外还有许多国家参与了大数据的发展与建设工作，如近年来我国相继出台了一系列相关政策推动大数据的技术、产业及其标准化的发展。依据国家政策，我国各部委和相关行业管理部门也出台了一系列政策来促进大数据在各领域中的应用与相关方面的发展。在通过制定政策推动的同时，我国设立了若干大数据综合实验区，发布了众多大数据项目，鼓励大数据的发展，并给予资金的支持。

大数据的发展离不开计算机相关硬件技术的发展和利用软件技术进行的建设工作。硬件技术是数据存储的载体，也是数据计算的支撑，决定了数据存取、计算等操作的处理性能和物理极限。软件技术通过设计优化算法和数据结构，提升与硬件的契合度，优化硬件使用性能与效率，尽量规避硬件固有的限制，使其发挥效用，达到目的需求。随着信息化技术的产生与发展，硬件技术不断发展，但存储能力与计算能力仍然有限，针对大数据技术这种以数据为中心的数据密集型技术，常常需要集群赖以支撑，存取与计算过程大多基于内存-磁盘访问模式以及网络间的数据传输工作。所以在大数据量下，I/O瓶颈问题成为主要的研究内容。当前的计算机系统仍然广泛采用冯·诺依曼型体系结构，即以存储为中心的数据访问和处理架构。近年来，硬件技术在存储器和处理器两大核心部件以及网络连接上取得了突破性进展，网络通信能力也在增强。软件分布式存储与分布式计算框架也得到了相应的发展，例如，HDFS、NoSQL等分布式存储技术，MapReduce、Spark等分布式计算技术。针对服务器集群硬件资源的虚拟化技术，很好地完成了硬件与软件的虚拟工作，达到了简化管理与优化资源的目的。

大数据标准化也日渐完善。在国外：NIST（美国国家标准技术研究所）成立大数据公共工作组（NBD-PWD），对大数据的发展和应用及标准化进行研究；ISO/IEC JTC1/SC32数据管理和交换分技术委员会，长期致力于研制信息系统环境内部及之间的数据管理和交换标准，为跨行业领域协调数据管理提供技术性支持；ITU在2013年11月发布了题为“大数据：今天巨大，明天平常”的技术观察报告，该技术观察报告分析了大数据相关的应用实例；IEEE大数据治理和元数据管理（BDGMM）于2017年6月成立，主导大数据标准化工作。在国内：2014年12月2日，全国信息技术标准化委员会大数据标准工作组正式成立；2016年4月，全国信息安全标准化技术委员会大数据安全标准特别工作组正式成立；中国电子技术标准化研究院全国信息技术标准化委员会大数据工作组在2014年《大数据白皮书》中给出了大数据标准体系框架。

1.2.3　大数据基本概念与特征

早在 1980 年，著名未来学家阿尔文 · 托夫勒就提出了大数据的概念。2009 年，美国互联网数据中心证实大数据时代的来临。在计算机领域，大数据主要指无法在可接受时间范围内用常规软件工具进行有效处理的数据集，且这些数据拥有很大的共性。麦塔集团分析员道格 · 莱尼（Doug Laney）在 2001 年的研究与相关的演讲中指出，数据的挑战和机遇有三个方向：量（Volume）、速度（Velocity）与多变（Variety），合称“3V”，并将其作为大数据定义的参考依据。研究机构 IDC 在 3V 基础上定义了第 4 个 V：价值（Value）。阿姆斯特丹大学的研究员提出了大数据体系的 5V 特征，即在 4V 的基础上，增加了真实性（Veracity）。现在一些杂志或书籍上会提到大数据的“4V”或“5V”特征。其中“量”指数据大小；“速度”指数据输入输出的速度；“多变”指数据类型繁多，即数据的多样性；“价值”指数据描述的信息中蕴含的知识体现的价值；“真实性”指数据的客观性和数据分析是否能真实地反映事物的本来面目，以及其蕴含的未来发展趋势。依据中华人民共和国工业和信息化部 2018 年发布的《大数据标准化白皮书》，“多样性”和“价值”最被大家所关注。“多样性”之所以最被关注，是因为数据的多样性使其存储、应用等各个方面都发生了变化，对多样化数据的处理需求也成为了重点技术攻关方向。而“价值”则不言而喻，不论是数据本身的价值还是其中蕴含的价值，都是企业、部门、政府机关所关注的。因此，如何将如此多样化的数据转化为有价值的存在，是大数据所要解决的重要问题。

1.2.4　大数据与云计算

云计算是一种基于互联网的，大众可按需、随时随地获取计算资源与能力进行计算的新计算模式。云计算是大数据汇聚、分析、计算的基础设施，客观上促进了数据资源的集中。云计算按部署模式分为 4 类：公有云、私有云、社区云和混合云。云计算可解释为一切能够通过互联网提供的服务，这些服务被划分为 3 个层次：基础设施即服务（Infrastructure as a Service，IaaS）、平台即服务（Platform as a Service，Paas）和软件即服务（Software as a Service，SaaS）。下面通过一个典型的云计算应用的框架来说明大数据与云计算的关系，如图 1-3 所示。

图 1-3 中的数据来源层展示了云计算项目数据的来源，可以看到，数据格式多样，包括结构化、半结构化和非结构化数据，属于典型的多源异构数据。IaaS 层实现了云计算平台需要的虚拟化服务及物理设备；PaaS 层主要描述了云计算项目相应的应用程序，结合 IaaS 层实现数据在集群中尽量均衡的数据存储与计算；SaaS 层展示的是用户通过提供商依据获取的权限及业务需求提供的服务对信息的应用。客户端可通过图、表、邮件等形式进行信息的获取和展示。

针对本书的大数据应用来讲，它在云计算框架中主要应用于 PaaS 层，协助云计算其他资源，完成大数据的存储与计算工作。

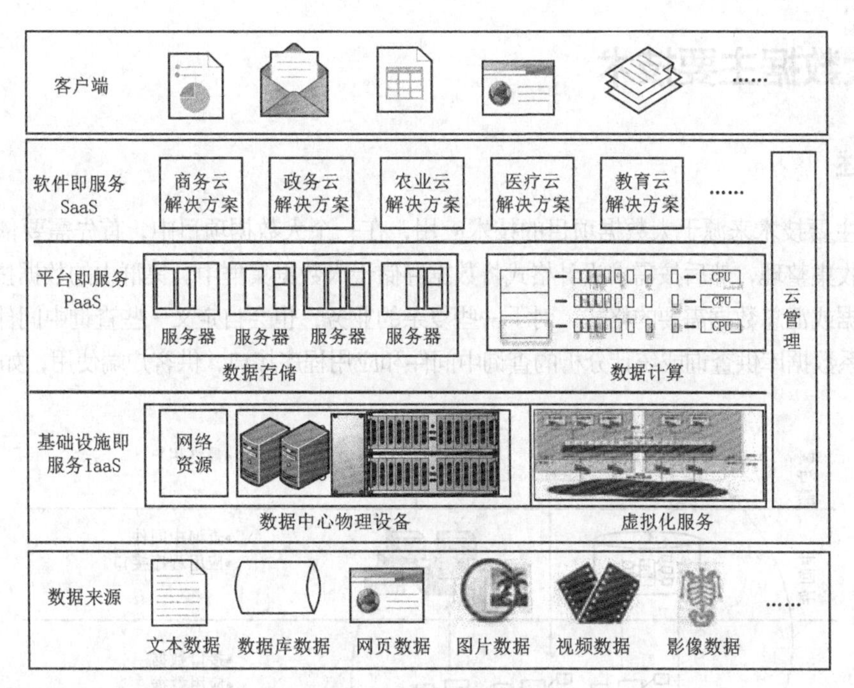

图 1-3　云计算典型应用框架

1.2.5　大数据与人工智能

百度百科给出人工智能的描述“人工智能（Artificial Intelligence），英文缩写为 AI。它是研究、开发用于模拟、延伸和扩展人的智能的理论、方法、技术及应用系统的一门新的技术科学”。尼尔逊教授对人工智能下了这样一个定义：“人工智能是关于知识的学科——怎样表示知识以及怎样获得知识并使用知识的科学。”而美国麻省理工学院的温斯顿教授认为：“人工智能就是研究如何使计算机去做过去只有人才能做的智能工作。”这些说法都反映了人工智能是结合人类的智慧，依据人类的活动规律，借助计算机科学、数学等相关知识，模拟人类某些“智慧行为”，如依据历史情况预测接下来要发生的事情、依据线索判断接下来的事件、和人进行象棋博弈、模拟人的行为进行扫地动作等。

人工智能的发展始于 20 世纪 50 年代，在最初发展期，虽然当时计算机已经出现但并未普及，很多事物也难以表达，建立人工智能模型存在一定的局限。在 20 世纪 80 年代~90 年代期间，专家系统的出现和一些数学模型的重大突破，使人工智能得到进一步发展，但由于获取数据成本、计算成本、人力成本等都很高，人工智能依旧发展缓慢。直至 21 世纪初至今，信息化技术飞跃发展，硬件功能越来越强大，大数据达到一定的积累，可参考分析的数据越来越充足，数学模型越来越完善，人工智能得到突破性进展，在指导生活生产过程中，起到越来越重要的作用。

人工智能通过传感器、智能芯片、基础平台等获取数据，通过依据业务建立的数学模型，对数据进行抽取、预处理、训练和结果验证等操作，完成对数据蕴含知识的智能推测和发现，从而进行智能决策。这期间，大数据的存储为智能决策提供充足的信息来源，有利于发现正确的知识。可见，大数据为人工智能提供了数据基础平台和数据计算平台。

1.3 大数据主要技术

1.3.1 概述

大数据主要技术来源于大数据项目的技术应用，在一个大数据项目中，首先需要依据业务需求进行数据的收集整理，然后按需求设计格式将数据存储于大数据集群中。集群中的数据按业务需求存储为应用数据或汇总数据需要的格式，对于一些复杂的业务，也会自定义一些查询中间件，例如将数据存储于关系数据库供查询或统计分析的查询中间件和应用程序接口，供客户端使用，如图 1-4 所示。

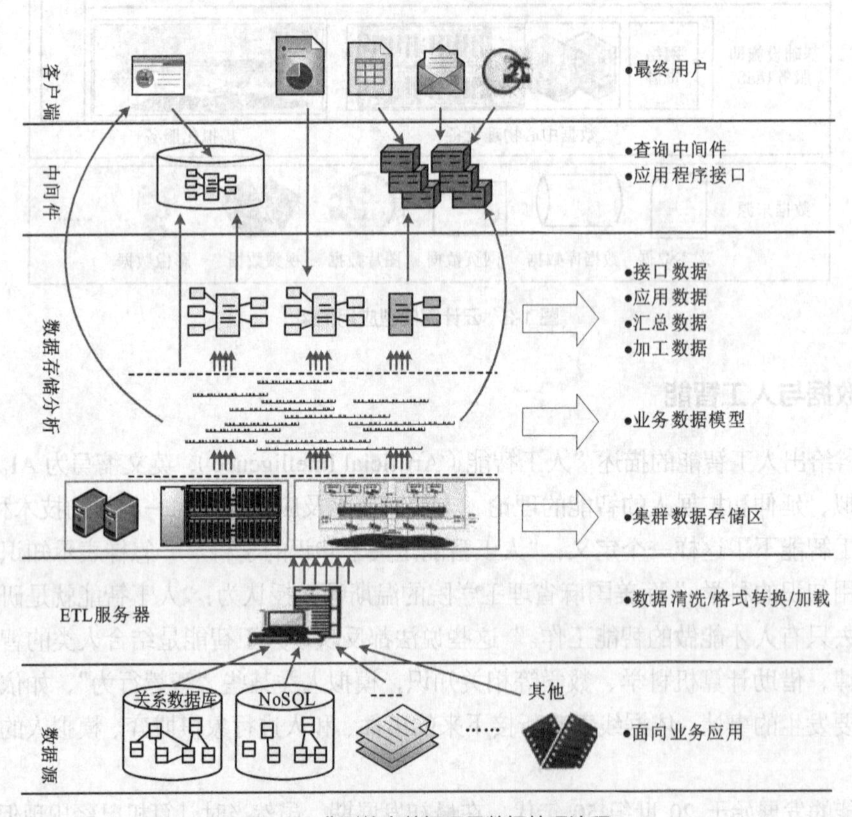

图 1-4 典型的大数据项目数据处理流程

图 1-4 大致演示了一个典型的大数据项目数据处理流程，实际项目可能更加复杂，这只是一个大体结构的演示过程。大数据项目的数据来源具有多源异构性，其中多源指数据来源不同，如关系数据库、NoSQL 数据库、网页、影音、传感器等；异构性指数据结构不同，分为结构化、半结构化和非结构化数据。如果业务足够“单纯”，也可能出现数据来源和数据结构单一的情况。这些复杂的数据需要依照业务进行数据清洗、格式转换，然后加载到服务器集群中。服务器集群中除了存储处理后的数据，对于复杂的业务也会存储一些数据模型，例如统计模型、机器学习模型等，构成应用程序接口供客户端使用。对于一些查询复杂的业务也可能自定义开发一些并行查询模式，或通过第三方工具如 Hive 等对其数据进行调用，将最终结果以图表、邮件等形式展示给客户端使用。

大体总结下来，大数据的主要技术包括：大数据的采集与处理、大数据存储、大数据计算、大数据可视化和大数据安全等技术。

1.3.2 大数据采集与处理

随着信息化的高速发展，数据也不再是单纯的文本数据，数据组成多样，且来源广泛。面对如此复杂的数据，将数据原样存储于集群中，必然不是一个好主意。而如果像早期存储于 MySQL 或 Excel 中的文本数据一样，按一定格式存储，则计算机进行统计分析时才能更加高效。

数据采集并不是一个新名词，也曾被称为数据获取，主要指利用一种装置，从系统外部采集数据并将数据输入系统内部的过程。在大数据环境下，由于大数据本身的特性导致数据采集过程显得更加复杂。大体来讲，数据采集的目标可以是关系数据库、日志、爬虫，也可以是来自如摄像头、麦克风、监控仪等传感器的数据，还可以是医疗影像、卫星遥感数据等。

采集的这些数据，通常情况下并不能直接使用，需要处理成符合业务需求的数据才可以。所谓数据处理是对数据的采集、存储、检索、加工、变换和传输。数据处理的基本目的是从大量的、可能杂乱无章的、难以理解的数据中抽取并推导出对于某些特定的人群来说有价值、有意义的数据，即符合业务需求的数据。而采集到的数据可能存在如下问题。

- 清洗数据的类型：主要体现在将文件按格式分类、按需求进行适当的数据归档与压缩、按数据类型归整、解决数据缺失的问题以及统一字符编码等方面。
- 数据集的质量：大数据来源多源且异构，具有稀疏性，因此采集到的数据是否能够满足数学表达式的要求？此外，数据在测量时可能会存在误差、收集错误、噪声、伪数据、遗漏、不一致、重复等情况。

因此，在数据处理时，一些常用的手段如下。

- 数据归约：主要指在尽可能保持数据原样的前提下，最大限度地精简数据。可通过数据汇总、数据压缩等方式使归约后的数据集能产生与归约前数据集近乎相同的分析结果。
- 数据集成：将不同来源、格式、特点、性质的数据在逻辑上或物理上有机地集成，从而为企业提供全面的数据共享。
- 数据变换：在对数据进行统计分析时，要求数据必须满足一定的条件，即将数据经过平滑、聚集、泛化、规范化、属性构造等手段处理成满足业务需求的格式。
- 数据清洗：数据清洗工作的目的是不让有错误或有问题的数据进入运算过程，主要表现在数据不一致处理、噪声数据处理、缺失值的处理等。常见的数据清洗的手段有手工实现、专家评估、清洗工具处理和自开发应用程序等。

1.3.3 大数据存储技术

操作系统中的文件系统主要用来管理和存储大量的文件信息，负责对文件的存储空间进行分配和管理，并对存入其中的文件进行保护和检索，同时为用户提供包括文件创建、删除、命名、读写、访问控制等在内的一系列功能。此外，文件系统还可以根据存取权限和访问操作类型来指定用户对文件的存取。随着数据量的增加，面对 PB、EB 等级别的大数据存储，本地文件系统已经不能满足存储需求，需要将本地文件存储于网络中的其他多台服务器上或服务器集群中，如图 1-5 所示。

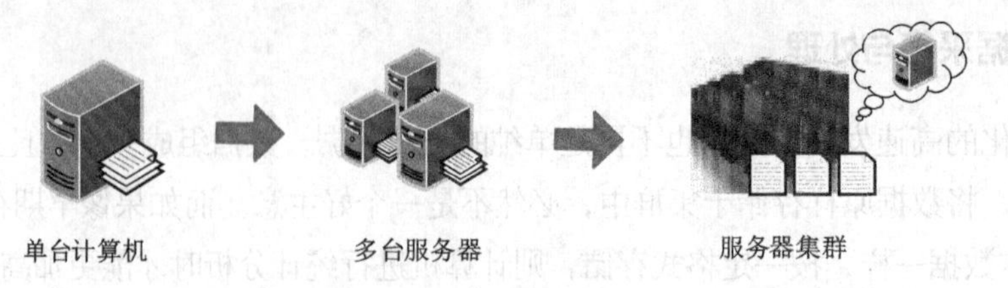

图 1-5　云计算典型案例

图 1-5 中，多台机架的多台服务器如果通过网络连接和软件统一管理，让所有服务器如一台超大型的计算机那样工作，就构成分布式系统的概念雏形。在一个分布式系统（Distributed System）中，一组独立的计算机相互合作，展现给用户的感觉是一个统一的整体，就好像是一个系统。实际上，系统拥有多种通用的物理和逻辑资源，可以动态地分配任务，分散的物理和逻辑资源通过计算机网络实现信息交换。通常在这个系统中，都会存在一个全局管理计算机资源的分布式系统。分布式系统除了具有本地文件系统的所有功能外，还必须管理整个系统中所有计算机上的文件资源，从而把整个分布式文件资源以统一的视图呈现给用户。

分布式系统主要涉及的技术如下。

（1）网络通信。网络通信是通过网络将各个孤立的设备进行连接，通过信息交换实现集群中计算机间的通信。其中，网络是用物理链路将各个孤立的工作站或主机连在一起，组成数据链路，从而达到资源共享和通信的目的；通信这里指计算机间通过网络媒介进行信息的交流与传递。网络通信中最重要的就是网络通信协议。网络通信协议有很多，例如 TCP/IP 等。

（2）全局时钟。当集群中各台服务器间进行软件管理时，具有统一的时钟显得很重要。例如，分布式系统是由一系列在空间上随意分布的多个进程组成的，在这些进程之间通过交换信息来进行相互通信。如果集群具有全局时钟，则系统间的任务可按时间顺序排列，方便系统的管理。

（3）容错能力。集群中服务器众多，当一台服务器出现故障而终止操作不是明智的做法，因为众多服务器中出现一台服务器硬件、软件、网络连接等故障是概率相对高的事情。因此，当集群工作时，更期望在出现故障时系统能够继续运行。例如，当一台服务器出现故障时，系统能够从其他服务器找到与故障服务器相同的数据继续进行计算。分布式系统中的副本就用于解决这样的问题，它通常将同一份数据以多副本形式存储于多台服务器中，以保证数据的安全性，如图 1-6 所示。

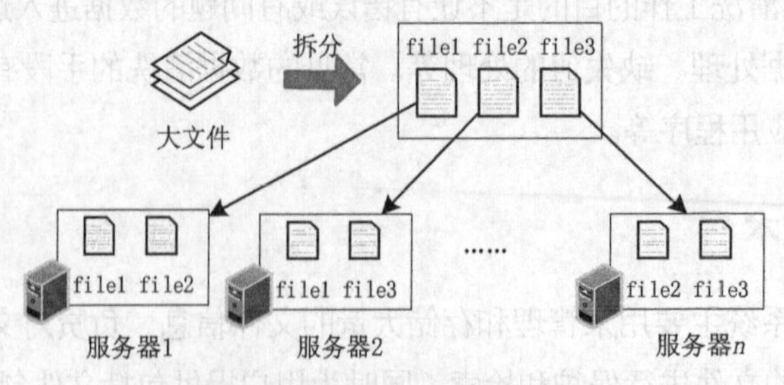

图 1-6　典型的分布式文件存储

（4）并发性。大数据量的计算，如果采用串行计算或基于单机的多线程计算，会显得力不从心。如果能将大数据量的任务拆分成众多小任务，每个小任务拥有独立的进程，使其同时并发地执行，然后对小任务的执行结果进行合并、统计，会加快大数据量任务的执行。而这些小任务需要存储于不同的服务器节点上。也可以说，在同一个分布式系统中的众多服务器节点上，并发地操作一些共享的资源，准确并高效地协调分布式并发操作，完成大数据量任务的存储计算，这也是分布式系统的特性之一。

在实际项目中，由于分布式系统技术难度较高，项目组更希望隐藏内部的实现细节，对用户和应用程序屏蔽各个服务器节点底层文件系统之间的差异，以提供给用户统一的访问接口和方便的资源管理手段。目前已经有较好的工具实现这些功能，例如 Hadoop 分布式文件系统（Hadoop Distributed File System，HDFS）。

1.3.4 大数据计算技术

在计算机科学中，分布式计算（Distributed Computing），又被称为分散式运算，主要研究分布式系统如何进行计算。分布式系统是一组计算机通过网络相互连接传递消息进行通信后协调它们的行为而形成的系统。系统组件之间彼此进行交互以实现一个共同的目标：把需要进行大量计算的工程数据分割成小块，由多台计算机分别计算，再上传运算结果，将结果统一合并得出数据结论，如图 1-7 所示。

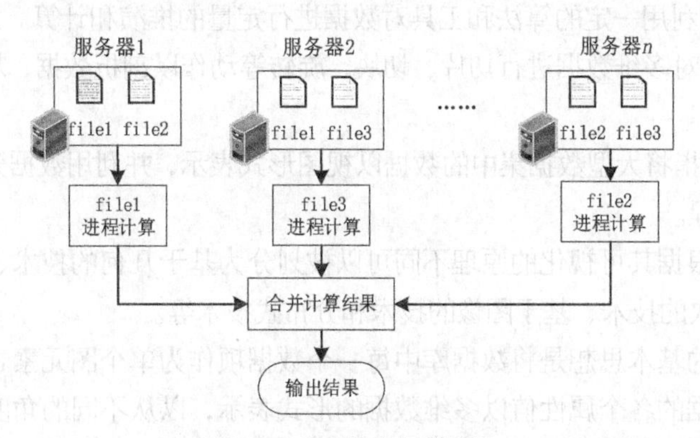

图 1-7 典型的分布式计算

在图 1-7 中，针对图 1-6 将大的文件内容拆分成多个小文件存储于服务器集群后，在不同的服务器节点上分别运行由大文件 Big File 分配得到的小文件 file1、file2、file3，分别启用这 3 个文件不同的进程进行计算后，将结果汇总到一台服务器节点进行合并以计算最终的结果，然后将结果输出至指定位置，如数据库、文件系统等。这种技术在大数据相关公司都有被运用，例如淘宝、搜狐、百度等。

大数据计算模式按业务需求分类，一般可分为批处理计算、流式计算等。

（1）批处理计算。批处理计算是指将业务数据按一定时间段进行积累，通常是成周期地按批进行处理。例如统计某网站月访问量，通常的做法是将存储的众多条历史数据进行按月统计，这就是一个批处理计算的示例。

（2）流式计算。批处理计算将数据先收集到一定量并存储于磁盘等介质中，然后成批地进行计算。但针对实时性要求较高的项目，这种计算模式显得力不从心，主要表现在收集存储一定量数据、再取一定量的数据均需要一定的时间，实时数据需要实时处理，而且很难事先预知数据量的大小。例如实时交通、约车等业务，需要随时较精确地了解当前时刻的情况，并且要在短时间内获取结果。流式计算可以满足需求，它能够很好地对处于不断变化的运动过程中的大规模流动数据实时地进行分析，捕捉到可能有用的信息，并把结果发送到下一服务器节点。流式计算是一种高实时性的计算模式，它可对一定时间窗口内应用系统产生的新数据完成实时的计算处理，避免造成数据堆积和丢失。

1.3.5 大数据可视化

数据可视化是关于数据视觉表现形式的科学技术研究。其中，数据视觉表现形式被定义为一种以某种概要形式抽取出来的信息，包括相应信息单位的各种属性和变量。

数据可视化是一个不断演变的概念，其边界在不断地扩展，主要指技术上较为高级的技术方法，而这些技术方法允许利用图形图像处理、计算机视觉和用户界面，通过表达、建模以及对立体、表面、属性和动画的显示，对数据进行可视化解释。与立体建模之类的特殊技术方法相比，数据可视化所涵盖的技术方法要广泛得多。

数据可视化主要旨在借助图形化手段，清晰有效地传达与交流信息。数据可视化技术包含以下4个基本概念。

- 数据空间：指由 n 个属性和 m 个元素组成的数据集所构成的多维信息空间。
- 数据开发：指利用一定的算法和工具对数据进行定量的推演和计算。
- 数据分析：指对多维数据进行切片、切块、旋转等动作以剖析数据，从而能多角度、多侧面观察数据。
- 数据可视化：指将大型数据集中的数据以视图形式表示，并利用数据分析和开发工具发现其中未知信息的处理过程。

数据可视化技术根据其可视化的原理不同可以被划分为基于几何的技术、面向像素技术、基于图标的技术、基于层次的技术、基于图像的技术和分布式技术等。

数据可视化技术的基本思想是将数据库中每一个数据项作为单个图元素表示，大量的数据构成数据图像，同时将数据的各个属性值以多维数据的形式表示，以从不同的角度观察数据，从而对数据进行更深入的观察和分析。

数据可视化主要借助图形化手段，清晰有效地传达与交流信息。但是这并不意味着数据可视化就一定因为要实现其功能用途而令人感到枯燥乏味，或者为了看上去绚丽多彩而使其显得极端复杂。为了有效地传达思想概念，美学形式与功能需要齐头并进，通过直观地传达关键的方面与特征，实现对稀疏而又复杂的数据集的深入洞察。然而，设计人员往往并不能很好地把握可视化设计与功能实现之间的平衡，因此创造出华而不实的数据可视化形式，无法达到其主要目的，也就是清晰有效地传达与交流信息。

数据可视化与信息图形、信息可视化、科学可视化和统计图形密切相关。当前，在研究、教学和开发领域，数据可视化是一个极为活跃而又关键的方面。“数据可视化”这一术语实现了成熟的科学可视化领域与较年轻的信息可视化领域的统一。

1.3.6 大数据安全

1. 数据安全的定义

国际标准化组织（ISO）对计算机系统安全的定义是：为数据处理系统建立和采用的技术和管理

的安全保护，保护计算机硬件、软件和数据不因偶然和恶意的原因遭到破坏、更改和泄露。由此计算机网络的安全可以被理解为：通过采用各种技术和管理措施，使网络系统正常运行，从而确保网络数据的保密性、完整性和可用性。所以，实行网络安全保护措施的目的是确保经过网络传输和交换的数据不会发生增加、修改、丢失和泄露等情况。

信息安全或数据安全具有两方面的含义：一是数据本身的安全，主要指采用现代密码算法对数据进行主动保护，如数据保密、数据完整性、双向强身份认证等；二是数据防护的安全，主要指采用现代信息存储手段对数据进行主动防护，如通过磁盘阵列、数据备份、异地容灾等手段保证数据的安全。数据安全是一种主动的保护措施，数据本身的安全必须基于可靠的加密算法与安全体系，主要有对称算法与公开密钥密码体系两种。

数据处理的安全指如何有效地防止数据在被输入、处理、统计或输出中由于硬件故障、断电、宕机、人为的误操作、程序缺陷、病毒等造成的数据库损坏或数据丢失情况的出现，以及防止某些敏感或保密的数据可能被不具备资格的人员或操作员阅读而造成数据泄露等情况的出现。

数据存储的安全是指数据库在系统运行之外的可读性。即一旦数据库被盗，即使没有原来的系统程序，我们也可以另外编写程序对被盗取的数据库进行查看或修改。从这个角度来说，不加密的数据库是不安全的，容易造成商业泄密，所以便衍生出数据防泄露的概念，这就涉及计算机网络通信的保密、安全和软件保护等问题。

2. 数据安全的特点

数据安全的特点主要表现如下。

（1）保密性（Confidentiality）：又称机密性，主要指相关数据信息不泄露给没有授权的用户、实体等。在计算机中，许多软件包括邮件软件、网络浏览器等都有保密性相关的设定，用于维护用户信息的保密性。

（2）完整性（Integrity）：又称可延展性（Malleably），指在传输、存储信息或数据的过程中，确保信息或数据不被未授权的人员篡改或在篡改后能够被及时发现。

（3）可用性（Availability）：数据可用性是一种以用户为中心的设计概念，可用性设计的重点在于让产品的设计能够符合用户的习惯与需求。以互联网网站的设计为例，其设计目的是希望让用户在浏览的过程中不会产生压力或感到受阻，并能让用户在使用网站功能时用最少的努力体现网站最大的效能。基于这个原因，任何有违数据"可用性"的行为都算违反了数据安全的规定。

3. 大数据安全面临的技术问题和挑战

大数据安全威胁渗透在数据生产、采集、处理和共享等大数据产业链的各个环节，风险成因复杂交织：既有外部攻击，也有内部泄露；既有技术漏洞，也有管理缺陷；既有新技术、新模式触发的新风险，也有传统安全问题的持续触发。

除数据泄露威胁持续加剧外，大数据的体量大、种类多等特点，使得大数据环境下的数据安全出现了有别于传统数据安全的新威胁。大数据平台服务用户众多、场景多样，传统数据安全机制的性能难以满足需求。大数据平台的大规模分布式存储和计算模式导致安全配置难度成倍增长。针对大数据平台网络攻击手段呈现的新特点，传统安全监测技术暴露出不足。

大数据应用对个人隐私造成的威胁不仅仅是数据泄露，大数据采集、处理、分析数据的方式和能力对传统个人隐私保护框架和技术能力也带来了严峻挑战。

针对上述大数据安全面临的威胁与挑战，产业各界在安全防护技术方面进行了针对性的探索与实践。其中大数据框架 Hadoop，其开源社区增加了基础安全机制，但安全能力不能满足现实业务需求。商业化大数据平台解决方案已经具备相对完善的安全机制，例如 Cloudera 公司的 CDH（Cloudera's Distribution Including Apache Hadoop）、Hortenworks 公司的 HDP（Hortenworks Data Platform）、华为公司的 FusionInsight 等，在平台安全机制上做了相应的优化措施。

1.4 大数据主流框架

由 1.3.4 小节可知，大数据计算模式按业务需求分类，一般可分为批处理计算、流式计算等。针对这些不同的计算模式，开源社区推出了众多不同的大数据框架。本节主要针对批处理框架 Hadoop、ZooKeeper 分布式服务框架、流式计算框架 Storm 做简要阐述。此外，将对 HBase 数据库、Hive 仓库、Flume 采集工具和 Kafka 进行描述。

1.4.1 Hadoop

Apache Hadoop 项目开发了用于可靠、可扩展的分布式计算的开源软件。Apache Hadoop 是一个开源软件框架，允许使用简单的编程模型跨计算机集群分布式处理大型数据集。它旨在从单台服务器扩展到数千台服务器，每台服务器都提供本地计算和存储。该框架本身不是依靠硬件来提供高可用性的，而是通过软件技术检测和处理应用层的故障，从而在服务器集群之上提供高可用性服务。

1.4.2 ZooKeeper

Apache ZooKeeper 致力于开发和维护开源服务，实现高度可靠的分布式协调服务，用于维护配置信息、命名、提供分布式同步和提供组服务。ZooKeeper 是 Google 的 Chubby 的一个开源实现，是 Hadoop 和 HBase 的重要组件。ZooKeeper 封装好复杂、易出错的关键服务，将简单易用的接口和性能高效、功能稳定的系统提供给用户。

1.4.3 HBase

Apache HBase 是 Hadoop 数据库，是一个分布式、可扩展的大数据存储数据库。当需要对大数据进行随机、实时读/写访问时，可使用 Apache HBase。该项目的目标是托管非常大的表（数 10 亿行，几百万列）在商品硬件集群上。Apache HBase 是一个开源、分布式、版本化的非关系数据库。正如 BigTable 利用 Google 文件系统提供的分布式存储一样，Apache HBase 在 Hadoop 和 HDFS 之上提供类似的功能。

1.4.4 Hive

Apache Hive 数据仓库软件有助于使用 SQL 读取、编写和管理驻留在分布式存储中的大型数据集。它可以将结构投影到已存储的数据中，提供了命令行工具和 JDBC 驱动程序以将用户连接到 Hive。

1.4.5 Storm

Apache Storm 是一个免费的开源分布式实时计算系统。Storm 可以轻松可靠地处理无限数据流，实时处理 Hadoop 为批处理计算所做的工作。Storm 很简单，可以与任何编程语言一起使用，并且使用起来很有趣!

Storm 有许多用例：实时分析、在线机器学习、连续计算、分布式 RPC、ETL 等。Storm 运行速度很快：一个基准测试显示每个节点每秒处理超过 100 万个元组。它具有可扩展性、容错性，可确保数据得到处理，并且易于设置和操作。

Storm 集成了排队和数据库技术。Storm 拓扑消耗数据流并以任意复杂的方式处理这些数据流，然后在计算的每个阶段之间重新划分流。

1.4.6 Flume

Flume 是一种分布式、可靠且可用的服务，用于有效地收集、聚合和移动大量日志数据。它具有基于数据流的简单灵活的架构、可靠性机制，以及许多故障转移和恢复机制，具有强大的容错性。它使用简单的可扩展数据模型，允许在线分析应用程序。

1.4.7 Kafka

Kafka 是由 Apache 软件基金会开发的一个开源流处理平台，使用 Scala 和 Java 编写。Kafka 是一种高吞吐量的分布式发布—订阅消息系统，它可以处理消费者规模的网站中的所有工作流数据。这种动作（网页浏览、搜索和其他用户行为）是在现代网络上实现许多社会功能的一个关键因素。 这些数据通常是由于吞吐量的要求而通过处理日志和日志聚合来解决。对于像 Hadoop 一样的日志数据和离线分析系统，但又有实时处理的要求限制，这是一个可行的解决方案。Kafka 的目的是通过 Hadoop 的并行加载机制来统一在线和离线的消息处理，并通过集群来提供实时的消息。

1.5 本章小结

本章介绍了大数据的基本概念，帮助初学者理解数据的基本定义、组成结构和蕴含的价值。对于大数据，基于数据的价值进行存储与计算显得十分必要。各国政策的导向、计算机软硬件的发展和数据的价值等动力，推动了数据量的激增。

大数据具有多样性、速度快、数据量大、价值密度低和真实性的“5V”特征。同时，它在云计算、人工智能等领域也具有举足轻重的地位。

就大数据项目而言，首先需要将采集的数据处理成业务需求格式，然后存储于分布式平台上，供大数据计算使用。大数据计算的结果通过相应的可视化技术进行展示，供用户交互使用。

大数据的计算模式主要有批处理、流计算、图计算和迭代计算等。对于每种计算模式，以目前在大数据项目中较流行的框架 Hadoop、Storm 等为代表进行讲述。其中，Hadoop 和 Storm 为本书后文将要讲述的主要知识点。

1.6 习题

1. 试述你对数据的理解。
2. 举例说明数据的组成结构有哪些。
3. 试述数据的价值。
4. 试述大数据产生的原因。
5. 试述大数据在云计算和人工智能中所起的作用。
6. 参考本章，试述大数据主要技术有哪些。
7. 试述 Hadoop 框架的计算模式及应用场景。
8. 试述 HBase 框架的作用及应用场景。
9. 试述 Hive 框架的作用及应用场景。
10. 试述 Storm 框架的计算模式及应用场景。
11. 试述 Flume 框架的作用。
12. 试述 Kafka 框架的作用。

第 2 章　大数据基础知识

基于分布式理论的分布式系统的基本目的是解决大数据时代的数据爆发所带来的高并发的吞吐和大规模数据管理与计算问题。分布式理论要求分布式系统是一个组件分布在联网计算机上、组件之间通过消息传递进行通信和动作协调的系统。系统构成复杂，对工程师要求很高。Hadoop 框架透明封装了一些复杂的分布式功能，面向用户开放应用接口，降低了分布式系统开发的难度，成为目前非常流行的分布式框架。

知识地图

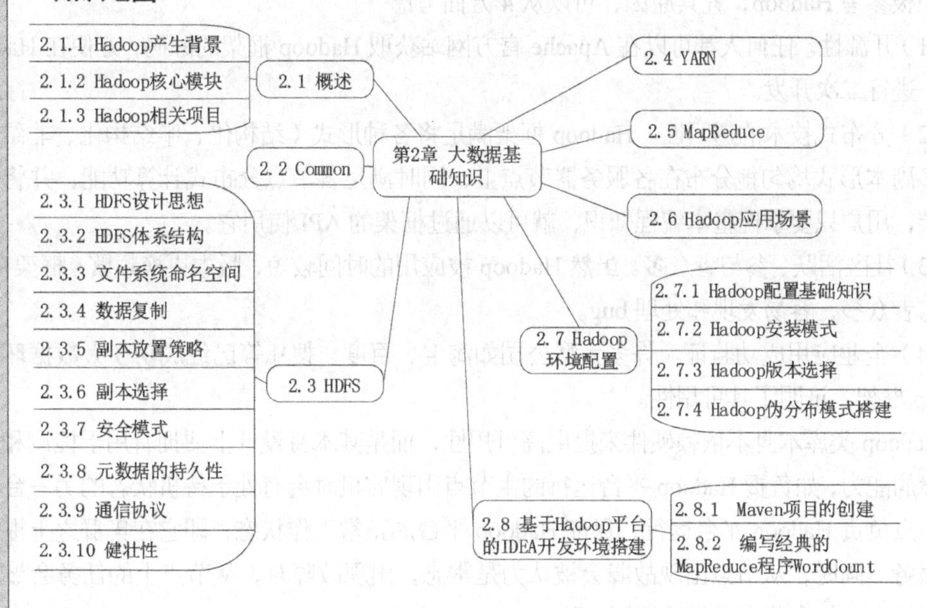

2.1 概述

2.1.1 Hadoop 产生背景

随着大数据的产生，大数据相关技术快速发展，大数据技术的复杂性使得大数据项目对开发人员的要求特别高。而 Hadoop 开源框架的开发与应用，大大降低了大数据项目开发的复杂性，节省了项目成本，降低了对人员技术上的要求。

Hadoop 框架涉及分布式存储和计算的各个方面，包括数据的收集、存储和计算等，并对一些共性和“干涩”难度大的技术进行了封装，这让即使不太懂分布式的程序员也可以通过调用它的 API 完成大数据基于分布式集群的存储与计算工作。例如，用户要将十几 GB 的大文件切分成等大小的数据块，基本均匀地分配在集群服务器中，只需要调用 HDFS API，输入几条语句就可以实现，具体实现方法详见第 3 章；用户需要统计 TB 级的数据，只需要调用 MapReduce 框架的 API，并满足 MapReduce 框架的编写规则就可以完成，具体实现方法详见第 4 章。

Hadoop，最初是由 Apache Lucene 创始人道格·卡廷（Doug Cutting）创建的，目的是以较低成本构建大型文本搜索系统库，其起源于开源的网络搜索引擎 Apache Nutch。开发人员于 2003 年参考自 Google 的 GFS 论文（*The Google File System*），使原有架构更加灵活，这也形成了 HDFS 的雏形；于 2005 年，参考自 Google 的另一篇论文（*MapReduce_Simplified Data Processing on Large Clusters*），实现了分布式计算的框架 MapReduce；2006 年 2 月，HDFS 和 MapReduce 合并成为 Lucene 的一个独立子项目，被命名为 Hadoop；2008 年 1 月，Hadoop 成为 Apache 的顶级项目。

Apache Hadoop 是一款稳定、可扩展、可用于分布式计算的开源软件。它的软件类库是一个允许使用简单编程模型实现跨越计算机集群进行分布式处理大型数据集的框架。它的设计可以从单台服务器扩展到数千台服务器，其中每台服务器都提供本地计算和存储。目前，涉及数据量庞大的项目都会积极参考 Hadoop，究其原因，可以从 4 方面考虑。

（1）开源性。任何人都可以在 Apache 官方网站获取 Hadoop 框架的源码，方便在 Hadoop 源码的基础上进行二次开发。

（2）分布式技术的透明性。Hadoop 框架满足将各种形式（结构化、半结构化、非结构化）的数据以多副本形式均匀地分布在各服务器节点上，同时满足各节点分布式计算功能，并将这些功能进行封装，用户只要掌握基本编程知识，就可以通过框架的 API 使用它。

（3）社区活跃、参与者众多。虽然 Hadoop 被应用的时间较短，版本更换频繁，框架在不断更新，但参与者众多，容易发现和处理 bug。

（4）企业应用成功验证。许多大型公司如淘宝、百度、搜狐等已经成功在大数据环境下应用了 Hadoop 框架，证明了其可用性。

Hadoop 类库本身不依赖硬件来提供高可用性，而是其本身设计上便拥有用于检测和处理应用程序故障的能力，如负责 Hadoop 平台运行的主节点出现宕机时会有处于待机状态的另一台主机充当新的主节点负责 Hadoop 平台运行，保证 Hadoop 平台的正常工作状态，即它在集群之上提供高可用性处理服务。同时，从节点出现故障会被认为是常态，出现故障时，从节点上的任务会被其他可用节点代替执行，每个节点都易于探测故障。

2.1.2 Hadoop 核心模块

依据 Apache 官网 2020 年 7 月公布的信息，Apache Hadoop 项目提到 Hadoop Common、HDFS（Hadoop Distributed File System，分布式文件系统）、YARN（Yet Another Resource Negotiator，资源管理器）、Hadoop MapReduce 和 Hadoop Ozone 共计 5 个模块。Hadoop 由最初 3 个模块到目前官网描述的 5 个模块，大体经历了 3 个时代，分别为 Hadoop 1 时代、Hadoop 2 时代和 Hadoop 3 时代。

Hadoop 1 时代拥有 Hadoop Common、HDFS 和 Hadoop MapReduce 共计 3 个模块。其中 Hadoop Common 是 Hadoop 核心模块，为 Hadoop 其他模块提供支持实用程序，如通用 I/O 组件、序列化、远程过程调用 RPC、持久化数据结构等。HDFS 应用了分布式存储等技术，为 Hadoop 提供对应用程序数据的高吞吐量存储、读取等访问功能。Hadoop MapReduce 应用了分布式计算等技术，为 Hadoop 提供并行处理大型数据集、完成大数据量的统计计算功能。Hadoop 2 时代最关键的变化是在 Hadoop 1 时代原有的 3 个关键模块基础上进行优化改进，并引入了全新的 YARN 模块，使 HDFS 可应用于 Hadoop MapReduce、HBase 之外的 Spark、Storm 等工具，负责 Hadoop 作业调度和集群资源管理。Hadoop 3 时代较 Hadoop 2 时代的变化主要体现在各核心模块的改进。Hadoop Common 精简了 Hadoop 内核，删除了一些过期的 API，对默认组件进行优化和替换，解决 MR 程序打包时多冲突问题等。HDFS 引入纠删码机制，可以在不降低可靠性的前提下，节省约一半存储空间，它的基本原理是对数据块计算产生冗余的校验块，并存储数据块的校验块，当部分数据块丢失时，通过剩余数据块和校验块计算出丢失的数据块。Hadoop 2 时代支持 HA（High Availability，高可用）解决方案，即存在一个活跃主节点和一个待机节点，当主节点死机时，待机节点自动启动代替主节点继续支撑 Hadoop 平台运行。在 Hadoop 3 时代，支持一个活跃主节点和多个（一般 3～5 个）待机节点，当主节点死机时，会有一个待机节点转换成活跃状态代替主节点继续运行。YARN 本身会提供更细粒度的资源隔离机制，例如，在 Hadoop 2 时代，进程隔离主要采用线程监护的方式，Hadoop 3 时代提供了 Memory 隔离和 I/O 隔离，可以更好地动态调整 Container 资源。HadoopMapReduce 引入了 Native 任务机制，对于 Shuffle 密集型应用，其性能可提高很多，一些参数配置如内存推断等做了重大改进。HadoopOzone 是 Apache Hadoop 的一个新子项目，为 Hadoop 提供了一个对象存储语义，可使用 Hadoop 分布式数据存储（HDDS）作为存储层，旨在与 HDFS 同时工作，也能够独立运行。

2.1.3 Hadoop 相关项目

Apache 其他 Hadoop 相关项目如下。

Ambari：基于 Web 的工具，用于配置、管理和监控 Apache Hadoop 集群，包括对 Hadoop HDFS、Hadoop MapReduce、Hive、Hcatalog、Hbase、ZooKeeper、Oozie、Pig 和 Sqoop 的支持。Ambari 还提供了一个用于查看集群运行状况的仪表板，例如热图，以及能够直观地查看 MapReduce、Pig 和 Hive 应用程序运行，以用户友好的方式诊断其性能特征的功能。

Avro：数据序列化系统。

Cassandra：可扩展的多主数据库，没有单点故障。

Chukwa：用于管理大型分布式系统的数据收集系统。

HBase：可扩展的分布式数据库，支持大型表格的结构化数据存储。

Hive：一种数据仓库基础架构，提供数据汇总和即席查询。

Mahout：可扩展的机器学习和数据挖掘库。

Pig：用于并行计算的高级数据流语言和执行框架。

Spark：用于 Hadoop 数据的快速通用计算引擎。Spark 提供了一种简单而富有表现力的编程模型，支持广泛的应用程序，包括 ETL、机器学习、流处理和图计算。

Tez：基于 Hadoop YARN 的通用数据流编程框架，它提供了一个功能强大且灵活的引擎来执行任意 DAG 任务，以处理批量和交互式用例的数据。Tez 正在被 Hadoop 生态系统中的 Hive、Pig 和其他框架采用，也被其他商业软件（例如 ETL 等）采用。

ZooKeeper：用于实现分布式应用程序的高性能动作协调服务。

2.2 Common

Hadoop Common（公共模块）为 Hadoop 其他模块提供支持实用程序，是 Hadoop 整体项目的核心。从 Hadoop 0.20 开始，将原来 Hadoop 项目的 Core 部分更名为 Hadoop Common，HDFS 和 MapReduce 被分离为独立的子项目，其余公共内容也被划分到 Hadoop Common，主要包括一组分布式文件系统、通用 I/O 组件与接口（序列化、远程过程调用、持久化数据结构）。

2.3 HDFS

HDFS 是 Hadoop 分布式文件系统（Hadoop Distributed File System）的简称，主要完成 Hadoop 框架中大数据文件的存储与读取工作，提供了对应用程序数据的高吞吐量访问功能。集群中的计算机相互合作，提供给用户的体验是一个统一的整体，就好像只有一个系统。HDFS 是 Google GFS 的开源实现。

2.3.1 HDFS 设计思想

本书在第 1 章图 1-6 中展示了一种典型的分布式文件存储，该系统将由多个文件组成的大数据文件集合以多副本的形式分配到集群中的服务器节点，达到分布式理论的基本要求。由于各文件大小可能存在不一致的情况，例如 1 GB、1 TB 等大小文件组成的集合，在进行文件分配时，有的服务器被分配 1 GB 大小的文件，有的服务器被分配 1 TB 大小的文件，存储与读取时节点间耗时会存在差异，导致当读取集合文件时，1 GB 文件节点的线程很快读取完成，而 1 TB 文件节点的线程读取会很慢，使得节点负载不均衡。因为每个线程都需要从这个节点上拉取文件的内容，1 TB 文件所处节点就会成为一个网络瓶颈，不利于分布式文件存储系统的数据处理。HDFS 框架的存储模式对此进行了改进，如图 2-1 所示。

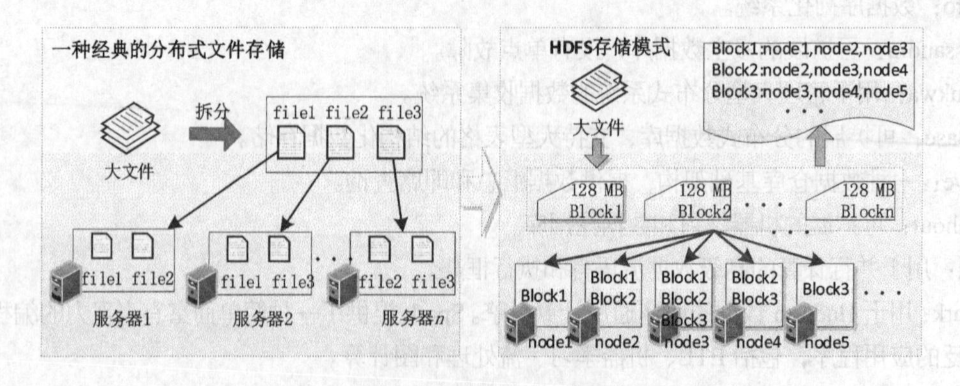

图 2-1　HDFS 设计思想

与分布式文件存储系统不同，HDFS 客户端会将集合中大小不一的众多文件切分成等大小的数据块（Hadoop 1.x 是 64MB，2.x 版本是 128 MB，此参数配置时可调），以多副本的形式存储在集群不同的节点中，使集群中各个节点存储的数据量大小基本一致，解决了存储负载不均衡的问题。

2.3.2　HDFS 体系结构

HDFS 具有主/从（Master/Slave）架构。一个 HDFS 集群由单个 NameNode、一个管理文件系统命名空间的主服务器和对文件的读写请求进行管理的客户端组成。此外，HDFS 架构还包含许多 DataNode，通常为集群中的每个服务器节点都配置一个 DataNode，用于管理连接到它们运行的节点的物理数据的存储。HDFS 公开文件系统命名空间，并允许用户将数据存储在文件系统中。在内部，文件被分成一个或多个数据块，这些数据块被存储在一组 DataNode 中。NameNode 执行文件系统命名空间的操作（如打开、关闭和重命名文件和目录），确定数据块到 DataNode 的映射。DataNode 负责响应来自文件系统客户端的读写请求。DataNode 还根据 NameNode 的指令执行数据块创建、删除和复制等操作。HDFS 具体内部体系结构可参考 Hadoop 2.9.4 官方文档描述，如图 2-2 所示。

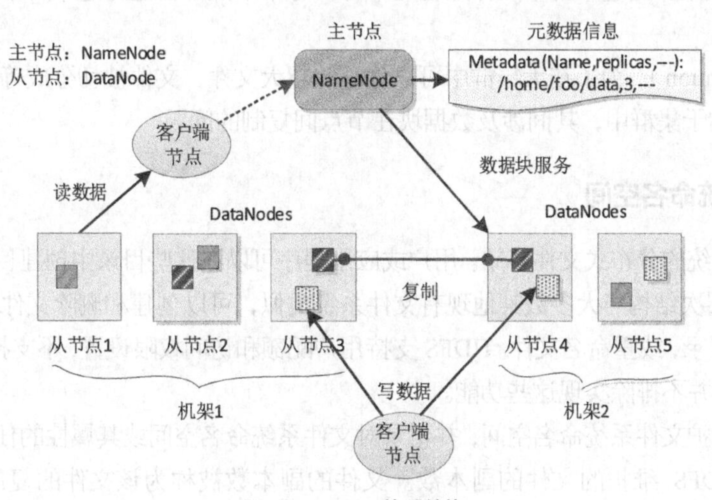

图 2-2　HDFS 体系结构

HDFS 体系结构中的关键点就是 NameNode 和 DataNode 的关系，与之相互协作的几个重要的术语如图 2-2 所示，分别是：Client、Metadata、NameNode、DataNode、Block、Rack、Replication、Read、Write。

客户端（Client）：需要访问 HDFS 文件服务的用户或应用，如命令行、API 应用。

元数据（Metadata）：方便集群及文件管理，包括存储的文件系统目录树信息（如文件名、目录名、文件和目录的从属关系、文件和目录的大小，创建及最后访问时间、权限）、文件和数据块的对应关系，以及文件组成信息（如数据块的存放位置、机器名、数据块 ID）。元数据存储在一台机器指定的 NameNode 上，而实际数据一般存储于集群中其他 DataNode 的本地文件系统中。

命名节点（NameNode）：集群中的管理者，用于存储 HDFS 的元数据、维护文件系统命名空间、执行文件系统的命名空间（管理是指命名空间支持对 HDFS 中的目录、文件和数据块做类似文件系统的创建、修改、删除等基本操作）操作（如打开、关闭、重命名文件或目录等），以及维护 HDFS

状态镜像文件 FSImage 和日志文件 EditLog 等。注意，FSImage 和 EditLog 是 HDFS 的核心数据结构，这些文件的损坏可能会导致 HDFS 实例无法正常运行。

数据节点（DataNode）：文件系统的工作节点，用于存储实际的数据。DataNode 受客户端或 NameNode 调度存储和检索数据，并定期向 NameNode 发送所存储数据块的列表。在 DataNode 的复制过程中提供同步发送/接收（Send/Receive）的操作。

数据块（Block）：文件系统读写操作的最小数据单元。HDFS 中考虑元数据大小、大数据工作效率和整个集群的吞吐量问题，将数据块默认设置为较大值。早期版本默认值为 64 MB，目前版本默认值为 128 MB。也可通过配置参数或者编写 Java 程序指定数据块的大小。数据块在切分时会按设定的大小进行切分，不足设定值的单独成块，例如有一个文件大小为 150 MB，数据块设定值为 120 MB，那么这个文件被切分成两块，大小分别为 120 MB 和 30 MB。

机架（Rack）：大型 Hadoop 集群是以机架的形式来组织的，同一个机架上不同节点间的网络状况比不同机架之间的更为理想。图 2-2 演示了两个机架。在 Hadoop 中，NameNode 将数据块副本保存在不同的机架上以提高容错性。Hadoop 允许集群的管理员通过配置 dfs.network 脚本文件的参数来确定节点所处的机架。当这个脚本文件配置完毕时，每个节点都会运行这个脚本文件来获取它的机架 ID。

复制（Replication）：为了在大集群中可靠地存储超大文件，文件被切分成等大小的数据块后，以多副本形式存储于集群中，其间涉及数据块在节点间复制的问题。

2.3.3 文件系统命名空间

HDFS 支持传统的分布式文件存储。用户或应用程序可以在这些目录中创建目录并存储文件。文件系统命名空间层次结构与大多数其他现有文件系统类似，可以创建和删除文件，将文件从一个目录移动到另一个目录，或重命名文件。HDFS 支持用户配额和访问权限设置，不支持硬链接或软链接，但是，HDFS 架构并不排除实现这些功能。

NameNode 维护文件系统命名空间，并记录对文件系统命名空间或其属性的任何更改。应用程序可以指定应由 HDFS 维护的文件的副本数。文件的副本数被称为该文件的复制因子。该信息由 NameNode 存储。

2.3.4 数据复制

HDFS 旨在可靠地在大型集群中的计算机上存储非常大的文件。它将每个文件存储为一系列的数据块，复制文件的数据块以实现容错。数据块大小和复制因子可根据文件进行配置。

除最后一个数据块之外，文件中的所有数据块都具有相同的大小，用户可以在追加可变长度数据块和 HSYNC 之后启动新数据块而不将最后一个数据块填充为配置的数据块大小。

应用程序可以指定文件的副本数。可以在文件创建时指定复制因子，并可以在之后进行更改。HDFS 中的文件是一次写入的（除了追加和截断），并且 HDFS 在任何时候都有一个编写器。

NameNode 做出有关块复制的所有决定。它定期从集群中的每个 DataNode 接收 Heartbeat 和 Blockreport。接收到 Heartbeat 意味着 DataNode 正常运行。Blockreport 包含 DataNode 上所有数据块的列表。

2.3.5　副本放置策略

数据块副本的放置策略对提高 HDFS 的可靠性和性能至关重要。优化副本放置策略可将 HDFS 与大多数其他分布式文件系统区分开，这是一项需要大量调整和体验的工作。其目的是提高数据可靠性、可用性和网络带宽利用率。

大型 HDFS 实例通常分布在多个机架上的计算机集群中运行。不同机架中的两个节点之间的通信必须通过交换机。在大多数情况下，同一机架中的计算机之间的网络带宽大于不同机架中的计算机之间的网络带宽。

NameNode 通过 Hadoop 机架感知确定每个 DataNode 所属的机架 ID。一个简单但非最优的策略是将副本放在专有的机架上，这可以防止在一个机架出现故障时丢失数据，并允许在读取数据时使用来自多个机架的聚合网络带宽。此策略能够在集群中均匀分布副本，这样可以轻松平衡故障组件的负载。但是，此策略会增加写入成本，因为写入需要将数据块传输到多个机架。

对于常见情况，当复制因子个数为 3 时，HDFS 默认的副本放置策略是在编写器位于 DataNode 上时将一个副本放在本地计算机上，否则放在随机的 DataNode 上，在另一个（远程）机架上的节点上放置另一个副本，最后一个放置在同一个（远程）机架中的另一个节点上。此策略可以减少机架间数据写入流量，从而提高写入性能。出现机架故障的可能性远小于出现节点故障的可能性，此策略不会影响数据可靠性和可用性。但是，它确实减少了读取数据时使用的聚合网络带宽，因为数据块只被放在两个机架上而不是 3 个。使用此策略时，文件的副本不会均匀分布在机架上。1/3 的副本位于一个节点上，2/3 的副本位于一个机架上。此策略可提高写入性能，而不会影响数据可靠性或读取性能。

如果复制因子个数大于 3，则需随机确定第 4 个及以上副本的放置，同时保持每个机架的副本数量低于上限，基本上是（副本数－1）/机架数+2。

由于 NameNode 不允许 DataNode 具有同一数据块的多个副本，因此创建的最大副本数是此时 DataNode 的总数。

在将存储类型和放置策略的支持添加到 HDFS 之后，除了上述机架感知之外，NameNode 还会考虑策略以进行副本放置。NameNode 首先根据机架感知选择节点，然后检查候选节点是否具有与文件关联的策略所需的存储类型。如果候选节点没有存储类型，则 NameNode 将查找另一个节点。如果在第 1 个路径中找不到足够的节点来放置副本，则 NameNode 会在第 2 个路径中查找具有回退存储类型的节点。

2.3.6　副本选择

为了最大限度地减少全局带宽消耗和读取延迟，HDFS 尝试满足最接近读取器的副本的读取请求。如果在与读取器节点相同的机架上存在副本，则首选该副本满足读取请求。如果 HDFS 集群跨越多台计算机，则驻留在本地计算机的副本优先于任何远程副本。

2.3.7　安全模式

在启动时，NameNode 进入一个被称为安全模式（Safe Mode）的特殊状态。当 NameNode 处于安全模式状态时，不会发生数据块的复制。NameNode 从 DataNode 接收 Heartbeat 和 Blockreport 消息。Blockreport 包含 DataNode 托管的数据块列表。每个数据块都有指定的最小副本数。当使用 NameNode 检入该数据块的最小副本数时，会认为该数据块是安全复制的。在可配置百分比的安全复制数据块使用 NameNode 检入（再加上 30 s）后，NameNode 退出安全模式状态。然后，它确定仍然具有少于指定数量的副本的数据块列表（假设有）。最后，NameNode 将这些数据块复制到其他 DataNode。

2.3.8 元数据的持久性

HDFS 的命令空间由 NameNode 进行存储，其重要的元数据信息由 NameNode 进行管理，如存储的大文件、切分后数据块的对应信息、数据块存储位置的映射表等。这些信息的维护过程中涉及两个重要的文件 EditLog 和 FsImage，它们以文件的形式存储在本地文件系统中。EditLog 是用来持久性记录元数据发生的每个更改的事务日志，如客户端对 HDFS 中文件进行的各种更新操作。FsImage 文件通常是很大的，主要存储整个文件系统命名空间，如数据块到文件和文件系统属性的映射等，记录 HDFS 中所有对目录的管理和对文件的管理的信息。EditLog 和 FsImage 的分工很明确，为了避免 EditLog 信息量过大影响整体的运行速度，当 NameNode 启动时，会通过触发检查点的模式将 EditLog 内容向 FsImage 合并，这也是 FsImage 文件越来越大的原因。通过 dfs.namenode.checkpoint.period 参数，触发检查点的时间间隔可以以秒为单位进行配置，或配置 dfs.namenode.checkpoint.txns 参数。规定在累积给定数量的文件系统事务之后触发检查点。如果同时设置了这两个属性，则达到第一个阈值将触发检查点。

2.3.9 通信协议

所有 HDFS 通信协议都建立在 TCP/IP 基础之上。客户端建立与 NameNode 计算机上可配置 TCP 端口的连接。它将使 ClientProtocol 与 NameNode 进行对话。DataNode 使用 DataNode 协议与 NameNode 通信。远程过程调用（RPC）抽象包装客户端协议和 DataNode 协议。按照设计，NameNode 永远不会启动任何 RPC。相反，它只响应 DataNode 或客户端发出的 RPC 请求。

2.3.10 健壮性

HDFS 具有较好的健壮性（Robustness），HDFS 的主要目标是即使在出现故障时也能可靠地存储数据。常见的故障类型是 NameNode 故障、DataNode 故障和网络分区产生的故障。产生这些故障的原因可从以下 5 个方面进行探讨。

1. 数据磁盘故障、心跳和重新复制

每个 DataNode 定期向 NameNode 发送心跳消息。网络分区可能导致 DataNode 的子集失去与 NameNode 的连接。NameNode 通过是否缺少心跳消息来检测此情况是否发生。NameNode 会将最近没有心跳消息的 DataNode 标记为已死，并且不会将任何新的 I/O 请求转发给它们。注册到已死 DataNode 的任何数据都不可再用于 HDFS。标记为已死的 DataNode 可能导致某些数据块的复制因子个数低于其指定值。NameNode 不断跟踪需要复制的数据块，并在必要时启动复制。出于许多原因，可能会存在重新复制的必要：DataNode 上的数据可能变得不可用，副本可能已损坏，DataNode 上的硬件存储可能会失败，或者文件的复制因子个数可能会增加。

标记 DataNode 已死的超时时间默认情况下是 10min，以避免由 DataNode 状态抖动引起的“复制风暴”。用户可以设置较短的间隔以将 DataNode 标记为陈旧，并通过配置为性能敏感的工作负载避免过时的节点读取/写入。

2. 集群重新平衡

HDFS 架构与数据重新平衡方案兼容。如果 DataNode 的可用空间低于某个阈值，则数据可能会自动从一个 DataNode 移动到另一个 DataNode。

3. 数据的完整性

从 DataNode 获取的数据块可能已损坏。存储设备中的故障、网络故障或有缺陷的软件，都可能会导致发生此损坏。HDFS 客户端软件负责对 HDFS 文件的内容进行校验和检查。当客户端创建 HDFS 文件时，它会计算文件每个数据块的校验和，并将这些校验和存储在同一 HDFS 命名空间中的单独隐藏文件中。当客户端检索文件内容时，它会验证从每个 DataNode 接收的数据是否与存储在关联的校验和文件中的校验和相匹配。如果没有，则客户端可以选择从具有该数据块的副本的另一个 DataNode 中检索该数据块。

4. 元数据磁盘故障

FsImage 和 EditLog 是 HDFS 中 NameNode 对元数据进行维护涉及的非常重要的两个日志文件，如果损坏可能导致 HDFS 实例无法正常运行。因此，NameNode 可以配置为支持维护 FsImage 和 EditLog 的多个副本。对 FsImage 或 EditLog 的任何更新都会导致每个 FsImages 和 EditLogs 同步更新。这种 FsImage 和 EditLog 的多个副本的同步更新可能会降低 NameNode 可以支持的每秒命名空间事务的速率。但是，这种速率的降低是可以接受的，因为即使 HDFS 应用程序本质上是数据密集型的，它们也不是元数据密集型的。当 NameNode 重新启动时，它会选择要使用的最新一致的 FsImage 和 EditLog。

增加故障恢复能力的另一个选择是使用多个 NameNode 在 NFS 上使用共享存储或使用分布式编辑日志（Journal）来启用高可用性。（推荐方法）

5. 快照

快照支持在特定时刻存储数据副本。快照的一种用途是可以将损坏的 HDFS 实例回滚到先前已知的良好时间点。

2.4 YARN

Hadoop YARN（Yet Another Resource Negotiator，另一种资源协调者）的基本思想是将资源管理和作业调度/监视的功能分解为单独的守护进程。YARN 是 Hadoop 2.X 新增的 Hadoop 核心模块，主要作用是负责集群的资源管理和统一调度。如图 2-3 所示，YARN 的引入使得多种计算框架可以运行在同一个基本服务器集群搭建的 HDFS 平台上。在 YARN 引入之前，如图 2-3（a）所示，Hadoop 与 Spark 的工作环境是两个服务器集群，每个集群需要单独的人力管理，集群利用率低，时间也难以一致。YARN 的引入使这种问题得以解决，如图 2-3（b）所示，Hadoop 与 Spark 共享一个集群，充分利用集群资源，维护、管理也变得便捷。除此之外，YARN 还支持 Storm 等软件工具应用于同一个集群环境。

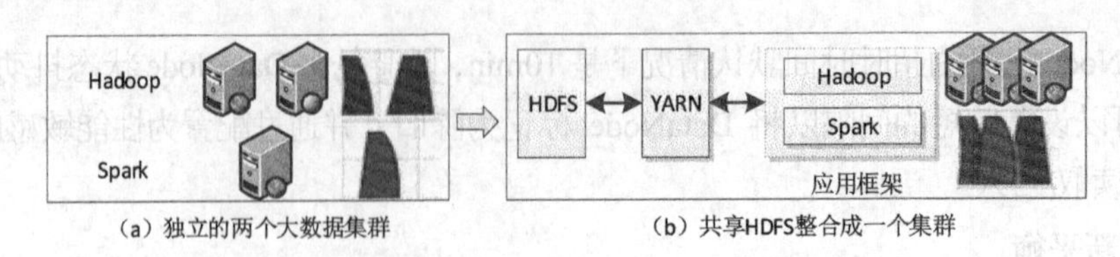

图 2-3　Apache Hadoop YARN

YARN 的引入相对于 Hadoop 1 时代主要有两方面的变化，一是 HDFS 增强了 NameNode 的水平扩展能力和高可用性，一是 MapReduce 将 JobTracker 中的资源管理及任务生命周期管理拆分成 ResourceManager 和 ApplicationMaster 两个独立的组件。

在 HDFS1 时代，Secondary NameNode 通过心跳机制与 NameNode 保持通信，获取文件系统元数据的快照进行存储，一旦 NameNode 主节点发生故障，可手动将保存的元数据的快照恢复到重新启动的 NameNode 中，以此降低数据丢失的风险。但由于 Secondary NameNode 与 NameNode 进行数据同步备份时总会存在一定的延时，因此如果 NameNode 失效时有部分数据还没有同步到 Secondary NameNode 上，极有可能发生数据丢失。HDFS1 时代的架构关系主要分成 NameSpace 和 Block Storage Service 两层，此时 Hadoop 1.X 中的 NameNode 只可能有一个，虽然 DataNode 可以实现 HDFS 平台下动态增加或减少的横向扩展问题，但 NameNode 不可以。而且 NameNode 在内存中存储了整个分布式文件系统中的元数据信息，这限制了集群中数据块、文件和目录的数目，也限制了 Hadoop 平台中可部署的节点的数量。YARN 引入后，进入 HDFS 2 时代，其中最主要的 HDFS Federation 与 HA（High Availability，高可用）技术，可以实现 HDFS 的 NameNode 以集群的方式部署，增强了水平扩展能力和高可用性，通过 YARN 可将集群扩展到超过几千个节点，同时允许透明地将多个子集群连接在一起，并使它们看起来像一个大型集群，可以用于实现更大规模和/或允许多个独立集群一起处理规模庞大的工作。

与 HDFS 类似，由于 YARN 的引入，MapReduce1 时代也发生了局部变化，表现明显的是其中 JobTracker 中的资源管理及任务生命周期管理拆分成了两个独立的组件 ResourceManager 和 ApplicationMaster，并更名为 YARN。YARN 仍然遵从主/从（Master/Slave）架构，这里涉及两个重要的角色 ResourceManager 和 NodeManager，其中 ResourceManager 充当了 Master 的角色，NodeManager 充当了 Slave 的角色。YARN 的工作原理如图 2-4 所示。

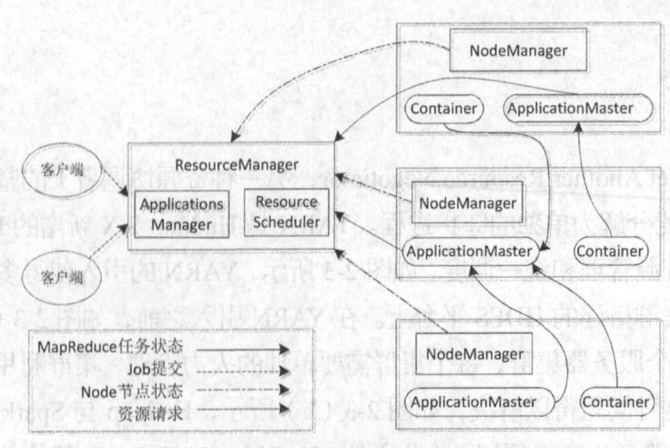

图 2-4　YARN 工作原理

ResourceManager 拥有在 Hadoop 中运行的所有应用程序之间仲裁资源的最终权限，它负责对多个 NodeManager 的资源进行统一的资源管理和调度、处理客户端提交的作业请求等，每个 ApplicationMaster 应用程序可以是单个作业，也可以是作业的有向无环图（DAG，Directed Acyclic Graph）。这里 ResourceManager 有两个主要组件：ResourceScheduler 和 ApplicationsManager。其中 Scheduler 负责根据熟悉的容量、队列等约束将 Resource（资源）分配给各种正在运行的应用程序，它不执行对应用程序状态的监视或跟踪。此外，由于应用程序故障或硬件故障，它无法保证重新启动失败的任务。Scheduler 根据应用程序的资源需求执行其调度功能，是基于资源 Container（容器）的抽象概念，包含内存、CPU、磁盘、网络等元素。Scheduler 具有可插入策略，该策略负责在各种队列、应用程序之间对集群资源进行分区。ApplicationsManager 负责接受作业提交，与第一个 Container 协商以执行特定应用程序的 ApplicationMaster，并提供在失败时重新启动 ApplicationMaster 所在 Container 的服务。每个应用程序的 ApplicationMaster 负责与 Scheduler 协商获得适当的 Scheduler 资源，跟踪其状态并监视进度。ApplicationMaster 向 ResourceManager 请求并协调来自 ResourceManager 的资源，并与 NodeManager 一起执行和监视任务。

NodeManager 是每台服务器的框架代理，集群中每个节点都会拥有一个 NodeManager 的守护进程，负责容器，监视其资源使用情况（CPU、内存、磁盘、网络）和 Container 的运行状态，并将其报告给 ResourceManager 或调度者 Scheduler。如果判定 ResourceManager 通信失败（如出现死机），NodeManager 会立即连接备用的 ResourceManager 进行接下来的工作。

Container 是一种资源的抽象的表达，ApplicationMaster 向 ResourceManager 请求的资源就是以 Container 抽象资源的形式返回的，包括了 CPU、内存大小、任务运行时需要的变量和运行情况描述等信息。

当客户端提交要运行的 Job（作业）时，以一个 MapReduce 的 Job 为例，在提交前会检查 Job 指定的数据输入目录和结果输出目录是否存在，如果存在，则不提交 Job 并将相关错误信息返回给 MapReduce 程序，如果不存在，Job 作业包括本次作业需要的资源、相关配置文件、输入数据分片（Split）的数量、MapReduce 相关 JAR 文件，向 ResourceManager 发出作业提交的请求。ResourceManager 收到请求后传递给 Scheduler，Scheduler 分配一个 Container，通过捕获 NodeManager 发出的请求事件启动该 Container，并在 Container 中启动 MapReduce 相应程序的进程。ApplicationMaster 对 Job 进行初始化，如果 Job 不是 Uber 任务运行模式，那么 ApplicationMaster 会向 ResourceManager 请求为该 Job 中所有的 Map 和 Reduce 任务请求 Container。YARN 的 Scheduler 依据请求中包括的每个 Map 任务的数据本地化信息进行调度决策，确定任务分配模式，并为任务指定内存需求。获取任务需要的 Container 后，ApplicationMaster 通过与 NodeManager 定时通信来启动 Container，运行 Map 任务和 Reduce 任务。客户端定时与 ApplicationMaster 通信，检查 Job 任务的进度，Job 完成后，ApplicationMaster 和启动的 Container 会做工作状态清理。

2.5 MapReduce

分布式计算框架 Hadoop MapReduce 是一个软件框架，最初参考自 Google 的论文 *MapReduce_Simplified Data Processing on Large Clusters*，可以说是 Google MapReduce 的复制版，继

Hadoop 2 时代开始，MapReduce 演进成基于 YARN 系统的大型数据集的并行处理技术。由于 MapReduce 框架透明式封装，用户可以轻松编写应用程序，以可靠、容错的方式在大型集群（数千个节点）的普通商用硬件上并行处理大量数据（目前大多为 TB 级的数据集）。

相对于第 1 章图 1-7 展示的典型的分布式计算模型，MapReduce 与 HDFS 结合可以更加均衡地进行大数据集的运算。MapReduce 框架首先从 HDFS 中取出数据块进行分片，每个分片对应一个 Mapper 任务(即把一个大文件的任务分解成多个小任务),在 Mapper 本地进行合并计算,然后 Reducer 通过网络将数据从 Mapper 端拖曳至本地进行进一步的合并计算，得出最终的结果，如图 2-5 所示。

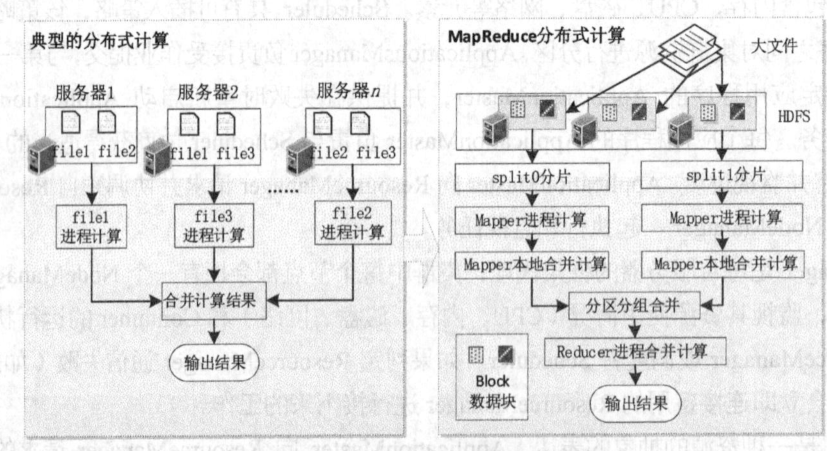

图 2-5　MapReduce 分布式计算模型

运行 MapReduce 的 Job 通常将输入数据集拆分为独立的数据块，这些数据块由 Map 任务以完全并行的方式处理。框架对 Map 的输出进行排序，然后输入 Reduce 任务。通常，作业的输入和输出都存储在文件系统中。该框架负责调度任务、监视任务并重新执行失败的任务。

通常，计算节点和存储节点是相同的，即 MapReduce 框架和 Hadoop 分布式文件系统在同一组节点上运行。此配置允许框架有效地在已存在数据的节点上调度任务，从而在集群中产生非常高的聚合带宽。

MapReduce 框架由单个主 ResourceManager、每个集群节点的一个从 NodeManager 和每个应用程序的 MRAppMaster 组成。

最低限度，应用程序通过适当的接口/抽象类的实现来指定输入/输出位置并提供映射和减少功能，其中包括其他的 Job 作业参数和 Job 作业配置。

然后，Hadoop 作业客户端将作业（JAR/可执行文件等）和配置提交给 ResourceManager，ResourceManager 负责将配置分发给从站，调度任务并监视它们，为作业提供状态和诊断 Job 作业的客户端。

虽然 Hadoop 框架是用 Java 实现的，但 MapReduce 应用程序并不局限于用 Java 编写。Hadoop Streaming 是一个实用程序，它允许用户使用任何可执行文件（例如 Shell 实用程序）作为 Mapper/Reducer 创建和运行 Job 作业。Hadoop Pipes 是一个简单包界面产生器（Simple Wrapper and Interface Generator，SWIG）兼容的 C++ API，用于实现 MapReduce 应用程序（非基于 JNI）。

MapReduce 框架具有良好的扩展性、高容错性，适合海量数据离线处理。当察觉 MapReduce 集群的计算能力已经不能满足要求时，即发现 MapReduce 集群上的队列都在被分配等待调度，说明此时资源太紧张了，这时可以对集群里的资源进行扩展；当集群内一个节点“挂掉”时，MapReduce 可以把当前任务调度到另一个节点上重新执行，以避免运行失败。MapReduce 适合 PB 量级以上海量数据的离线处理，而 MapReduce 运算性能低、吞吐率高，适合比较慢的处理。

2.6 Hadoop 应用场景

Hadoop 如今是各行各业大数据项目中非常热门的工具，参考 Apache Hadoop 官网 2020 年 12 月发布的一些企业名单，共享内容如下。

亚马逊应用 Apache Hadoop 构建集群，使用流 API 和预先存在的 C++、Perl 和 Python 工具来构建亚马逊的产品搜索索引。每天使用 Java 和流 API 来处理数百万个会话以进行分析。

Accela 通讯，使用 Apache Hadoop 来汇总注册并每晚查看数据。集群包含 10 个 1U 服务器、4 个内核、4GB 内存和 3 个驱动器，每天晚上运行 112 个 Hadoop 作业，与在数据库中执行相同的汇总相比，从每个报表数据库中导出事务表、将数据传输到集群、执行汇总，再导入回数据库的速度大约要快 4 倍。从社交服务到内部使用的结构化数据存储和处理，Accela 通讯在多个领域使用 Apache Hadoop 和 Apache HBase。

Adobe 目前在生产和开发中大约有 30 个节点在 5 到 14 个节点的群集中运行 HDFS、Hadoop 和 HBase，计划在 80 个节点的群集上进行部署。Adobe 不断将数据写入 Apache HBase，并运行 MapReduce 作业进行处理，然后将其存储回 Apache HBase 或外部系统。

2.7 Hadoop 环境配置

2.7.1 Hadoop 配置基础知识

HDFS 体系结构中的关键点就是 NameNode 和 DataNode 的关系，其中 NameNode 和 DataNode 是设计用于在普通商用机器上运行的软件。这些机器通常运行 GNU/Linux 操作系统。HDFS 是使用 Java 构建的，任何支持 Java 的机器都可以运行 NameNode 和 DataNode 软件。使用高度可移植的 Java 意味着可以在各种计算机上部署 Hadoop。

Hadoop 自身特性也决定了它本身对支撑硬件环境要求不高，可以选择普通硬件供应商生产的标准化的、广泛有效的硬件来构建集群，无须使用特定硬件供应商生产的昂贵、专有的硬件设备。作为初学者，在自己机器上搭建几台虚拟机，配置成小型集群，就可以运行 Hadoop 进行大数据学习，后文将带领大家搭建这样一个学习环境。

2.7.2 Hadoop 安装模式

Hadoop 支持的安装模式有 3 种，分别是本地/独立模式（Local/Standal Mode）、伪分布模式（Pseudo-Distributed Mode）和全分布模式（Fully-Distributed Mode）。

- 本地/独立模式：无须运行任何守护进程，所有程序都在同一个 JVM 上执行。由于在本地模式下测试和调试 MapReduce 程序较为方便，因此，这种模式适用于开发阶段。

● 伪分布模式：Hadoop 对应的 Java 守护进程都运行在一个物理计算机上，可模拟一个小规模集群的运行模式。

● 全分布模式：Hadoop 对应的 Java 守护进程运行在一个集群上。

在 Hadoop 各模式配置过程中，各组件主要通过 XML 文件进行配置。Hadoop 的早期版本仅采用一个站点配置文件 hadoop-site.xml 来配置 Common、HDFS 和 MapReduce。从 0.20.0 版开始，该文件一分为三，各对应一部分。其属性名称不变，只是被放到新的配置文件中，而主要的配置文件聚集在 hadoop/conf 子目录下。对于 Hadoop 2 以及之后的新版本来说，MapReduce 运行在 YARN 上，有一个额外的配置文件 yarn-site.xml，所有配置文件都在 hadoop/etc/hadoop 子目录下。汇总各配置文件描述如表 2-1 所示。

表 2–1　配置文件描述

文件名称	格式	描述
hadoop-env.sh	Bash 脚本	记录脚本中要用到的环境变量，以运行 Hadoop
core-site.xml	Hadoop 配置 XML	配置通用属性，Hadoop Core 的配置项，例如 HDFS 和 MapReduce 常用的 I/O 设置等
hdfs-site.xml	Hadoop 配置 XML	配置 HDFS 属性，Hadoop 守护进程的配置项，包括 NameNode、辅助 NameNode 和 DataNode 等
mapred-site.xml	Hadoop 配置 XML	配置 MapReduce 属性，MapReduce 守护进程的配置项，包括 jobtracker 和 tasktraker（每行一个）
Masters	纯文本	运行辅助 NameNode 的机器列表（每行一个）
Slaves	纯文本	运行 DataNode 和 tasktracker 的机器列表（每行一个）
hadoop-metrics.properties	Java 属性	控制如何在 Hadoop 上发布试题的属性
log4j.properties	Java 属性	系统日志文件、NameNode 审计日志、tasktracker 子进程的任务日志的属性
yarn-env.sh	Bash 脚本	运行 YARN 的脚本所使用的环境变量
yarn-site.xml	Hadoop 配置 XML	YARN 守护进程的配置设置：资源管理器、作业历史服务器、Web 应用程序代理服务器和节点管理器

在配置过程中，不同模式的关键配置属性如表 2-2 所示。

表 2–2　不同模式的关键配置属性

组件名称	属性名称	独立模式	伪分布模式	全分布模式
Common	fs.default.name	file:///(默认)	hdfs://localhost/	hdfs://namenode/
HDFS	dfs.replication	N/A	1	3(默认)
MapReduce1	mapred.job.tracker	local(默认)	localhost:8021	jobtracker:8021
YARN (MapReduce2)	yarn.resourcemanager .address	N/A	localhost:8032	resourcemanager:8032

2.7.3 Hadoop 版本选择

如果你是初学者，建议使用 Hadoop 2.x，这个版本目前应用广泛，资料也较全面。如果要应用于生产平台，需要考虑平台中整合应用的工具以及将来要扩展使用的工具。以 HBase 为例，它的产生主要是为了解决 Hadoop 核心组件 HDFS 不能很好地应对小条目数据片段存取的弊端，因此 HBase

通常会建立于 HDFS 之上进行运行存储。HBase 的每一个版本的更新都会在官网上公布其对应的 Hadoop 版本，用户可通过 HBase 官网查询比对。

本书采用的 HBase 是 1.2.6 版，因此选择了可与之对应的 Hadoop 2.7.4 进行整本书的实验。

2.7.4 Hadoop 伪分布模式搭建

考虑篇幅与实际学习场景（大多学生计算机为家庭普通计算机），本书只给出 Hadoop 伪分布模式的具体搭建过程，它运行在单节点上。Hadoop 集群搭建的具体过程与参数配置可参见官网具体描述。下面具体描述 Hadoop 伪分布模式的搭建过程。

1. Hadoop 搭建前平台的准备

Apache Hadoop 支持 GNU/Linux 操作系统作为开发和生产平台。Hadoop 已经在具有 2 000 个节点的 GNU/Linux 操作系统集群上得到了演示。此外，Windows 操作系统也是支持平台，读者可自行参阅 Wiki 页面。本书选用 CentOS 7 版的 Linux 操作系统平台进行 Hadoop 安装，请读者参考相关资料自行完成 CentOS 7 的安装。

2. Hadoop 搭建前平台上必备软件 Java 环境安装

Hadoop 主要由 Java 编写，因此 Hadoop 支撑平台需要安装相应版本的 Java。HadoopJavaVersions 中描述了推荐的 Java 版本。本例选用 Java 8 进行安装。

第 1 步：登录 Oracle 官网下载 Java 8 对应的 JDK，如图 2-6 所示。

Java SE Development Kit 8u201

You must accept the Oracle Binary Code License Agreement for Java SE to download this software.

○ Accept License Agreement ◉ Decline License Agreement

Product / File Description	File Size	Download
Linux ARM 32 Hard Float ABI	72.98 MB	jdk-8u201-linux-arm32-vfp-hflt.tar.gz
Linux ARM 64 Hard Float ABI	69.92 MB	jdk-8u201-linux-arm64-vfp-hflt.tar.gz
Linux x86	170.98 MB	jdk-8u201-linux-i586.rpm
Linux x86	185.77 MB	jdk-8u201-linux-i586.tar.gz
Linux x64	168.05 MB	jdk-8u201-linux-x64.rpm
Linux x64	182.93 MB	jdk-8u201-linux-x64.tar.gz
Mac OS X x64	245.92 MB	jdk-8u201-macosx-x64.dmg
Solaris SPARC 64-bit (SVR4 package)	125.33 MB	jdk-8u201-solaris-sparcv9.tar.Z
Solaris SPARC 64-bit	88.31 MB	jdk-8u201-solaris-sparcv9.tar.gz
Solaris x64 (SVR4 package)	133.99 MB	jdk-8u201-solaris-x64.tar.Z
Solaris x64	92.16 MB	jdk-8u201-solaris-x64.tar.gz
Windows x86	197.66 MB	jdk-8u201-windows-i586.exe
Windows x64	207.46 MB	jdk-8u201-windows-x64.exe

图 2-6 Oracle 官网 JDK 下载页面

第 2 步：将 jdk-8u201-linux-x64.tar.gz 下载至桌面，解压缩至/opt 文件夹。

```
[root@master ~]# tar -zxvf jdk-8u201-linux-x64.tar.gz -C /opt
```

第 3 步：为了便于维护，将 JDK 解压缩后生成的文件夹名 jdk1.8.0_201 更改为 JDK。这样，当进行 JDK 版本更换时，涉及 JDK 引用路径的地方都不用改，例如第 4 步环境变量 JAVA_HOME 引用的路径。

```
[root@master ~]# mv /opt/jdk1.8.0_201 /opt/jdk
```

第 4 步：配置 JDK 环境变量，一般配置在/etc/profile 或 ~/.bashrc 中，本例采用 Bashrc 文件进行配置，具体配置参数参考如下。

```
# JDK Environment
export JAVA_HOME=/opt/jdk
export PATH=$PATH:$JAVA_HOME/bin:$JAVA_HOME/jre/bin
```

第 5 步：使配置的环境变量生效。

```
[root@master opt]# source ~/.bashrc
```

第 6 步：查询 Java 版本及位置，验证 JDK 安装是否成功。

```
[root@master opt]# java -version
openjdk version "1.8.0_131"
OpenJDK Runtime Environment (build 1.8.0_131-b12)
OpenJDK 64-Bit Server VM (build 25.131-b12, mixed mode)
[root@master opt]# which java
/usr/bin/java
```

3. Hadoop 搭建前平台上必备软件 SSH

必须安装 SSH 并且必须运行 SSHD 才能使用管理远程 Hadoop 守护进程的 Hadoop 脚本。例如，Hadoop 运行过程中需要管理远程 Hadoop 守护进程，在 Hadoop 启动以后，NameNode 通过 SSH 来启动和停止各个 DataNode 上的各种守护进程。创建一个公钥/私钥对并存于平台中，以供集群共享密钥对，这是目前支持 Hadoop 用户免密码登录集群范围内计算机的较广泛的做法。下面描述 SSH 配置的具体演示过程。

第 1 步：检查 SSH 服务是否已经安装。

```
[root@master ~]# rpm -qa | grep openssh
openssh-5.3p1-122.el6.x86_64
openssh-clients-5.3p1-122.el6.x86_64
openssh-server-5.3p1-122.el6.x86_64
```

如果上述查询的包有缺失，请按下面的命令在 CentOS 7 上执行安装。

```
[root@master ~]# yum install openssh-clients
[root@master ~]# yum install openssh-server
```

第 2 步：检查 RSYNC 服务是否已经安装，它是一个远程数据同步工具，可通过局域网（LAN）/广域网（WAN）快速同步多台主机间的文件。

```
[root@master ~]# rpm -qa | grep rsync
rsync-3.0.6-12.el6.x86_64
```

如果包缺失，安装命令如下。

```
[user@master ~]# yum install rsync
```

第3步：通过修改 sshd_config 文件，开启系统 SSH 服务。

```
[root@master ~ ]# vi /etc/ssh/sshd_config
```

将 sshd_config 文件中下面 3 行开头的“#”去掉，启用 SSH 服务功能。记录公钥文件路径“.ssh/authorized_keys”，把我们要生成的密钥放在路径“~/.ssh”下的“authorized_keys”文件中。

```
RSAAuthentication yes # 启用 RSA 认证
PubkeyAuthentication yes # 启用公钥私钥配对认证方式
AuthorizedKeysFile .ssh/authorized_keys # 公钥文件路径（和上面生成的文件相同）
```

第4步：生成计算机间通信的密钥。

```
[root@master ~ ]# ssh-keygen -t rsa -P ''
```

生成无密码密钥对期间，命令窗口会询问其保存路径，直接按 Enter 键采用默认路径即可。此时，会默认存储在 sshd_config 指定路径~/下并生成一个具有 700 权限的.ssh 文件夹，包含两个文件 id_rsa 和 id_rsa.pub。

700 指只有当前用户具有读写执行的权限，具体解析如下。

因为.ssh 为隐藏的目录文件，故可通过“ll -a”命令查询，将查询的结果通过一个图示进行解析，如图 2-7。其中“d”表示当前文件是一个目录；与它相临的 9 个字符共分 3 组，其中 r 表示读权限，w 表示写权限，x 表示执行权限，-表示没有权限。用数字按位表示时，1 表示有权限，0 表示无权限。图 2-7 描述了.ssh 目录文件只有当前用户具有读、写和执行的权限，同一用户组的用户和其他用户都不具备任何权限。

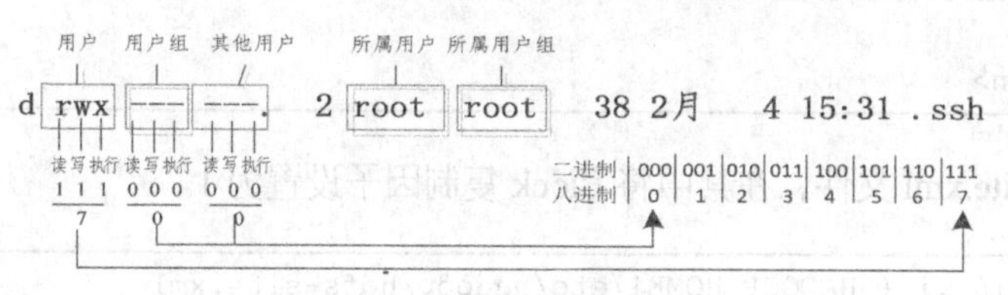

图 2-7 Linux 文件权限说明

第5步：将生成的密钥输入 sshd_config 指定公钥文件路径“.ssh/authorized_keys”中。

```
[root@master ~ ]# cat ~/.ssh/id_rsa.pub >> ~/.ssh/authorized_keys
```

赋予 authorized_keys 文件 600 权限命令。

```
[root@master ~ ]# chmod 600 ~/.ssh/authorized_keys
```

第6步：重启 SSH 服务使其生效。

```
[root@master ~ ]# service sshd restart
```

第 7 步：验证 SSH 配置生效。验证命令格式：{ssh 计算机名或者计算机 IP}。

```
[user@master ~ ]# ssh localhost
```

其中，ssh 为计算机名，在此不需要输入密码，能直接从命令界面跳转到指定计算机名的计算机即可。

4. Hadoop 伪分布模式配置

主要完成对 Common、HDFS 和 MapReduce 相应参数的配置。对于实验学习环境，配置较少的参数即可运行 Hadoop 平台。在伪分布模式下，建议至少指明 HDFS 路径的逻辑名称、数据块副本数量、MapReduce 以 YARN 模式运行及 NodeManager 运行 MapReduce 程序的附属服务。下面将给出配置伪分布模式的示例，仅供参考。

（1）配置 hadoop-env.sh 文件。

修改 hadoop-env.sh 文件内容，设置正确的 JAVA_HOME，如果事先在操作系统中已经设置了 AVA_HOME，可以忽略此步骤。

```
[root@master ~]$ vi {$HADOOP_HOME}/etc/hadoop/hadoop-env.sh
# The java implementation to use.
export JAVA_HOME=/home/user/bigdata/jdk
```

（2）配置 core-site.xml 文件，在其中配置 HDFS 默认路径。

```
[root@master ~]$ vi {$HADOOP_HOME}/etc/hadoop/core-site.xml
<configuration>
    <property>
        <name>fs.defaultFS</name>
        <value>hdfs://localhost:8020</value>
    </property>
</configuration>
```

（3）配置 hdfs-site.xml 文件，在其中将 Block 复制因子设置为 1。

```
[root@master ~]$ vi {$HADOOP_HOME}/etc/hadoop/hdfs-site.xml
<configuration>
  <property>
     <name>dfs.replication</name>
     <value>1</value>
  </property>
</configuration>
```

以上配置遵循在本地运行 MapReduce 程序的过程。如果想要在 YARN 上执行程序，可以通过设置几个参数并运行 ResourceManager 守护进程和 NodeManager 守护进程，以伪分布模式运行 YARN 上的 MapReduce 程序。

（4）配置 mapred-site.xml 文件，指定 MapReduce 程序在 YARN 模式下运行。

```
[root@master ~]$ vi {$HADOOP_HOME}/etc/hadoop/mapred-site.xml
<configuration>
    <property>
```

```
        <name>mapreduce.framework.name</name>
        <value>yarn</value>
    </property>
</configuration>
```

（5）配置 yarn-site.xml，在其中指定 NodeManager 上运行的附属服务。

```
[root@master ~]$ vi {$HADOOP_HOME}/etc/hadoop/yarn-site.xml
<configuration>
    <property>
        <name>yarn.nodemanager.aux-services</name>
        <value>mapreduce_shuffle</value>
    </property>
</configuration>
```

5. 格式化 HDFS

环境参数配置成功后，在 Hadoop 服务启动之前，需要对 Hadoop 平台进行格式化操作。格式化命令如下。

```
[root@master ~]$ hadoop namenode -format
```

6. Hadoop 进程启动、停止与验证

（1）启动 NameNode 守护进程和 DataNode 守护进程。

```
[root@master ~]$ sbin / start-dfs.sh
```

（2）在浏览器中输入网址浏览 NameNode 的 Web 界面。

（3）将输入文件复制到分布式文件系统中。

```
[root@master ~]$ bin / hdfs dfs -put etc/hadoop input
```

（4）运行 Hadoop 工具自身提供的示例。

```
[root@master ~]$ bin / hadoop jar share / hadoop / mapreduce /
hadoop-mapreduce-examples-2.7.4.jar grep input output'dfs [a-z。] +'
```

（5）查看输出文件。将输出文件从分布式文件系统复制到本地文件系统中并查看它们。

```
[root @master ~]$ bin / hdfs dfs -get input output
[root @master ~]$ cat output/ *
```

（6）查看分布式文件系统上的输出文件。

```
[root @master ~]$ bin / hdfs dfs -cat output / *
```

（7）停止 HDFS 守护进程。

```
[root @master ~]$ sbin / stop-dfs.sh
```

（8）如果对 YARN 进行了配置，启动 ResourceManager 守护进程和 NodeManager 守护进程。

```
[root @master ~]$ sbin / start-yarn.sh
```

（9）在浏览器中输入下面的网址，浏览 ResourceManager 的 Web 界面。

```
http: // localhost: 8088 /
```

（10）停止 YARN 守护进程。

```
[root@master ~]$ sbin / stop-yarn.sh
```

除此之外，也可以通过 start-all.sh 或者 stop-all.sh 进行所有进程的启动与停止操作。

2.8 基于 Hadoop 平台的 IDEA 开发环境搭建

IDEA 全称 IntelliJ IDEA，是 Java 开发的集成环境。IntelliJ 在业界被公认为是极好的 Java 开发工具，尤其在智能代码助手、代码自动提示、重构、J2EE 支持、各类版本工具（Git、SVN 等）、JUnit、CVS 整合、代码分析、创新的 GUI 设计等方面的功能可以说是超常的。IDEA 是 JetBrains 公司的产品，这家公司总部位于捷克共和国的首都布拉格，开发人员以严谨著称。它的旗舰版本还支持 HTML、CSS、PHP、MySQL、Python 等，免费版只支持 Python 等少数语言。

Maven 是一个项目管理工具，它包含了一个项目对象模型（Project Object Model）、一组标准集合、一个项目生命周期（Project Lifecycle）、一个依赖管理系统（Dependency Management System）和用来运行定义在生命周期阶段中插件目标的逻辑。可以通过一小段描述信息来管理项目的构建，报告和文档的项目管理工具软件。当你使用 Maven 的时候，可用一个明确定义的项目对象模型来描述你的项目，然后 Maven 可以应用横切的逻辑，这些逻辑来自一组共享的（或者自定义的）插件。

本节主要描述基于 IDEA 工具创建 Hadoop 的 Maven 项目的过程，并以 Hadoop 经典的 WordCount 案例演示开发的过程。

2.8.1 Maven 项目的创建

Maven 除了以程序构建能力为特色之外，还提供高级项目管理工具。因为 Maven 的默认构建规则有较高的可重用性，所以常常用两三行 Maven 构建脚本就可以构建简单的项目。此外，Maven 面向项目的方法，让许多 Apache Jakarta 项目在发文时都使用 Maven，而且公司项目采用 Maven 的比例在持续增长。

Maven 有一个生命周期，当你运行 mvn install 命令的时候会调用这个生命周期。这条命令告诉 Maven 执行一系列的有序的步骤，直到到达你指定的生命周期。遍历生命周期的一个作用就是，Maven 运行了许多默认的插件目标，这些目标完成了像编译和创建一个 Jar 文件这样的工作。

此外，Maven 能够很方便地帮你管理项目报告、生成站点、管理 Jar 文件，等等。

下面演示在 IDEA 下 Hadoop 的 Maven 项目的创建过程。

第 1 步：打开 IDEA（例如，点击桌面“IDEA”图标），如果是第 1 次使用，会弹出显示“Welcome

IntelliJ IDEA”窗口，选择“Create New Project”。

第 2 步：确定要创建的项目类型。弹出“New Project”窗口，选择要创建的项目类型“Maven”，单击“Next”按钮。

第 3 步：填写工程信息。在弹出的“New Project”窗口中，在 groupId 对应文本框中输入“hadoopmr”，在 ArtifactId 对应文本框中输入“project”，然后单击“Next”按钮。

第 4 步：确认项目信息，完成项目创建。在弹出的“New Project”窗口中，会显示新创建的项目的名称（name），及项目的存储位置（location）。单击“Finish”按钮，完成项目的初始创建。

此时进入 IDEA 的开发界面。如果在开发界面的上方弹出显示“Tip of the Day”窗口，点出“Close”按钮，关闭该窗口即可。在右下角弹出的对话框中，选择 Enable Auto-Import。（如未弹出该对话框请忽略此步骤。）显示 IDEA 开发主界面。在界面左边可以看到新创建的“project”项目。其中 pom.xml 内记录了 Maven 项目的依赖等，如图 2-8 所示。

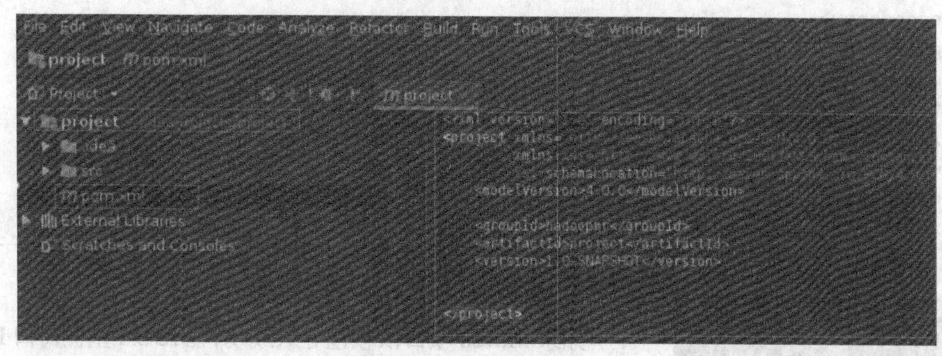

图 2-8　IDEA 开发主界面

第 5 步：配置 pom.xml 文件，参考代码如下所示。

```
    <project xmlns="http://maven.apache.org/POM/4.0.0"
xmlns:xsi="http://www.w3.org/2001/XMLSchema-instance"
xsi:schemaLocation="http://maven.apache.org/POM/4.0.0
http://maven.apache.org/xsd/maven-4.0.0.xsd">
    <modelVersion>4.0.0</modelVersion>
    <groupId>demo</groupId>
    <artifactId>demo</artifactId>
    <version>0.0.1-SNAPSHOT</version>
    <packaging>jar</packaging>
    <name>demo</name>
    <url>http://maven.apache.org</url>
    <properties>
    <project.build.sourceEncoding>UTF-8</project.build.sourceEncoding>
    </properties>
    <dependencies>
    <dependency>
    <groupId>junit</groupId>
    <artifactId>junit</artifactId>
    <version>4.12</version>
    <scope>test</scope>
    </dependency>
    <dependency>
    <groupId>org.apache.hadoop</groupId>
```

```
<artifactId>hadoop-common</artifactId>
<version>2.7.4</version>
</dependency>
<dependency>
<groupId>org.apache.hadoop</groupId>
<artifactId>hadoop-hdfs</artifactId>
<version>2.7.4</version>
</dependency>
<dependency>
<groupId>org.apache.hadoop</groupId>
<artifactId>hadoop-mapreduce-client-core</artifactId>
<version>2.7.4</version>
</dependency>
<dependency>
<groupId>org.apache.hadoop</groupId>
<artifactId>hadoop-mapreduce-client-jobclient</artifactId>
<version>2.7.4</version>
</dependency>
<dependency>
<groupId>log4j</groupId>
<artifactId>log4j</artifactId>
<version>1.2.17</version>
</dependency>
</dependencies>
</project>
```

第 6 步：查看 Maven 依赖包导入情况。

如果 Maven 项目依赖包导入成功，在 IDEA 左侧窗口 External Libraries 选项下会看到新导入的依赖包，如图 2-9 所示（图中显示部分依赖包内容）。

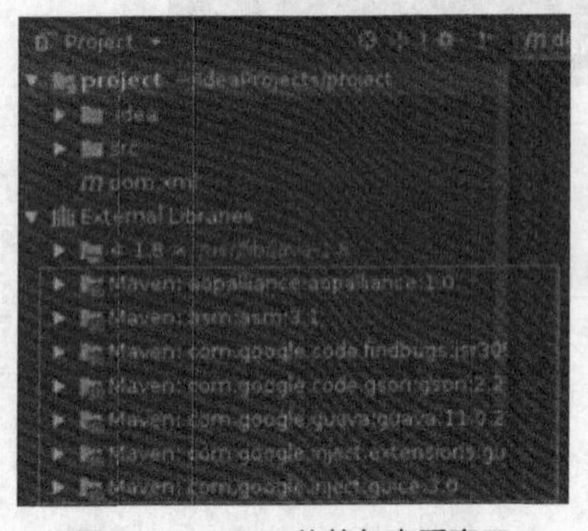

图 2-9　Maven 依赖包查看窗口

如果 Maven 项目依赖包导入失败，可在配置好 pom.xml 文件内容后，选中项目名“project”，单击鼠标右键，选择“Maven”下的“ReImport”项目，即开始 Maven 项目依赖包的导入。注意，在上一步中，如果 Maven 依赖包导入成功，这一步就无须进行。

至此，Hadoop 开发环境的 Maven 项目创建完成。

2.8.2　编写经典的 MapReduce 程序 WordCount

本小节主要完成在 IDEA 工具下，以 Hadoop 经典的 WordCount 为案例进行 Maven 项目下 MapReduce 程序的开发演示。

第 1 步：开启 Hadoop 实验平台，进行实验数据的准备。

以 Hadoop 安装包下/etc/hadoop/hdfs-site.xml 文件作为要计算的数据文件，将其复制到 HDFS 上的/root/experiment/datas 目录下。（这里需要注意的是，如果作为统计的数据选择过大的话，要考虑系统的运行环境情况，例如堆的大小，如果堆的大小不能容纳数据量运行，程序运行时会出现不正常现象。）

（1）通过运行 start-all.sh 脚本文件，开启 Hadoop 实验平台。

（2）通过运行 jps 命令，查看 Hadoop 启动的守护进程，保证 NodeManager、SecondaryNameNode、NameNode、DataNode、ResourceManager、JPS 进程已经启动。

（3）通过 HDFS 的-put 命令，将 Linux 本地文件（如/opt/hadoop/etc/hadoop/hdfs-site.xml）当作 WordCount 的实验数据文件复制并上传至 HDFS 平台指定目录下，如/root/experiment/datas，此时可通过-lsr 命令查询上传结果。

至此，用于 WordCount 计算的实验数据准备完成。

第 2 步：打开 IDEA 工具，创建包名，用于在该包下编写 WordCount 程序。

（1）选中“Project”，找到它下面的“Java”，单击鼠标右键选择它的子项“New→Package”，如图 2-10 所示。

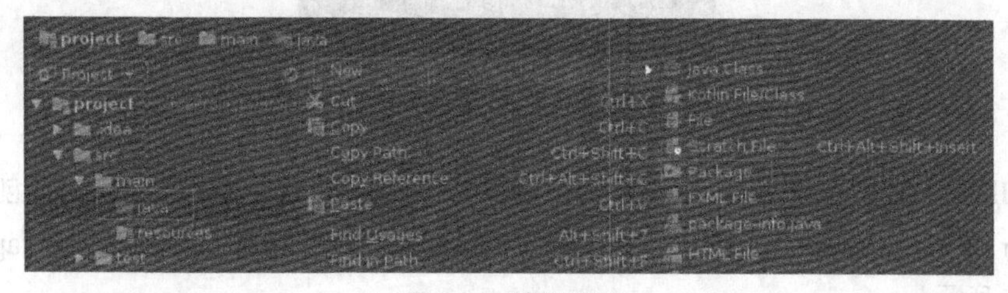

图 2-10　选择子项

（2）在弹出的“New Package”窗口中对应的文本框中填写包名“experiment”，单击“OK”按钮，完成包名创建，如图 2-11 所示。

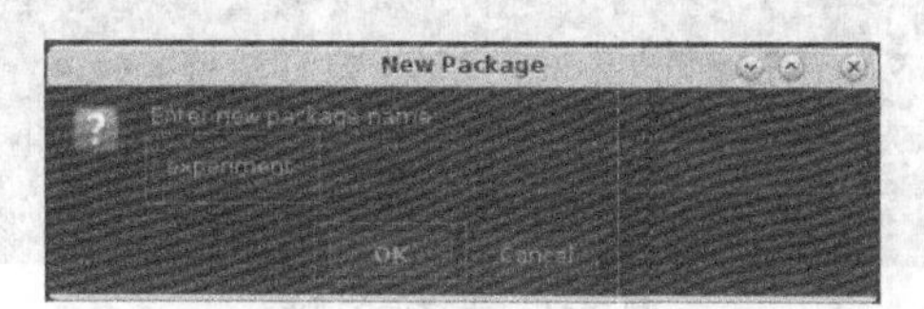

图 2-11　完成包名创建

此时，在 IDEA 工具的左侧窗口中的 project 项目下，可以看见新创建的包名，如图 2-12 所示。

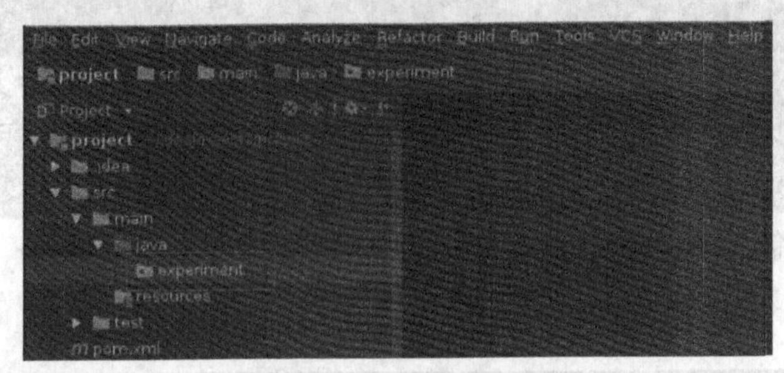

图 2-12　新创建的包名

至此，包名创建完毕。下面可以开始进行 MapReduce 程序的编写工作了。

第 3 步：创建 JobWCMapper 类文件，编写 Mapper 类。

（1）选中新创建的“experiment”包，单击鼠标右键选择它的子项“New→Java Class”，如图 2-13 所示。

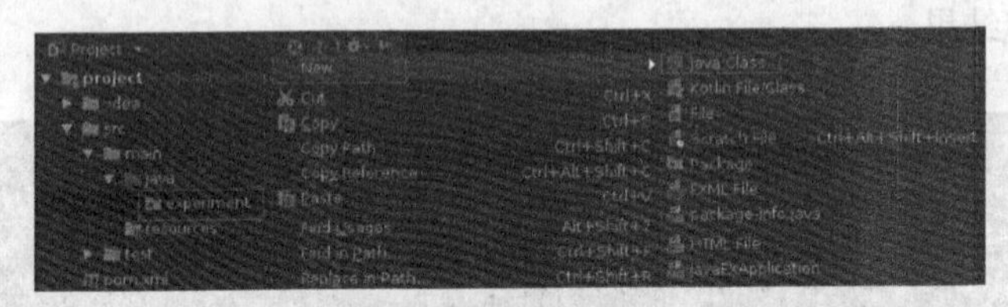

图 2-13　选择子项

（2）在弹出的“Create New Class”窗口中输入要创建的文件名“JobWCMapper”，并选择类型“Class”，然后单击“OK”按钮，完成类文件的创建，如图 2-14 所示。

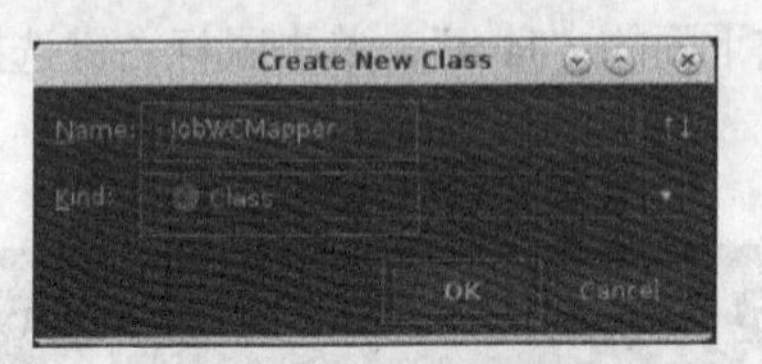

图 2-14　完成类文件的创建

此时在 IDEA 工具左侧窗口的项目 project 中“experiment”包下会看到新创建的类文件 JobWCMapper，并且在 IDEA 工具的中央位置的窗口会看见新创建的类文件 JobWCMapper.java 的内容，如图 2-15 所示。

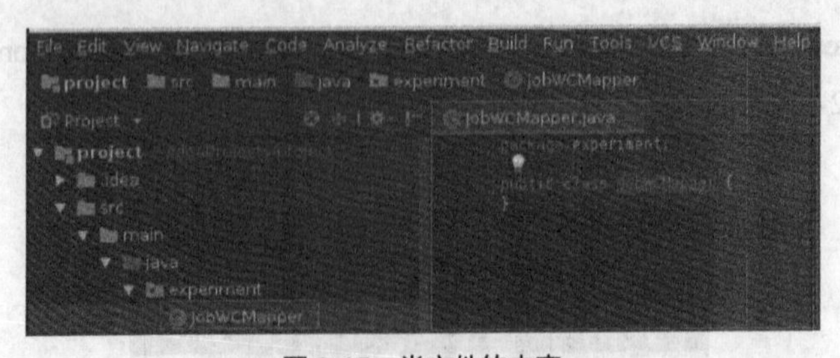

图 2-15　类文件的内容

（3）编写类文件 JobWCMapper.java 的程序代码。

```
    package experiment;      //包名
    // 引用类库
    import java.io.IOException;
    import java.util.StringTokenizer;
    import org.apache.hadoop.io.IntWritable;
    import org.apache.hadoop.io.LongWritable;
    import org.apache.hadoop.io.Text;
    import org.apache.hadoop.mapreduce.Mapper;

    public class JobWCMapper extends Mapper<LongWritable, Text, Text, IntWritable> {
    private final static IntWritable one = new IntWritable(1);
    private Text word = new Text();
    public void map(LongWritable key, Text value, Context context) throws IOException,
InterruptedException {
      StringTokenizer itr = new StringTokenizer(value.toString());
      while (itr.hasMoreTokens()) {
         word.set(itr.nextToken());
         context.write(word, one);
      }
    }
  }
```

编写完成后，窗口显示如图 2-16 所示。

图 2-16　编写完成

第 4 步：创建 JobWCReducer 类文件，编写 Reducer 类。

（1）选中 project 项目中“experiment”包，单击鼠标右键选择它的子项“New→Java Class”，如图 2-17 所示。

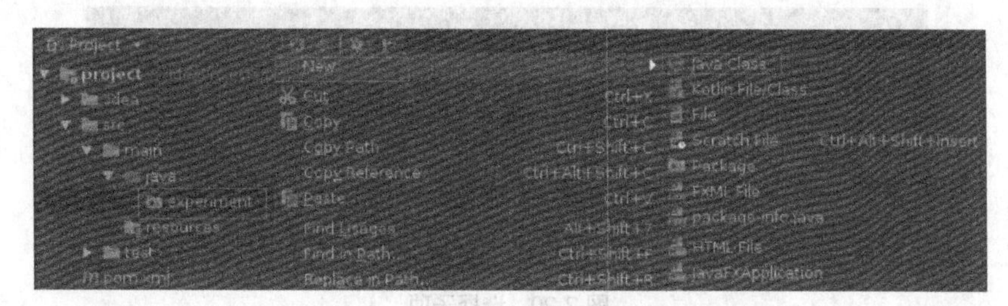

图 2-17　选择子项

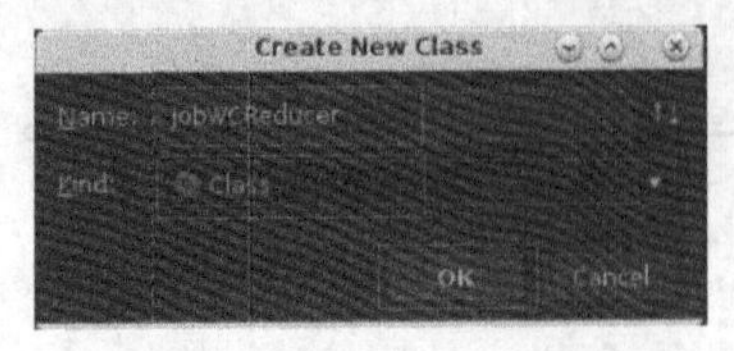

图 2-18　完成类文件的创建

（2）在弹出的“Create New Class”窗口中输入要创建的文件名“JobWCReducer”，并选择类型“Class”，然后单击“OK”按钮，完成 Reducer 类文件的创建，如图 2-18 所示。

此时在 IDEA 工具左侧窗口中的项目 project 中“experiment”包下会看到新创建的类文件，并且在 IDEA 工具的中央位置的窗口会看见新创建的 JobWCReducer.java 类文件的默认内容。

（3）在 JobWCReducer.java 类文件窗口编写程序代码，参考代码如下所示。

```
    package experiment;
    import java.io.IOException;
    import org.apache.hadoop.io.IntWritable;
    import org.apache.hadoop.io.Text;
    import org.apache.hadoop.mapreduce.Reducer;
    public class JobWCReducer extends Reducer<Text, IntWritable, Text, IntWritable> {
    protected void reduce(Text key, Iterable<IntWritable> values,Context context) throws
IOException, InterruptedException {
    int sum = 0;
    for (IntWritable val : values) {
    sum += val.get();
    }
    context.write(key, new IntWritable(sum));
    }
    }
```

编写完成后，界面显示如图 2-19 所示。

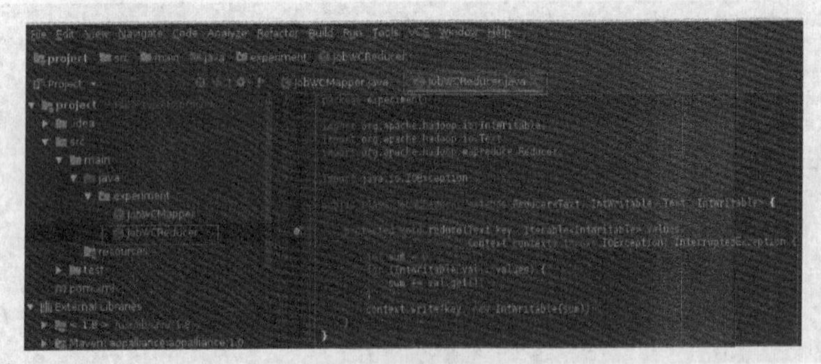
图 2-19　编写完成

第 5 步：编写 main 方法，通过 Job 方法启动 Mapper、Reducer 作业。

（1）选中 project 项目中“experiment”包，单击鼠标右键选择它的子项“New→Java Class”，如图 2-20 所示。

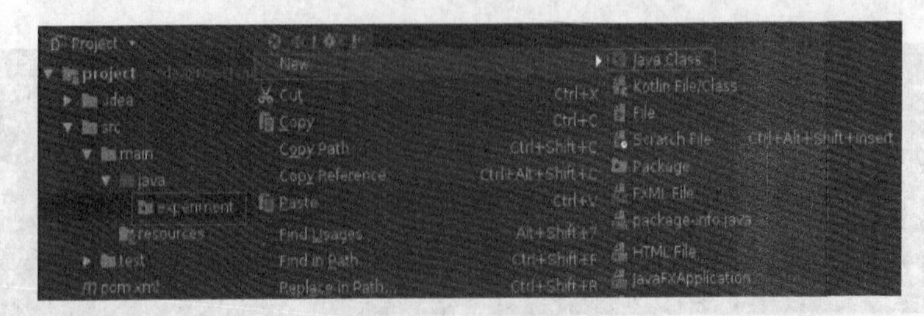

图 2-20　选择子项

（2）在弹出的“Create New Class”窗口中输入要创建的文件名“JobWC”，并选择类型“Class”，然后单击“OK”按钮，完成类文件的创建，如图 2-21 所示。该类文件用于调度 MapReduce 的作业程序。Hadoop 旧版本中常规的方法可通过 JobConf 调度，新版本中 JobConf 仍然可用，但更推荐采用 Job 调度。对于 MapReduce 程序的调度也可以通过 Tool 工具完成。本次实验只介绍常用的 Job 调度的写法。

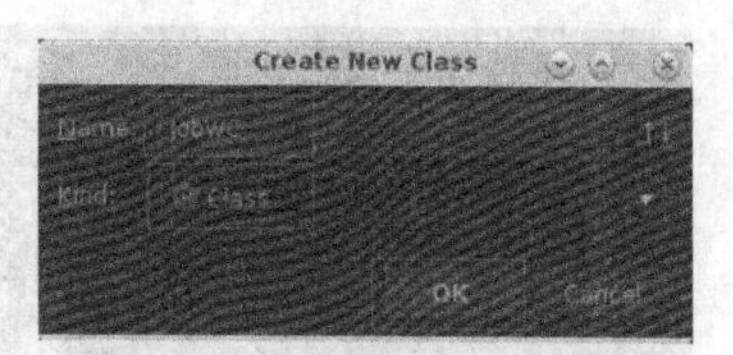

图 2-21　完成类文件的创建

此时在 IDEA 工具左侧窗口项目 project 中“experiment”包下会看到新创建的类文件“JobWC”，并且在 IDEA 工具的中央窗口会看见新创建的类文件 JobWC.java 的默认文件内容。

（3）编写 JobWC.java 类文件的程序代码。

```
package experiment;
import org.apache.hadoop.conf.Configuration;
import org.apache.hadoop.fs.Path;
import org.apache.hadoop.io.IntWritable;
import org.apache.hadoop.io.Text;
import org.apache.hadoop.mapreduce.Job;
import org.apache.hadoop.mapreduce.lib.input.FileInputFormat;
import org.apache.hadoop.mapreduce.lib.input.TextInputFormat;
import org.apache.hadoop.mapreduce.lib.output.FileOutputFormat;
import org.apache.hadoop.mapreduce.lib.output.TextOutputFormat;
public class JobWC {
public static void main(String[] args) throws Exception {
Path file = new Path("hdfs://master:9000/root/experiment/datas");
Path outfile = new Path("hdfs://master:9000/root/experiment/output ");
Configuration conf = new Configuration();
Job job = Job.getInstance(conf);
job.setJarByClass(JobWC.class);
job.setJobName("wordcount1");
job.setOutputKeyClass(Text.class);
job.setOutputValueClass(IntWritable.class);
job.setMapperClass(JobWCMapper.class);
job.setReducerClass(JobWCReducer.class);
job.setInputFormatClass(TextInputFormat.class);
job.setOutputFormatClass(TextOutputFormat.class);
FileInputFormat.addInputPath(job, file);
FileOutputFormat.setOutputPath(job, outfile);
job.waitForCompletion(true);
}
}
```

写完代码后的窗口界面如图 2-22 所示。

第 6 步：IDEA 工具下 Maven 项目中 MapReduce 程序运行过程。

（1）在 jobWC.java 窗口中任意位置单击鼠标右键，在弹出的窗口中单击“Run jobWC.main()”选项，开始运行 JobWC 的 main 方法中调用的 MapReduce 程序，如图 2-23 所示。

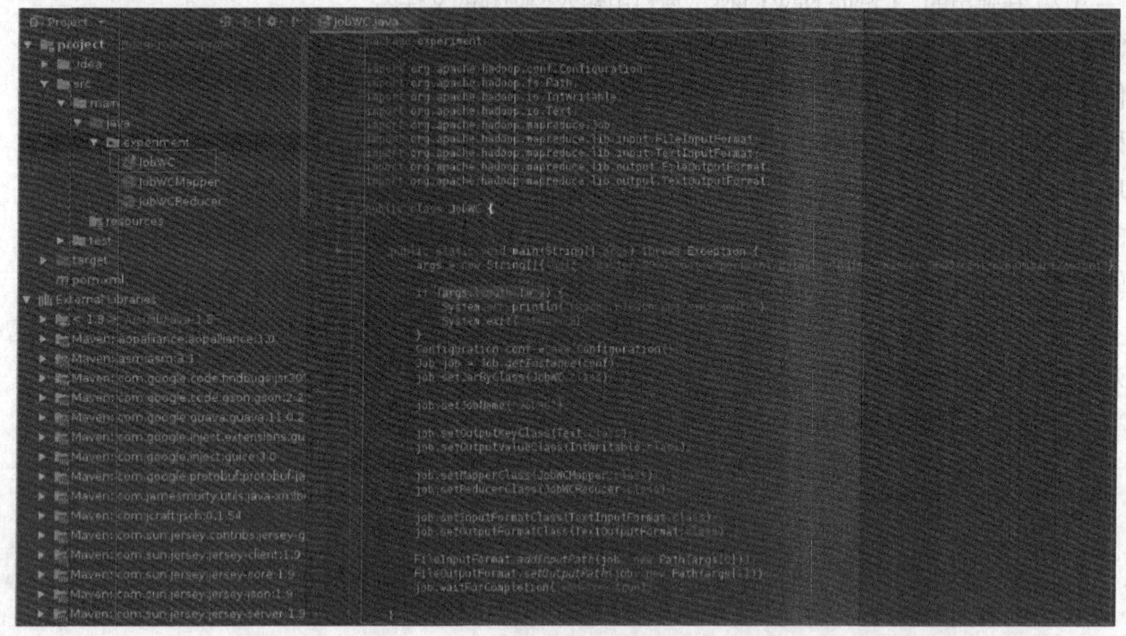

图 2-22　完成代码

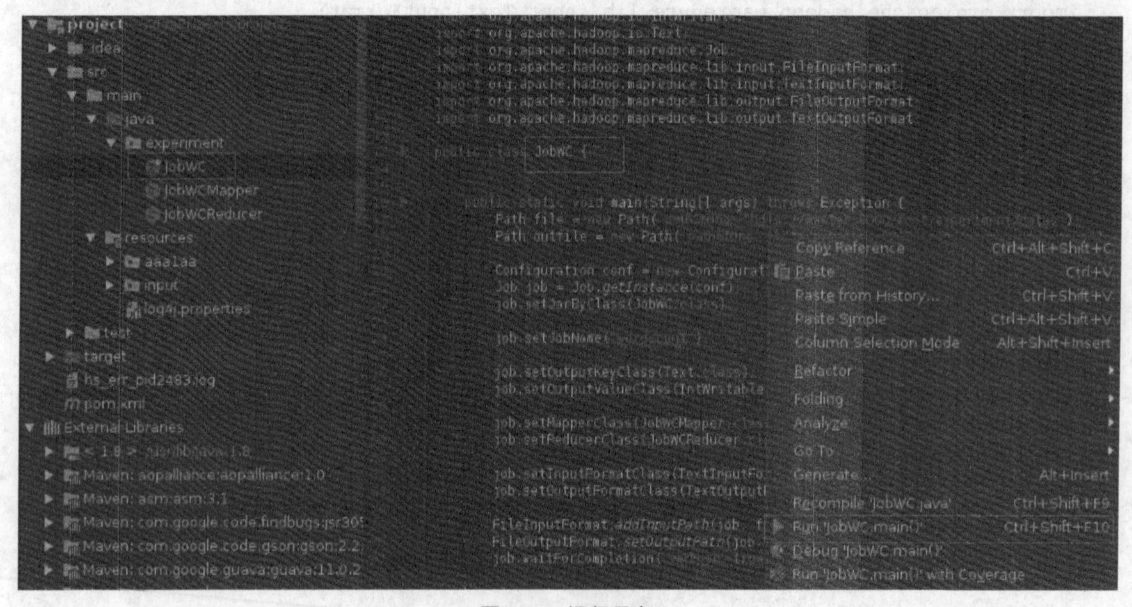

图 2-23　运行程序

运行时会在 IDEA 下的控制台显示运行的结果，如图 2-24 所示。

（2）如果需要观察程序的运行过程，可将 Linux 平台下/opt/hadoop/etc/hadoop/路径中的 log4j.properties 文件复制至 IDEA 下项目 project 中的 resources 下。运行后，会在控制台中显示 MapReduce 过程的描述，如图 2-25 所示。例如启动的 JobID、一共启动了多少个 Mapper 等信息。

图 2-24　运行结果

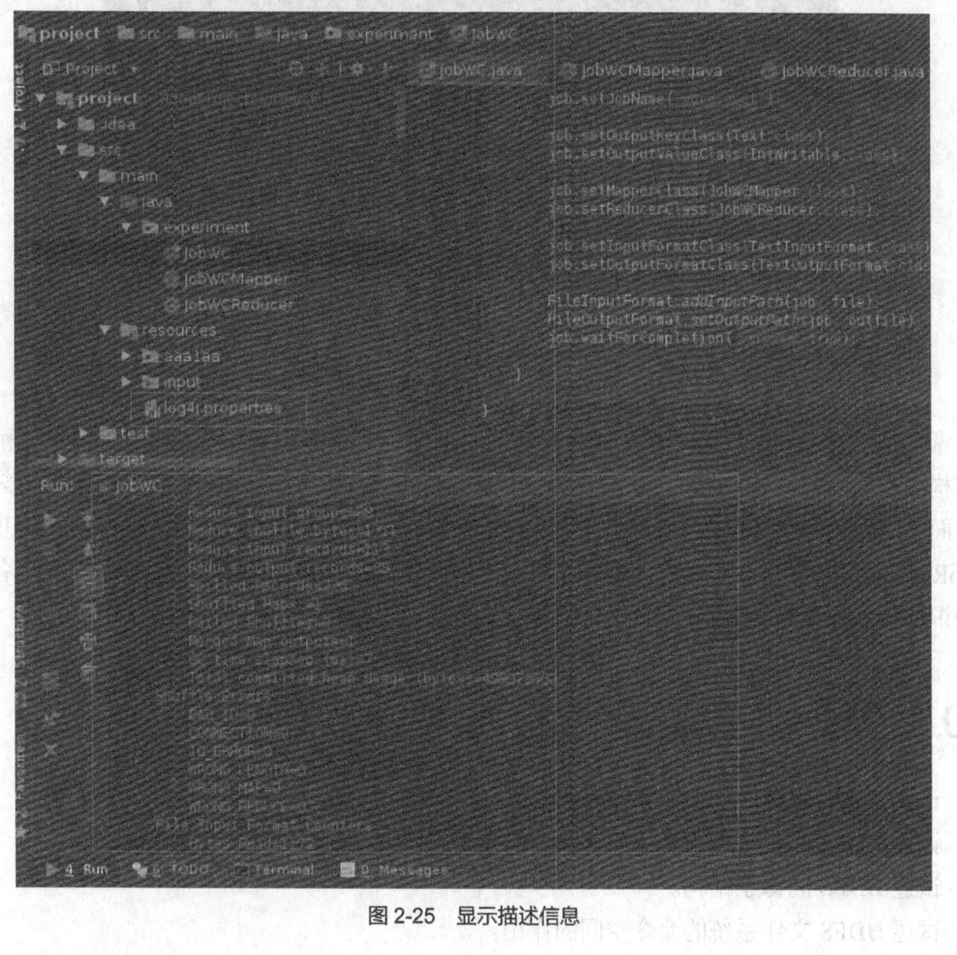

图 2-25　显示描述信息

第 7 步：HDFS 中验证运行结果。

（1）查询运行结果。其中 datas 下是计算用的数据，而 output 下的 part-r-00000 是运行结果。

```
[root@master ~]#hadoop dfs -lsr /root/experiment/
DEPRECATED: Use of this script to execute hdfs command is deprecated.
Instead use the hdfs command for it.

lsr: DEPRECATED: Please use 'ls -R' instead.
drwxr-xr-x   - root supergroup          0 2018-05-14 14:07 /root/experiment/datas
-rw-r--r--   1 root supergroup       1172 2018-05-14 14:07 /root/experiment/datas/hdfs-site.xml
drwxr-xr-x   - root supergroup          0 2018-05-14 14:13 /root/experiment/output
-rw-r--r--   3 root supergroup          0 2018-05-14 14:13 /root/experiment/output/_SUCCESS
-rw-r--r--   3 root supergroup       1047 2018-05-14 14:13 /root/experiment/output/part-r-00000
```

（2）查询运行结果中的内容（注意，图中显示的是部分结果）。

```
[root@master ~]#hadoop dfs -cat /root/experiment/output/part-r-00000
DEPRECATED: Use of this script to execute hdfs command is deprecated.
Instead use the hdfs command for it.

"AS	1
"License");	1
(the	1
-->	2
2.0	1
<!--	2
</configuration>	1
</property>	3
<?xml	1
<?xml-stylesheet	1
<configuration>	1
<name>dfs.datanode.data.dir</name>	1
<name>dfs.namenode.name.dir</name>	1
<name>dfs.replication</name>	1
<property>	3
<value>1</value>	1
<value>file:/opt/data/hadoop/dfs/data</value>	1
<value>file:/opt/data/hadoop/dfs/name</value>	1
ANY	1
Apache	1
BASIS,	1
CONDITIONS	1
IS"	1
KIND,	1
LICENSE	1
License	3
```

2.9 本章小结

本章介绍了 Hadoop 的基本知识，以及 Hadoop 实验学习环境的搭建过程，帮助初学者理解 Hadoop 的基本构成及初步的设计思想，了解其工作过程。2.7 节详细介绍了 Hadoop 伪分布模式的搭建过程，以给后面的学习提供学习环境。2.8 节详细介绍了 Hadoop 环境下创建基于 IDEA 的 Maven 项目和开发 MapReduce 程序及运行的过程，帮助初学者准备好 Hadoop 学习环境，为后面的学习准备好基本理论知识和具体开发的实验环境。

2.10 习题

1. 试述 Hadoop 的核心模块有哪些，以及每个模块的作用。
2. 试述 HDFS 的设计思想。
3. 试述 HDFS 的体系结构。
4. 试述 HDFS 文件系统的命令空间的作用。

5. 试述 HDFS 数据复制过程以及副本的放置策略。
6. 试述 HDFS 的安全模式。
7. 试述 HDFS 元数据的持久性。
8. 试述 YARN 的工作原理。
9. 试述 MapReduce 的工作过程。
10. 独立搭建 Hadoop 伪分布模式平台环境。
11. 独立完成 Hadoop 环境下 IDEA 下 Maven 项目的创建以及 WordCount 开发。
12. 试着搭建 Hadoop 完全分布模式平台环境。

03 第3章　大数据文件存储系统

针对大数据文件存储的数据集，已经超出单台物理计算机的存储能力与计算能力，最好的解决方案是将大文件拆分成众多小文件，对数据进行分区并存储到若干台网络互联的独立的计算机上。管理网络中跨多台计算机存储的文件系统称为分布式文件系统（Distributed File System，DFS）。当前信息化项目中大数据文件存储系统多指分布式文件系统，由于该系统架构于网络之上，势必会造成网络编程的复杂性，因此分布式文件系统比普通磁盘文件系统更为复杂。HDFS 的引入，降低了大数据文件存储系统下项目开发的难度，它是一种可以搭建在众多廉价商用机器上、能高度容错的分布式文件系统。与普通的本地文件系统相比，HDFS 拥有明显的性能优势，主要表现为高度可拓展性、高可靠性、低成本和对数据的高吞吐量访问。面向项目开发部分，它将一些分布式专业技术进行封装，开放开发的 Shell 命令接口和程序设计 API，用户只需做较少的较低难度的工作就可以实现大数据文件存取的基本功能应用。

知识地图

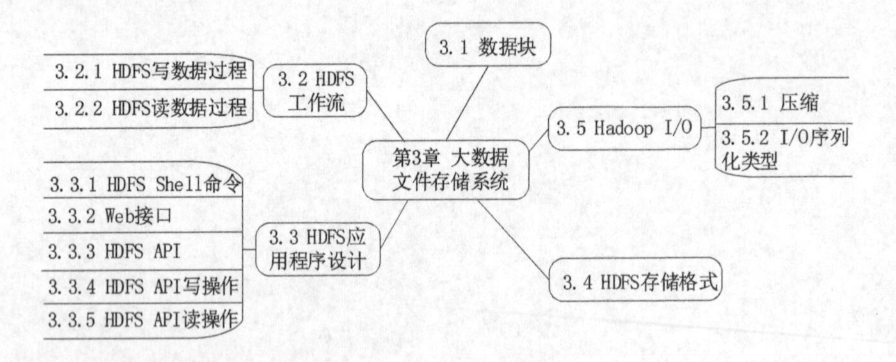

3.1 数据块

HDFS 旨在支持非常大的文件，如上百 MB、上百 GB 甚至几百 TB 大小的文件。与 HDFS 兼容的应用程序是处理大型数据集的应用程序。这些应用程序通常只写入一次数据，支持一次或多次读取。这些大的 HDFS 文件首先会被切分成大小相等的数据块，作为独立的存储单元，有利于数据存储与计算的均衡，同时也类似操作系统中的文件块，可减小磁盘寻址的开销。在 Hadoop 1 时代，默认的数据块大小是 64 MB，Hadoop 2 时代为 128 MB。此外，也可通过设定 dfs.blocksize 参数来改变数据块的大小。注意，数据块不要过小，因为每个文件被切分成多少个数据块，这些数据块驻留哪些 DataNode 上，会被当作元数据记录于 NameNode 主节点上。当 Hadoop 启动时，这些元数据首先会被加载至内存，而内存是服务器的有限资源，Hadoop 平台在构建时遵从主/从结构，有一个主节点，主节点内存用到一定程度，整个集群就不能扩展了。数据一旦抽取到 HDFS 平台上，即不再改变，如果这批数据中有错误，建议删除当前批次，并重新导入。相对的，对于大文件的计算，考虑到数据量巨大，也会应用分布式计算的理论，将大任务拆分成若干小任务进行处理。Hadoop 中的 MapReduce 模块负责完成这样的工作，大任务到小任务有个分片的过程。为了更好地理解 HDFS 如何应用 Hadoop 平台涉及的集群中所有服务器的资源进行大数据的读写，以便正确应用 Hadoop 平台，有必要理解 HDFS 工作流的工作过程。

3.2 HDFS 工作流

3.2.1 HDFS 写数据过程

用户通过简单的 HDFS API 很容易实现对大文件的写入操作。HDFS 是分布式存储理论的一个实现框架，究其 HDFS 框架内部构成，其写入过程是较复杂的，需要考虑数据块切分、集群的负载均衡、文件的存储格式等。我们可以通过图 3-1 来表述它的具体的写数据流程。

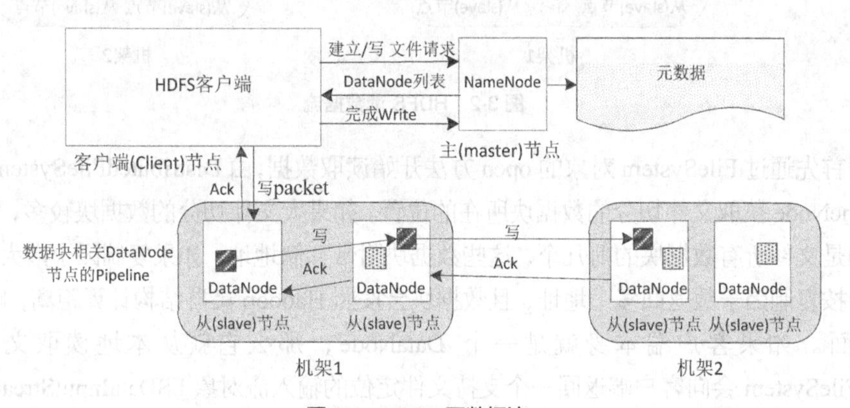

图 3-1　HDFS 写数据流

首先，HDFS Client 创建 DistributedFileSystem 对象，通过 RPC 调用 NameNode 校验客户端写入的文件名是否存在以及是否有权限写入。如果校验不通过会抛出异常，如果校验通过，NameNode 创建新文件，并在元数据中依据平台数据块的因子数，分配不同的 DataNode，记录并生成列表，然后返回客户端。HDFS 客户端调用 DistributedFileSystem 对象的 create 方法，通过 FSDataOutputStream 类创建输出流对象，数据被分割成一个个小的 packet（数据在向 DataNode 传递时以 packet 为最小单位），然后排成队列。NameNode 使用复制目标选择算法检索 DataNode 列表。此列表包含将承载该块副本的 DataNode 排成一个 Pipeline。

然后，客户端写入第 1 个 DataNode。第 1 个 DataNode 开始分批接收数据，将每个部分写入其本地存储库，并将该部分传输到列表中的第 2 个 DataNode。第 2 个 DataNode 又开始接收数据块的每个部分，将该部分写入其存储库，然后将该部分刷新到第 3 个 DataNode。最后，第 3 个 DataNode 将数据写入其本地存储库。因此，DataNode 可以从流水线中的前一个 DataNode 接收数据，同时将数据转发到流水线中的下一个 DataNode。因此，数据从一个 DataNode 流水线滑到下一个 DataNode。数据写入完成，客户端通过 FSDataOutputStream 类创建对象，调用 close 方法，关闭流，调用 DistributedFileSystem 对象的 complete 方法，通知 NameNode 文件写入成功。

3.2.2 HDFS 读数据过程

与写数据类似，HDFS 用户通过简单的 HDFS API 很容易实现对大文件的读操作。

客户端通过应用程序或有效工具读取集群中的数据，对数据进行分析，获取数据的价值。HDFS 读数据的流程如图 3-2 所示。

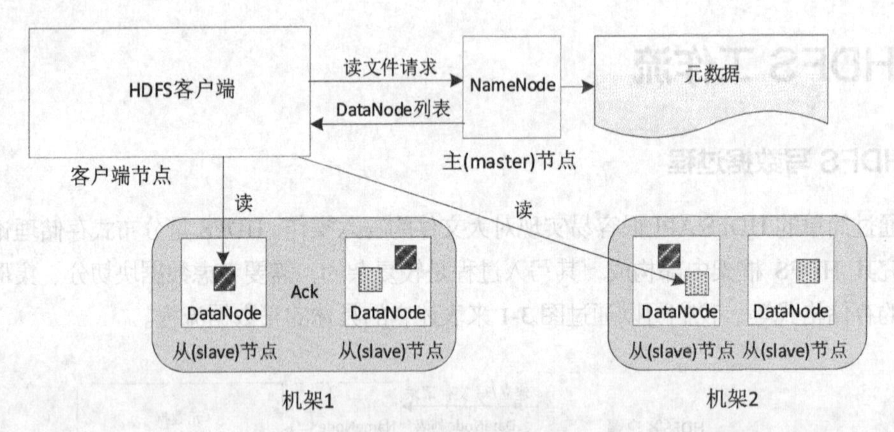

图 3-2 HDFS 读数据流

客户端首先通过 FileSystem 对象的 open 方法开始读取数据，由 DistributedFileSystem 类通过 RPC 调用向 NameNode 获取文件切分的数据块所在的位置。如果大文件切分的数据块较多，则 NameNode 首先返回的是文件所有数据块的前几个，这些数据块附带存储地址。如果复制因子数大于 1，则同一个数据块会按复制因子数返回多个地址，且数据块会按照 Hadoop 集群结构计算距离，距离客户端近的排在前面。如果客户端本身就是一个 DataNode，那么它就从本地读取文件。其次，DistributedFileSystem 会向客户端返回一个支持文件定位的输入流对象 FSDataInputStream，客户端调用 read 方法，DFSInputStream 会找出距离客户端最近的 DataNode 并连接。读取大文件所属数据块时，如果第 1 个数据块读完了，就会关闭指向第 1 个数据块的 DataNode 连接，接着读取下一个距离客户端最近的 DataNode 存储的数据块。这些操作对客户端来说是透明的，从客户端的角度看，这只是读一个持续不断的流。如果所有的数据块都读完了，就会关闭所有的流。

如果在读取数据块的过程中，数据块所在的 DataNode 发生异常，读取流会尝试读取正在读的数据块同一块数据排第二近的 DataNode，同时向 NameNode 报告这个信息并记录，该数据块再被应用时，系统会跳过该 DataNode。

3.3 HDFS 应用程序设计

HDFS 是 Hadoop 应用程序使用的主要分布式存储系统。HDFS 集群主要由管理文件系统元数据的 NameNode 和存储实际数据的 DataNode 组成。客户端联系 NameNode 以获取文件元数据或文件修改，并直接使用 DataNode 执行实际文件的输入和输出操作。

Hadoop（包括 HDFS）非常适合使用商用硬件进行分布式存储和分布式处理，它具有容错性和可扩展性，非常简单。同时，HDFS 具有高度可配置性，其默认配置适合许多安装。在大多数情况下，只需要针对非常大的集群调整配置。同时，为了方便用户应用 HDFS 功能，HDFS 提供了多种接口供用户使用。

- HDFS 框架是用 Java 编写的，具有跨平台性，同时 HDFS API 针对 C++、Python 等进行开放。
- Hadoop 支持类似 Shell 的命令，可直接与 HDFS 交互。
- NameNode 和 DataNode 内置了 Web 服务器，用户可以轻松检查集群中 HDFS 的当前状态。

本节将对 HDFS Shell、Web 以及 HDFS Java API 进行简单的描述与应用。

3.3.1 HDFS Shell 命令

Hadoop 包含各种类似 Shell 的命令，可直接与 HDFS 和 Hadoop 支持的其他文件系统进行交互。bin / hdfs dfs -help 命令列出了 Hadoop Shell 支持的命令及使用语法格式。

```
[root@master ~]# hdfs dfs -help
Usage: hadoop fs [generic options]
[-appendToFile <localsrc> ... <dst>]
[-cat [-ignoreCrc] <src> ...]
[-checksum <src> ...]
[-chgrp [-R] GROUP PATH...]
[-chmod [-R] <MODE[,MODE]... | OCTALMODE> PATH...]
[-chown [-R] [OWNER][:[GROUP]] PATH...]
[-copyFromLocal [-f] [-p] [-l] <localsrc> ... <dst>]
[-copyToLocal [-p] [-ignoreCrc] [-crc] <src> ... <localdst>]
[-count [-q] [-h] <path> ...]
[-cp [-f] [-p | -p[topax]] <src> ... <dst>]
[-createSnapshot <snapshotDir> [<snapshotName>]]
[-deleteSnapshot <snapshotDir> <snapshotName>]
[-df [-h] [<path> ...]]
[-du [-s] [-h] <path> ...]
[-expunge]
[-find <path> ... <expression> ...]
[-get [-p] [-ignoreCrc] [-crc] <src> ... <localdst>]
[-getfacl [-R] <path>]
[-getfattr [-R] {-n name | -d} [-e en] <path>]
[-getmerge [-nl] <src> <localdst>]
[-help [cmd ...]]
[-ls [-d] [-h] [-R] [<path> ...]]
[-mkdir [-p] <path> ...]
[-moveFromLocal <localsrc> ... <dst>]
[-moveToLocal <src> <localdst>]
```

```
[-mv <src> ... <dst>]
[-put [-f] [-p] [-l] <localsrc> ... <dst>]
[-renameSnapshot <snapshotDir> <oldName> <newName>]
[-rm [-f] [-r|-R] [-skipTrash] <src> ...]
[-rmdir [--ignore-fail-on-non-empty] <dir> ...]
[-setfacl [-R] [{-b|-k} {-m|-x <acl_spec>} <path>]|[--set <acl_spec> <path>]]
[-setfattr {-n name [-v value] | -x name} <path>]
[-setrep [-R] [-w] <rep> <path> ...]
[-stat [format] <path> ...]
[-tail [-f] <file>]
[-test -[defsz] <path>]
[-text [-ignoreCrc] <src> ...]
[-touchz <path> ...]
[-truncate [-w] <length> <path> ...]
[-usage [cmd ...]]

-appendToFile <localsrc> ... <dst> :
  Appends the contents of all the given local files to the given dst file. The dst
  file will be created if it does not exist. If <localSrc> is -, then the input is
  read from stdin.

-cat [-ignoreCrc] <src> ... :
  Fetch all files that match the file pattern <src> and display their content on
  stdout.

------省略其他参数的解释内容------
-usage [cmd ...] :
  Displays the usage for given command or all commands if none is specified.

Generic options supported are
-conf <configuration file>     specify an application configuration file
-D <property=value>            use value for given property
-fs <local|namenode:port>      specify a namenode
-jt <local|resourcemanager:port>    specify a ResourceManager
-files <comma separated list of files>    specify comma separated files to be copied to
the map reduce cluster
-libjars <comma separated list of jars>    specify comma separated jar files to include
in the classpath.
-archives <comma separated list of archives>    specify comma separated archives to be
unarchived on the compute machines.

The general command line syntax is
bin/hadoop command [genericOptions] [commandOptions]
```

此外，bin / hdfs dfs -help command-name 命令显示命令更详细的帮助信息。例如，以 cat 命令为例查询 cat 的详细帮助信息。

```
[root@master ~]# hdfs dfs -help cat
-cat [-ignoreCrc] <src> ... :
  Fetch all files that match the file pattern <src> and display their content on
  stdout.
```

这些命令支持大多数普通文件系统操作，例如复制文件、更改文件权限等。它还支持一些 HDFS 特定操作，如更改文件复制。下面列举一些常用的示例供大家参考。

【实验准备】

在 CentOS 7 本地创建两个文件 file1.txt、file2.txt。

```
[root@master ~]# echo "hello world" > file1.txt
[root@master ~]# echo "hello hadoop" > file2.txt
[root@master ~]# ll file*
-rw-r--r-- 1 root root 12 5\u6708  21 07:47 file1.txt
-rw-r--r-- 1 root root 13 5\u6708  21 07:47 file2.txt
[root@master ~]# cat file*
hello world
hello Hadoop
```

【HDFS Shell 操作】

（1）在 HDFS 上创建级联目录。

```
[root@master ~]# hadoop fs -mkdir -p /root/hdfstest
```

（2）查看 root 目录及其子目录和文件，即可查看新创建目录。

```
[root@master ~]# hadoop fs -ls -R /root
drwxr-xr-x   - root supergroup          0 2019-05-21 07:53 /root/hdfstest
```

（3）将本地创建的文件 file1.txt、file2.txt 上传至 HDFS 新创建目录下。

```
[root@master ~]# hadoop fs -put file* /root/hdfstest
```

（4）查看到文件 file1.txt、file2.txt 已经上传至 HDFS 新创建目录/hdfstest 下。

```
[root@master ~]# hadoop fs -ls -R /root
drwxr-xr-x  - root supergroup          0 2019-05-21 08:06 /root/hdfstest
-rw-r--r--   3 root supergroup         12 2019-05-21 08:06 /root/hdfstest/file1.txt
-rw-r--r--   3 root supergroup         13 2019-05-21 08:06 /root/hdfstest/file2.txt
```

（5）查看 HDFS 目录/hdfstest 下所有以“file”开头的文件内容。

```
[root@master ~]# hadoop fs -cat /root/hdfstest/file*
hello world
hello hadoop
```

（6）删除 HDFS 目录/hdfstest 及以下所有内容。

```
[root@master ~]# hadoop fs -rmr /root/hdfstest
rmr: DEPRECATED: Please use 'rm -r' instead.
19/05/21 08:12:28 INFO fs.TrashPolicyDefault: Namenode trash configuration: Deletion
interval = 0 minutes, Emptier interval = 0 minutes.
Deleted /root/hdfstest
```

3.3.2 Web 接口

NameNode 和 DataNode 均运行内部 Web 服务器，使用默认配置以显示有关集群当前状态的基本信息。NameNode 首页位于 http://namenode-name:50070/，Hadoop 集群基本情况如图 3-3 所示。

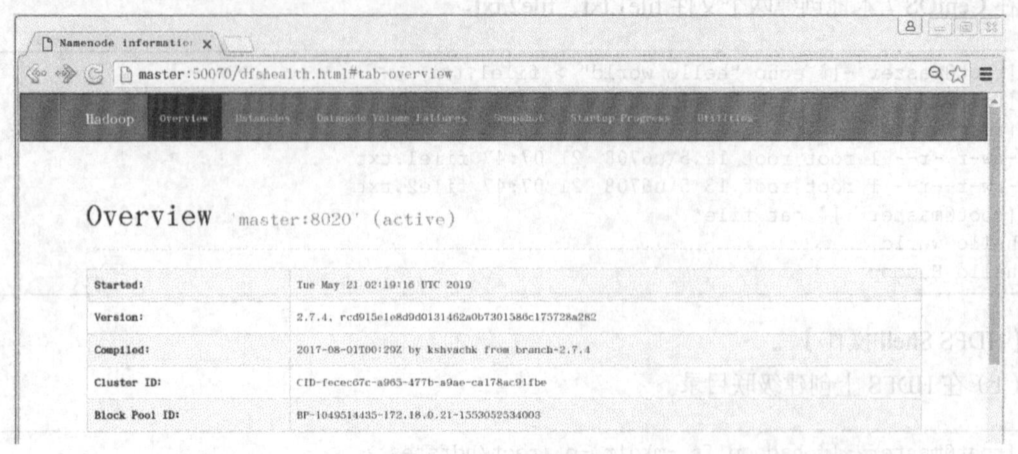

图 3-3　Hadoop 集群基本情况

图 3-3 列出了 Hadoop 集群中当前运行的主节点是名为 master 的机器，该集群中 Hadoop 版本信息、集群 ID、开始时间等。

图 3-4 列出了集群基本状态，如 HDFS 使用情况为 128 KB，集群中可用的、存活的数据节点有 2 个，判定死亡节点为 0 个等。

Namenode informatio
master:50070/dfshealth.html#tab-overview

Summary

Security is off.

Safemode is off.

9 files and directories, 3 blocks = 12 total filesystem object(s).

Heap Memory used 91.56 MB of 165 MB Heap Memory. Max Heap Memory is 889 MB.

Non Heap Memory used 42.04 MB of 42.88 MB Commited Non Heap Memory. Max Non Heap Memory is -1 B.

Configured Capacity:	137.55 GB
DFS Used:	128 KB (0%)
Non DFS Used:	125.32 GB
DFS Remaining:	5.2 GB (3.78%)
Block Pool Used:	128 KB (0%)
DataNodes usages% (Min/Median/Max/stdDev):	0.00% / 0.00% / 0.00% / 0.00%
Live Nodes	2 (Decommissioned: 0)
Dead Nodes	0 (Decommissioned: 0)
Decommissioning Nodes	0
Total Datanode Volume Failures	0 (0 B)
Number of Under-Replicated Blocks	3
Number of Blocks Pending Deletion	0
Block Deletion Start Time	2019/5/21 上午2:19:16

图 3-4　Hadoop 集群基本状态

图 3-5 列出了集群中的 HDFS 平台下每个 DataNode 的基本统计信息，如节点容量 68.78 GB 等。

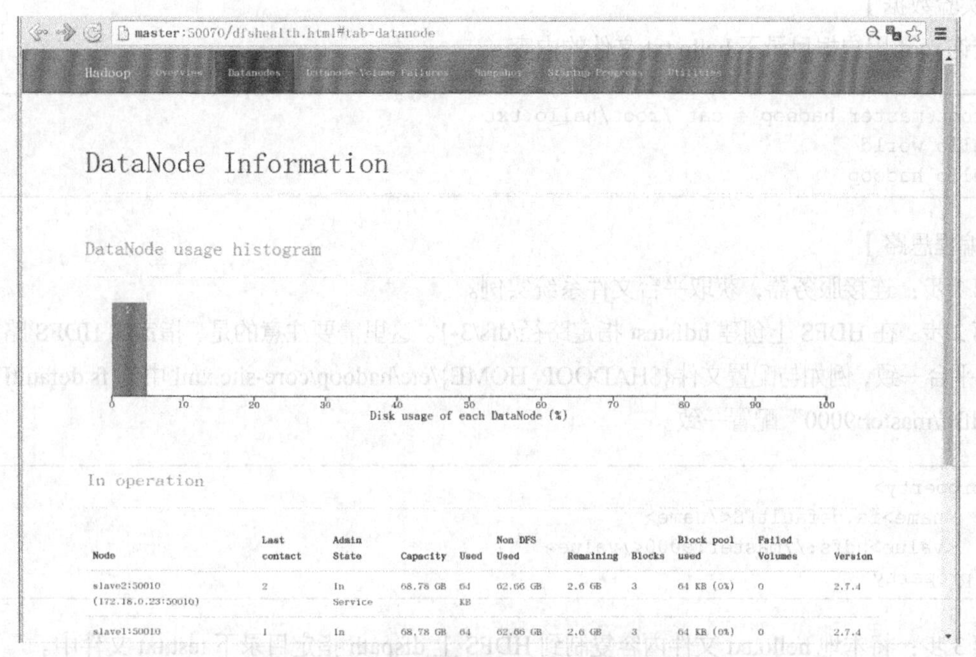

图 3-5　Hadoop 集群中 HDFS 平台下各节点信息

Web 界面还可用于浏览文件系统（使用 NameNode 首页上的“浏览文件系统”链接），如图 3-6 所示。

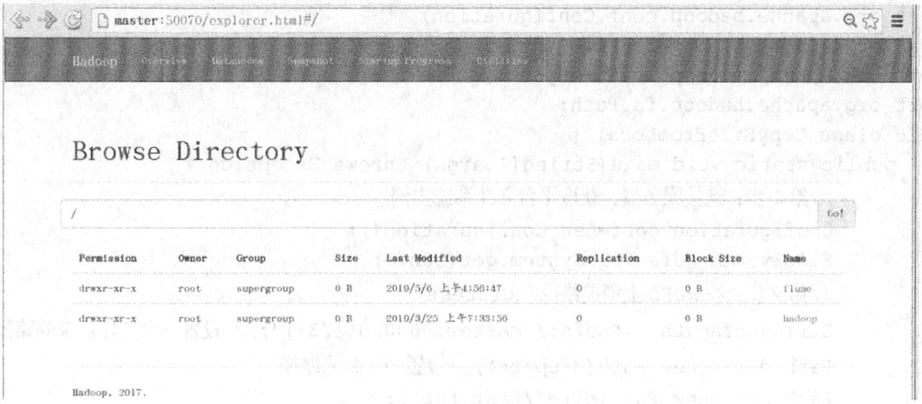

图 3-6　浏览文件系统

3.3.3　HDFS API

HDFS 针对它所支持的语言如 Java、C++、Python 等，提供了一套完整的 API 供开发人员使用。针对 HDFS 上文件操作的类主要位于 Hadoop 源码“org.apache.hadoop.fs”包中，用于完成文件的创建、读、写、删除等操作。其中 FileSystem 和 FileStatus 类是很常用的，FileSystem 可生成文件信息实例，FileStatus 通过这个实例获取相应 HDFS 平台上文件的状态。

【例 3-1】将 CentOS 7 本地 root 用户根目录/root 下的 hello.txt 文件内容上传至 HDFS 平台/dfs/3-1 目录下的 test.txt 文件中，并查询它在 HDFS 上的状态。

【实验数据】

查询 root 用户根目录下 hello.txt 文件的内容。

```
[root@master hadoop]# cat /root/hello.txt
hello world
hello hadoop
```

【编程思路】

第 1 步：连接服务器，获取平台文件系统实例。

第 2 步：在 HDFS 上创建 hdfstest 指定路径/dfs/3-1。这里需要注意的是，指定的 HDFS 路径要与 HDFS 平台一致，例如与配置文件{$HADOOP_HOME}/etc/hadoop/core-site.xml 中的 fs.defaultFS 属性值“hdfs://master:9000”配置一致。

```
<property>
   <name>fs.defaultFS</name>
   <value>hdfs://master:9000</value>
</property>
```

第 3 步：将本地 hello.txt 文件内容复制到 HDFS 上 dfspath 指定目录下 test.txt 文件中。

第 4 步：查看 HDFS 上传文件的状态，如数据块大小、所属组与所有者等。

第 5 步：关闭所有打开的资料。

【实现代码】

```
import org.apache.hadoop.conf.Configuration;
import org.apache.hadoop.fs.FileStatus;
import org.apache.hadoop.fs.FileSystem;
import org.apache.hadoop.fs.Path;
public class CopyFileFromLocal {
      public static void main(String[] args) throws Exception {
            //第 1 步：连接服务器，获取平台文件系统实例
            Configuration conf=new Configuration();
            FileSystem hdfs=FileSystem.get(conf);
            //第 2 步：在 HDFS 上创建路径/hdfstest
            String dfspath = "hdfs://master:9000/dfs/3-1";// 设置一个文件目录的路径
            Path dir = new Path(dfspath);//设置一个目录路径
            Path src =new Path(dir+"/test.txt");
            FileSystem fs = dir.getFileSystem(conf);//创建文件系统实例
            fs.mkdirs(dir);//创建目录
            //第 3 步：将 hello.txt 内容复制到 HDFS 平台指定目录下的 test.txt 文件中
            fs.copyFromLocalFile(new Path("/root/hello.txt"), src);
            //第 4 步：查看 HDFS 上传文件的状态，如数据块大小、所属组与所有者等
            FileStatus status=fs.getFileStatus(src);//获取文件状态
            System.out.println("获取 hdfs 绝对路径:"+status.getPath());
            System.out.println("获取 hdfs 相对路径:"+status.getPath().toUri().getPath());
            System.out.println("获取当前运行平台 Block 大小:"+status.getBlockSize());
            System.out.println("获取文件 test.txt 所属组:"+status.getGroup());
            System.out.println("获取文件 test.txt 所有者:"+status.getOwner());
```

```
            //第 5 步：关闭所有打开的资料
            fs.close();
            hdfs.close();
            conf.clear();
        }
}
```

【运行结果】

（1）HDFS 平台指定文件 test.txt 已经存在，且本地文件 hello.txt 内容已经写入。

```
[root@master hadoop]# hadoop dfs -lsr /dfs/3-1
lsr: DEPRECATED: Please use 'ls -R' instead.
-rw-r--r--   3 root supergroup         24 2019-06-06 01:53 /dfs/3-1/test.txt
[root@master hadoop]# hadoop dfs -cat /dfs/3-1/test.txt
hello world
hello Hadoop
```

（2）读取文件的状态，输出至开发工具 IDEA 控制台的信息。

```
获取 hdfs 绝对路径:hdfs://master:9000/dfs/3-1/test.txt
获取 hdfs 相对路径:/dfs/3-1/test.txt
获取当前运行平台 Block 大小:134217728
获取文件 test.txt 所属组:supergroup
获取文件 test.txt 所有者:root
```

3.3.4 HDFS API 写操作

在 3.2.1 小节，曾描述过 HDFS 客户端通过调用 DistributedFileSystem 对象的 create 方法，利用 FSDataOutputStream 类创建输出流对象。其中 FSDataOutputStream 类同样位于 Hadoop 源码“org.apache.hadoop.fs”包中，该类主要方法描述如表 3-1 所示，大大降低了开发的难度。

表 3-1　　FSDataOutputStream 类主要方法描述

修饰符和类型	方法	描述
Void	close()	关闭底层输出流
Long	getPos()	获取并返回输出流当前位置
Void	hflush()	刷新客户端用户缓冲区中的数据
Void	hsync()	将客户端用户缓冲区中的数据一直刷新写入至磁盘设备
Void	setDropBehind(Boolean dropBehind)	确认配置流是否应该丢弃缓存
Void	sync()	旧版本写法，已过期，不建议使用

【例 3-2】在 HDFS 上创建 hello.txt 文件，并向 hello.txt 文件写入指定内容。

【编程思路】

第 1 步：连接服务器，获取平台文件系统实例。

第 2 步：指定文件写入路径及内容。

第 3 步：创建数据输出流。

第 4 步：创建文件并写入内容。

第 5 步：关闭所有打开的资料。

【实现代码】

```
import org.apache.hadoop.conf.Configuration;
import org.apache.hadoop.fs.FSDataOutputStream;
import org.apache.hadoop.fs.FileSystem;
import org.apache.hadoop.fs.Path;

import java.net.URI;

public class CreateFile {
   public static void main(String[] args) throws Exception {
      //第 1 步：连接服务器，获取平台文件系统实例
      Configuration conf = new Configuration();
      FileSystem hdfs = FileSystem.get(conf);
      //第 2 步：指定文件写入路径及内容
      String file = "/dfs/3-2/hello.txt";
      String content = "hello beijing hello haerbin";
      FileSystem fs = FileSystem.get(URI.create("hdfs://master:9000"), conf);
      byte[] buff = content.getBytes();
      //第 3 步：创建数据输出流
      FSDataOutputStream os = null;
      //第 4 步：创建文件并写入内容
      try {
         os = fs.create(new Path(file));
         os.write(buff, 0, buff.length);
      } finally {
      第 5 步：关闭所有打开的资料
         if (os != null)
            os.close();
      }
      fs.close();
   }
}
```

【运行结果】

HDFS 平台 hello.txt 创建成功，而且指定内容“hello beijing hello haerbin”已经写入该文件。

```
[root@master ~]# hadoop dfs -lsr /dfs/3-2
lsr: DEPRECATED: Please use 'ls -R' instead.
-rw-r--r--   3 root supergroup        27 2019-06-06 12:48 /dfs/3-2/hello.txt
[root@master ~]# hadoop dfs -cat /dfs/3-2/hello.txt
DEPRECATED: Use of this script to execute hdfs command is deprecated.
Instead use the hdfs command for it.

hello beijing hello haerbin
```

3.3.5 HDFS API 读操作

在 3.2.2 节，描述过 HDFS 客户端调用 read 方法，输入流对象 FSDataInputStream 会找出距离客户端最近的 DataNode 并连接，进而完成复杂的 HDFS 平台文件内容读的操作。FSDataInputStream 类同样位于 Hadoop 源码"org.apache.hadoop.fs"包中，该类主要方法描述如表 3-2 所示，大大降低了开发的难度。

表 3-2　FSDataInputStream 类主要方法描述

修饰符和类型	方法	描述
FileDescriptor	getFileDescriptor()	通过 HasFileDescriptor 接口获取 FileDescriptor
long	getPos()	获取并返回输入流中的当前位置
int	read(ByteBuffer buf).	返回从 buf 中读回的有效的字节数
ByteBuffer	read(ByteBufferPool bufferPool, int maxLength)	返回 read(bufferPool, maxLength, EMPTY_READ_OPTIONS_SET)
ByteBuffer	read(ByteBufferPool bufferPool, int maxLength, EnumSet<ReadOption> opts)	获取包含文件数据的 ByteBuffer
int	read(long position, byte[] buffer, int offset, int length)	将流中给定 position 的字节读取到给定的 buffer
void	readFully(long position, byte[] buffer)	查看 readFully(long, byte[], int, int)
Void	readFully(long position, byte[] buffer, int offset, int length)	将流中给定 position 的字节读取到给定的 buffer
Void	releaseBuffer(ByteBuffer buffer)	释放由增强的 ByteBuffer 读取功能创建的 ByteBuffer。调用此方法后，你不能继续使用 ByteBuffer
Void	seek(long desired)	寻求给定的偏移
Boolean	seekToNewSource(long targetPos)	在数据的备用副本上寻求给定的位置。如果找到新的源，返回 true，否则返回 false
Void	setDropBehind(Boolean dropBehind)	配置流是否应该丢弃缓存
Void	setReadahead(Long readahead)	在 this 流上设置 readahead

【例 3-3】读取【例 3-2】中创建的 HDFS 平台上的文件 hello.txt 的内容。

【编程思路】

第 1 步：连接服务器，获取平台文件系统实例。

第 2 步：指定要查询的文件的路径。

第 3 步：创建数据输入流。

第 4 步：读取文件内容。

第 5 步：关闭所有打开的资料。

【实现代码】

```
import org.apache.hadoop.conf.Configuration;
import org.apache.hadoop.fs.FSDataInputStream;
import org.apache.hadoop.fs.FSDataOutputStream;
import org.apache.hadoop.fs.FileSystem;
import org.apache.hadoop.fs.Path;
```

```
import org.apache.hadoop.io.IOUtils;

import java.net.URI;
public class ReadFile {
    public static void main(String[] args) throws Exception {
        //第 1 步：连接服务器，获取平台文件系统实例
        Configuration conf = new Configuration();
        //第 2 步：指定要查询的文件的路径
        Path path = new Path("/dfs/3-2/hello.txt");
        FileSystem fs = FileSystem.get(URI.create("hdfs://master:9000"), conf);
        //第 3 步：创建数据输入流
        FSDataInputStream fsdis = null;
        //第 4 步：读取文件内容
        try {
            fsdis = fs.open(path);
            IOUtils.copyBytes(fsdis, System.out, 4096, false);
        } finally {
        //第 5 步：关闭所有打开的资料
            IOUtils.closeStream(fsdis);
            fs.close();
        }
    }
}
```

【运行结果】

运行该程序后，会在开发工具 IDEA 控制台上显示读取的 hello.txt 文件的信息。

```
hello beijing hello haerbin
```

3.4 HDFS 存储格式

任何一种供数据存储的工具都有自己固有的文件存储格式，例如 Linux 操作系统、MySQL 数据库等，这些存储格式指可以应用文本工具或 Java 等通过数据分析引擎访问读取的文件格式。作为分布式存储平台，HDFS 也有自己支持的格式，它基本能处理各种结构的数据。下面介绍它常用的几种格式。

SequenceFile 是 Hadoop API 提供的一种二进制文件格式，它将数据以<key,value>的形式序列化输入文件。这种二进制文件内部使用 Hadoop 标准的 Writable 接口实现序列化和反序列化。它与 Hadoop API 中的 MapFile 是互相兼容的。

RCFile 是 Hive 推出的一种专门面向列的数据格式，遵循“先按列划分，再垂直划分”的设计理念。在查询过程中，针对它并不关心的列，它会在 I/O 传输中跳过这些列。

Avro 是一种用于支持数据密集型的二进制文件格式。这种文件格式更为紧凑，当读取大量数据时，Avro 能够提供更好的序列化和反序列化性能。

文本格式，例如 TextFile、XML 和 JSON 等。文本格式除了会占用更多磁盘资源外，它的解析成本一般会比二进制格式高几十倍以上，尤其是 XML 和 JSON，它们的解析成本比 Textfile 还要高，

因此不建议在生产系统中使用这些格式进行存储。如果需要输出这些格式，请在客户端做相应的转换操作。

HDFS 实际上支持任意文件格式，只要能够实现对应的 RecordWriter 和 RecordReader 即可。实际生产应用中，数据库格式也会被经常存储在 HDFS 中，例如 HBase、Cassandra 等。这些格式一般是为了避免大量的数据移动和快速装载的需求而被使用的。

3.5 Hadoop I/O

Hadoop 中常用 MapReduce 作为分布式计算的框架，从 HDFS 读取数据进行粗略的统计和计算。在 HDFS 平台集群的存取过程中，因为 HDFS 不适合小文件存储，所以小文件在传输之前建议合并成一个大文件或压缩成一个文件再处理；过大的文件在不损失内容的情况下经压缩存储后再传，相对于压缩所耗的资源是值得做的事情。无论是 HDFS 存储还是 MapReduce 计算过程中涉及的网络间传输均离不开 I/O 的传输，出于格式统一、资源开销与容错以及便于传输等情况的考虑，Hadoop 引入 DataInput 和 DataOutput 实现 org.apache.hadoop.io.Writable 接口，作为 Hadoop 中所有可序列化对象支持的接口。

3.5.1 压缩

Hadoop 常用的几种压缩工具及编解码器，如表 3-3 所示。

表 3–3　Hadoop 压缩工具及编解码器

压缩格式	工具	算法	扩展名	可分割	Java 实现	压缩类库
DEFLATE	无	DEFLATE	.deflate	否	是	org.apache.hadoop.io.compress.DeflateCodec
Gzip	Gzip	DEFLATE	.gz	否	是	org.apache.hadoop.io.compress.GzipCodec
bzip2	bzip2	bzip2	.bz2	是	是	org.apache.hadoop.io.compress.BZip2Codec
LZO	Lzop	LZO	.lzo	否	否	com.hadoop.compression.lzo.LzoCodec
LZ4	无	LZ4	.lz4	否	否	org.apache.hadoop.io.compress.Lz4Codec
Snappy	无	Snappy	.snappy	否	否	org.apache.hadoop.io.compress.SnappyCodec

压缩格式中，DEFLATE 是同时使用了 LZ77 算法与哈夫曼编码（Huffman Coding）的一个无损数据压缩算法；Gzip（GNU zip 的缩写）的基础是 DEFLATE，是一个 GNU 文件压缩程序，常以.gzip 为扩展名。bzip2 是 Julian Seward 开发并按照自由软件/开源软件协议发布的数据压缩算法及程序，它比常用的 Gzip 或 Zip 压缩效率高，但压缩速度相对较慢；LZO 是致力于解压缩速度的一种数据压缩算法；LZ4 是一种无损数据压缩算法，着重于压缩和解压缩速度；Snappy 的目标并非最大压缩率或与其他压缩程序库的兼容性，而是非常高的速度和合理的压缩率。

【实验数据】

在 HDFS 上创建/dfs/3-4 目录，选择 Hadoop 配置文件中的 hadoop-env.sh 文件，并上传至 HDFS 平台新创建的目录/dfs/3-4 下，读取该文件大小为 4224 字节，作为压缩与解压缩的测试文件。

```
[root@master ~]# hadoop fs -mkdir -p /dfs/3-4
[root@master ~]# hadoop fs -put /opt/hadoop/etc/hadoop/hadoop-env.sh /dfs/3-4
[root@master ~]# hadoop dfs -lsr /dfs/3-4
-rw-r--r--   1 root supergroup       4224 2019-06-06 13:27 /dfs/3-4/hadoop-env.sh
```

【例3-4】使用Gzip压缩格式，将【实验数据】中hadoop-env.sh进行压缩。

【编程思路】

第1步：连接服务器，获取平台文件系统实例。

第2步：指定压缩格式。

第3步：创建压缩文件。

第4步：关闭所有打开的资源。

【实现代码】

```
import java.io.IOException;
import java.net.URI;
import org.apache.hadoop.conf.Configuration;
import org.apache.hadoop.fs.FSDataInputStream;
import org.apache.hadoop.fs.FileSystem;
import org.apache.hadoop.fs.Path;
import org.apache.hadoop.io.IOUtils;
import org.apache.hadoop.io.compress.CompressionCodec;
import org.apache.hadoop.io.compress.CompressionOutputStream;
import org.apache.hadoop.io.compress.GzipCodec;
import org.apache.hadoop.util.ReflectionUtils;

public class GZipCodec {
    public static void main(String[] args) throws IOException {
        String srcUrl = "hdfs://master:9000/dfs/3-4/hadoop-env.sh";
        String targetUrl = "hdfs://master:9000/dfs/3-4/hadoop-env.gz";
        //第1步：连接服务器，获取平台文件系统实例
        Configuration conf = new Configuration();
        FileSystem inFs = FileSystem.get(URI.create(srcUrl), conf);
        FileSystem outFs = FileSystem.get(URI.create(targetUrl), conf);
        //第2步：指定压缩格式
        CompressionCodec codec =
                ReflectionUtils.newInstance(GzipCodec.class, conf);
        FSDataInputStream inputStream = inFs.open(new Path(srcUrl));
        //第3步：创建压缩文件
        CompressionOutputStream StreamoutputStream =
                codec.createOutputStream(outFs.create(new Path(targetUrl)));
        IOUtils.copyBytes(inputStream, StreamoutputStream, 4096, false);
        StreamoutputStream.finish();
        IOUtils.closeStream(StreamoutputStream);
        IOUtils.closeStream(inputStream);
        //读取源文件的大小
        System.out.println("input filesize:" + inFs.getFileStatus(new Path(srcUrl)).getLen() + "b");
        //读取压缩后文件的大小
        System.out.println("output filesize:" + outFs.getFileStatus(new Path(targetUrl)).getLen() + "b");
    }
```

```
        //第 4 步：关闭所有打开的资源
        inputStream.close();
        inFs.close();
        outFs.close();
        conf.clear();
    }
```

【运行结果】

（1）在 HDFS 上查看源文件和压缩后文件的列表，发现源文件大小为 4224 字节，而压缩后的文件大小为 1772 字节。

```
[root@master ~]# hadoop dfs -lsr /dfs/3-4
-rw-r--r--   3 root supergroup       1772 2019-06-06 13:35 /dfs/3-4/hadoop-env.gz
-rw-r--r--   1 root supergroup       4224 2019-06-06 13:27 /dfs/3-4/hadoop-env.sh
```

（2）开发工具 IDEA 控制台输出源文件和压缩后文件的大小。

```
input filesize:4224b
output filesize:1772b
```

这里需要注意的是，因为文件压缩时需要遵循压缩文件规则，所以如果被压缩的文件过小，则压缩后的文件有可能比源文件还大。例如将【例 3-2】中创建的文件 dfs/3-2/hello.txt 压缩后，发现源文件大小为 27 字节，而压缩后的文件大小为 43 字节。

```
input filesize:27b
output filesize:43b
```

【例 3-5】使用 Gzip 编解码器将【例 3-4】中压缩后的 hadoop-env.gz 文件解压缩成文件 hadoop-env-d.sh。

【编程思路】

第 1 步：连接服务器，获取平台文件系统实例。

第 2 步：指定解压缩格式的编解码器。

第 3 步：解压缩文件。

第 4 步：关闭所有打开的资源。

【实现代码】

```
import java.io.IOException;
import java.net.URI;

import org.apache.hadoop.conf.Configuration;
import org.apache.hadoop.fs.FSDataOutputStream;
import org.apache.hadoop.fs.FileSystem;
import org.apache.hadoop.fs.Path;
import org.apache.hadoop.io.IOUtils;
import org.apache.hadoop.io.compress.CompressionCodec;
import org.apache.hadoop.io.compress.CompressionInputStream;
import org.apache.hadoop.io.compress.GzipCodec;
```

```
import org.apache.hadoop.util.ReflectionUtils;

public class GZipDCodec {
    public static void main(String[] args) throws IOException {
        String srcUrl = "hdfs://master:9000/dfs/3-4/hadoop-env.gz";
        String targetUrl = "hdfs://master:9000/dfs/3-4/hadoop-env-d.sh";
        //第 1 步：连接服务器，获取平台文件系统实例
        Configuration conf = new Configuration();
        FileSystem inFs = FileSystem.get(URI.create(srcUrl), conf);
        FileSystem outFs = FileSystem.get(URI.create(targetUrl), conf);
        //第 2 步：指定解压缩格式的编解码器
        CompressionCodec codec = ReflectionUtils.newInstance(GzipCodec.class, conf);
        FSDataOutputStream outputStream = outFs.create(new Path(targetUrl));
        //第 3 步：解压缩文件
        CompressionInputStream inputStream = codec.createInputStream(inFs.open(new Path(srcUrl)));
        IOUtils.copyBytes(inputStream, outputStream, 4096, false);
        outputStream.close();
        inputStream.close();
        System.out.println("input filesize:" + inFs.getFileStatus(new Path(srcUrl)).getLen() + "b");
        System.out.println("output filesize:" + outFs.getFileStatus(new Path(targetUrl)).getLen() + "b");
        //第 4 步：关闭所有打开的资源
        inputStream.close();
        inFs.close();
        outFs.close();
        conf.clear();
    }
}
```

程序运行后通过以下命令查看结果。

```
[root@master ~]# hadoop dfs -lsr /dfs/3-4
-rw-r--r--   3 root supergroup       4224 2019-06-06 13:50 /dfs/3-4/hadoop-env-d.sh
-rw-r--r--   3 root supergroup       1772 2019-06-06 13:35 /dfs/3-4/hadoop-env.gz
-rw-r--r--   1 root supergroup       4224 2019-06-06 13:27 /dfs/3-4/hadoop-env.sh
```

hadoop-env.gz 解压缩后，文件恢复成原来文件的格式内容。

3.5.2 I/O 序列化类型

在单机的 Java 编程中，数据以不同数据类型、不同长度存储于内存中，但不同节点间进行数据传输时，需要将数据序列化后再进行传输。Writable 封装输入、输出数据流，解决网络间数据的传递。Hadoop 集群中各节点间首先通过 RPC 协议进行通信，节点间调用时，将消息序列化（Serialization）成二进制数据流后发送到远程节点，远程节点将二进制数据流反序列化（Deserialization)为原始消息。

Hadoop 引入的 Writable 接口文件位于“org.apache.hadoop.io”包中，是 Hadoop 框架中所有可序列化对象必须支持的接口，Hadoop 不同版本间的层次结构会有差异。在实际应用中，请在官网上参考对应的 API。

继承 Writable 的子类有一部分封装了 Java 的基本类型，以序列化的形式传输，表 3-4 记录了 Writable 下封装 Java 基本类型对应的 Writable 类型及序列化后的长度。

表 3-4　　Java 基本类型对应的 Writable 类型及序列化后的长度

Java 基本类型	Writable 类型	序列化后的长度/字节
boolean	BooleanWritable	1
byte	ByteWritable	1
short	ShortWritable	2
Int	IntWritable VIntWritable	4 1~5
Float	FloatWritable	4
Long	LongWritable VLongWritable	8 1~9
Double	DoubleWritable	8

表 3-4 中有两个特殊的封装，定长格式（IntWritable、LongWritable）和变长格式（VintWritable、VLongWritable），两者的主要区别在于：定长格式的类型在序列化时，无论数据大小都会序列化成等长度，而变长格式会随着传输数据的大小而改变长度，数据越大，序列化后的长度越长。

【例 3-6】IntWritable 与 VIntWritable 比较。

【编程思路】

第 1 步：定义 IntWritable 与 VIntWritable 对象并传入不同长度的数据。

第 2 步：创建输入字节流对象，将字节数组中的数据写入输入流。

第 3 步：将输入流中的字节流数据反序列化。

第 4 步：观察运行结果中不同长度数据在 IntWritable 与 VIntWritable 序列化后的长度。

【实现代码】

```
import org.apache.commons.io.output.ByteArrayOutputStream;
import org.apache.hadoop.io.IntWritable;
import org.apache.hadoop.io.VIntWritable;
import org.apache.hadoop.io.Writable;

import java.io.ByteArrayInputStream;
import java.io.DataInputStream;
import java.io.DataOutputStream;
import java.io.IOException;

public class IntWritableDemo {

    public static void main(String[] args) throws IOException {

        //第 1 步：定义 IntWritable 与 VIntWritable 对象并传入不同长度的数据
        IntWritable writable = new IntWritable(10);
        VIntWritable vwritable = new VIntWritable(-10);
        show(writable, vwritable);

        writable.set(-129);
        vwritable.set(-129);
        show(writable, vwritable);

        writable.set(-65536);
```

```
        vwritable.set(-65536);
        show(writable, vwritable);

        writable.set(-16111216);
        vwritable.set(-16111216);
        show(writable, vwritable);

        writable.set(-2143583123);
        vwritable.set(-2143583123);
        show(writable, vwritable);
    }

    //第 2 步：创建输入字节流对象，将字节数组中的数据写入输入流
    public static byte[] serizlize(Writable writable) throws IOException {

        // 创建一个输出字节流对象
        ByteArrayOutputStream out = new ByteArrayOutputStream();
        DataOutputStream dataout = new DataOutputStream(out);

        // 将结构化数据的对象 writable 写入输出字节流
        writable.write(dataout);
        return out.toByteArray();
    }

    //第 3 步：将输入流中的字节流数据反序列化
    public static byte[] deserizlize(Writable writable, byte[] bytes) throws IOException {

        // 创建一个输入字节流对象，将字节数据组中的数据写入输入流
        ByteArrayInputStream in = new ByteArrayInputStream(bytes);
        DataInputStream datain = new DataInputStream(in);

        // 将输入流中的字节流数据反序列化
        writable.readFields(datain);
        return bytes;

    }

    //第 4 步：观察运行结果中不同长度数据在 IntWritable 与 VIntWritable 序列化后的长度
    public static void show(Writable writable, Writable vwritable) throws IOException {
        // 对上面两个进行序列化
        byte[] writablebyte = serizlize(writable);
        byte[] vwritablebyte = serizlize(vwritable);
        // 分别输出字节大小
        System.out.println("定长格式" + writable + "序列化后字节长度大小：" + writablebyte.length);
        System.out.println("变长格式" + vwritable + "序列化后字节长度大小：" + vwritablebyte.length);
    }
}
```

【运行结果】

```
定长格式-10 序列化后字节长度大小：4
变长格式-10 序列化后字节长度大小：1
```

```
定长格式-129 序列化后字节长度大小：4
变长格式-129 序列化后字节长度大小：2
定长格式-65536 序列化后字节长度大小：4
变长格式-65536 序列化后字节长度大小：3
定长格式-16111216 序列化后字节长度大小：4
变长格式-16111216 序列化后字节长度大小：4
定长格式-2143583123 序列化后字节长度大小：4
变长格式-2143583123 序列化后字节长度大小：5
```

在此例中，先定义两个定长格式，然后依据不同的值分别序列化这两个类，最后比较序列化后字节大小，可以看到定长和变长在不同范围内容的区别。

Hadoop 序列化机制中还包括以下 3 个重要接口。

- WritableComparable：提供类型比较功能，这对 MapReduce 至关重要。该接口继承自 Writable 接口和 Comparable 接口，其中 Comparable 接口用于进行类型比较。
- RawComparator：具有高效的比较能力。该接口允许执行者在比较流中读取未被反序列化为对象的记录，从而省去了创建对象的所有成本。
- WritableComparator：WritableComparable 和 RawComparator 的一个通用实现，其首先调用 RawComparator 的 compare 方法，然后调用对象的 compare 方法。

3.6 本章小结

本章主要介绍了大数据文件在 HDFS 平台中存取的基本理论和应用实现过程。

在正式进入 HDFS 应用实现之前，简要介绍了 HDFS 存储的基本理论，包括 HDFS 存储核心数据块的基本知识，HDFS 平台中数据块存储与读取的内部工作过程。基于这些基本的理论知识，重点讲述 HDFS Shell 命令的应用操作，以及 Web UI 查看方法和 HDFS API 实现数据存取的过程。针对大数据文件存储时网络传输的特点，简要讲述了关键的压缩技术和 I/O 的基本知识和基本实现过程。

3.7 习题

1. 试述你对数据块的理解。
2. 试述 HDFS 写数据的流程。
3. 试述 HDFS 读数据的流程。
4. 试着在 HDFS Shell 命令窗口完成 HDFS 平台文件上传、读和删除的操作。
5. 试着基于 HDFS API 完成 HDFS 平台文件上传、读和删除的操作。
6. 试着编写 HDFS 平台文件压缩的实例。
7. 试着编写一个 Writable 的实例。

04 第 4 章　大数据计算技术

随着信息化的发展，数据量激增，这些数据多源、异构，具有数据类型繁多、期望处理速度快、数据量巨大和需要体现数据价值的特征。对这样的数据进行计算可谓是一种巨大的挑战，解决办法是采用集中式、并行和分布式进行计算。MapReduce 是并行的分布式计算框架，本章将带领大家初步体验它的编程过程与应用功能。

知识地图

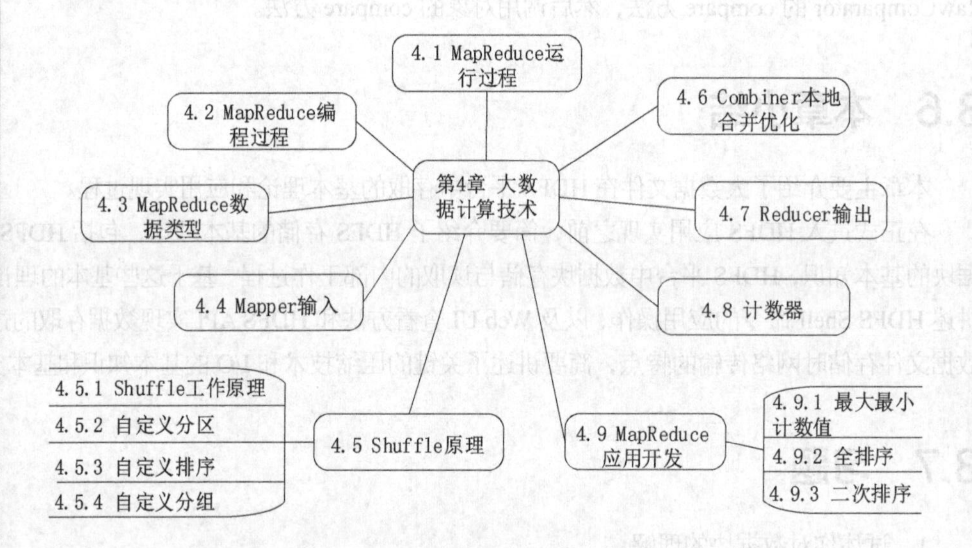

4.1　MapReduce 运行过程

在 1.3.4 小节曾提到大数据计算，大数据计算就是把需要进行大量计算的工程数据分割成小块，由多台计算机分别计算，再上传运算结果，将结果统一合并得出数据结论的科学。它遵循分布式计算的理论，即把一个需要非常强大的计算能力才能解决的问题分成许多小的部分，然后把这些部分分配给多台计算机进行处理，最后把这些计算结果综合起来得到最终的结果。基于大数据计算理论的框架，例如 MapReduce 和 Spark，被越来越多的企业和高校用于学习大数据。这些开源的大数据计算框架对分布式计算理论的核心部分进行透明封装，面向用户开放应用 API，供用户快速开发使用，大大降低了对开发人员的专业要求，节省了企业项目开发的成本。其中，MapReduce 框架，以其简单性和适用于大型分布式应用程序的特性而被广泛使用，是 Hadoop 不可或缺的一部分，也是分布式计算框架中的经典，不失为大数据分布式计算入门学习的良好工具。在进入 MapReduce 编程学习之前，先来了解 MapReduce 编程过程，如图 4-1 所示。

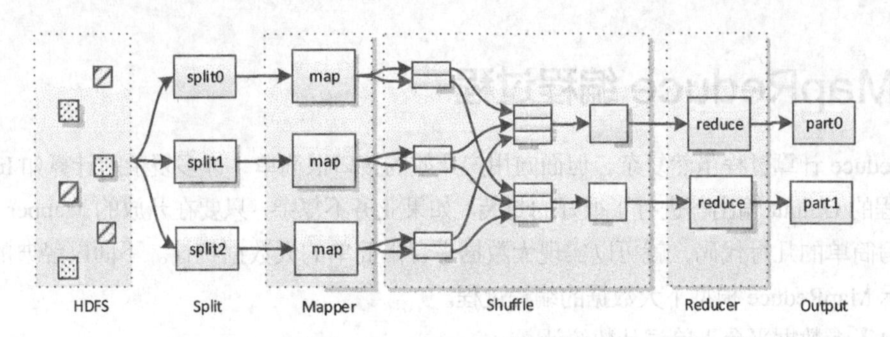

图 4-1　MapReduce 编程过程

1. HDFS

HDFS 中存储了大文件经切分后的数据块，数据块形成于 Hadoop 2 时代，默认情况下会按 128 MB 大小进行切分（可通过 hdfs.xml 文件中的 dfs.block.size 属性进行设置）。这种切分属于物理性上的切分，所以会存在文件中的内容被不合理拆分的情况。如一个 178 MB 的文件，默认情况下应该分成两个数据块，而在第 1 个数据块 128 MB 切分点的地方，恰好是文件中“world”单词第 2 个字母即“o”所在的地方，而“rld”存在于第 2 个数据块。

2. Split

Split 的主要目的是完成数据的逻辑切分，默认按行逻辑以键值对的形式记录每片的长度和对应数据的位置。在进行逻辑拆分时，将信息按逻辑正确处理完整化，例如将分别存在于两个数据块中的“wo”和“rld”再记录成“world”，然后进入 Mapper 计算。

3. Mapper

Mapper 负责将 Split 传入的经逻辑记录的众多键值对对应的数据进行计算。每个 Mapper 对应独立的进程进行计算，官网给出了参考数据，每台服务器节点可支撑 10~100 个 Mapper，对于 CPU 消耗小的 Mapper 任务可适当增大设置。默认情况下，基本一块分片对应一个 Mapper 任务。举个例子，存在 10 TB 大小的数据文件组，按 128 MB 拆分，则大约需要 82 000 个 Mapper 来完成任务。

4. Shuffle

在 MapReduce 计算中，分布式计算主要体现在 Shuffle 过程，Shuffle 是 MapReduce 计算的核心。Mapper 在分节点完成小任务的执行，而 Shuffle 封装类在 Mapper 本地将 Mapper 输入到上下文的结果进行本地排序、合并等处理，以供 Reducer 端使用。

5. Reducer

Reducer 类将数据从 Mapper 端按分区拖曳回 Reducer 本地。在进行计算时，将分区里的数据（默认情况下，相同 key 对应的值为一组）传给一个 Reducer 进行统计计算，最后将结果传给上下文。这里需要强调的是，对于 MapReduce 框架，Reducer 类的编写并不是必需的，而 Mapper 类的编写是必需的。

6. Output

集群输出类从上下文获取数据后，将数据按指定的形式输出到指定的位置。例如统计后的结果可以存到 HDFS 中，或如 Hive、MySQL 等数据库中，按业务需求而定。

4.2 MapReduce 编程过程

MapReduce 计算过程虽然复杂，但面向用户开放的接口很简单，许多复杂的计算如 Input 输入、Shuffle 过程的 Output 输出都进行了很好的封装。如果业务不复杂，只要在开放的 Mapper 与 Reducer 类包下编写简单的几行代码，就可以实现大数据平台下简单的大数据统计。下面以经典的单词计数案例来演示 MapReduce 模型下大数据的编程过程。

【例 4-1】大数据平台下单词计数统计。

【演示数据】基于篇幅问题，本例选用 file1.txt 和 file2.txt 两个小文件作为大数据文件的样本进行演示，起到说明问题和 MapReduce 演示过程的作用。

file1.txt 文件内容：

```
hello hello
world
```

file2.txt 文件内容：

```
hello
hadoop
```

【实现代码】

1. Mapper 类编程

```
public static class WordCountMap extends Mapper<LongWritable, Text, Text, IntWritable> {
    protected void map(LongWritable key, Text value, Context context) throws IOException,
InterruptedException {
        String[] strs = value.toString().split(" "); //将 value 数据按空格切分存入数组 str 中
      // 将 str 中每一个单词赋予值 1，并输出给上下文
        for (String str : strs) {
            context.write(new Text(str), new IntWritable(1));
        }
    }
}
```

当 file1.txt 和 file2.txt 两个文件在客户端上传至 HDFS 平台时，因为数据量小，不足 128 MB，所以都单独成块，然后在 Split 过程时，每个数据块都对应一个 Split，而每个 Split 对应一个 Mapper，所以在程序上我们只看到短短的几行代码，但其实在 MapReduce 框架的内部，共启用了两个 Mapper 类，每个 Mapper 类处理其中一个文件的数据。在 Mapper 类的内部，用户主要编写了 map 方法，map 方法默认每次处理一行数据，所以，启用的两个 Mapper 接受到的数据都是两行，每个 Mapper 里启

用了两个 map 方法。每个 map 方法一次只处理一行数据：首先对该行数据通过空格拆分成字符串数组；通过 for 循环对字符串数据进行遍历，每遍历一个单词，都赋予对应的值 1；最后以<key,value>键值对的形式输出至上下文。具体过程如图 4-2 所示。

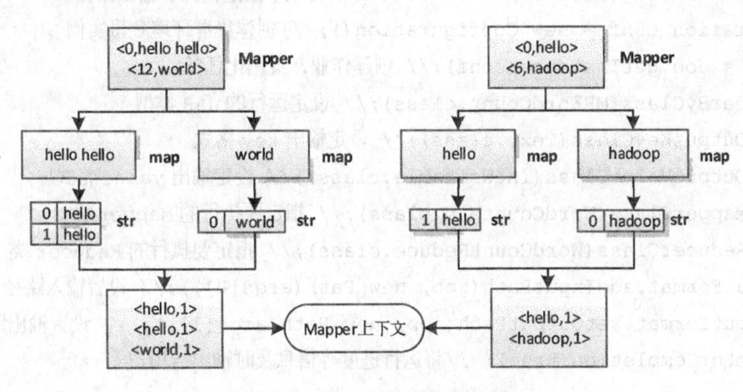

图 4-2　Mapper 内部计算过程

2. Reducer 类编程

```
public static class WordCountReduce extends Reducer<Text, IntWritable, Text, IntWritable> {
    protected void reduce(Text key, Iterable<IntWritable> values, Context context)
throws IOException, InterruptedException {
        int sum = 0; //创建变量 sum 并赋予值 0，用于单词计数
      //对相同 key 的一组数据进行单词计数
        for (IntWritable val : values) {
            sum += val.get();
        }
        context.write(key, new IntWritable(sum)); //将结果输出到上下文，供输出应用
    }
}
```

在实际项目生产中，Reducer 数量比 Mapper 数量少很多，因为它接收的数据是 Mapper 已经计算过的结果数据，它属于归约计算。本例数据量不大，所以 MapReduce 框架默认启动一个 Reducer 类，该类中默认规定按相同的 key 作为一组进行计算，针对每一组数据启动一个 map 方法，用户编写了 for 循环对每组数据进行单词计数，每组计数的结果写入上下文，由输出类将结果写入指定的输出工具中，进而得到了最终的单词计数结果。Reducer 内部计算过程如图 4-3 所示。

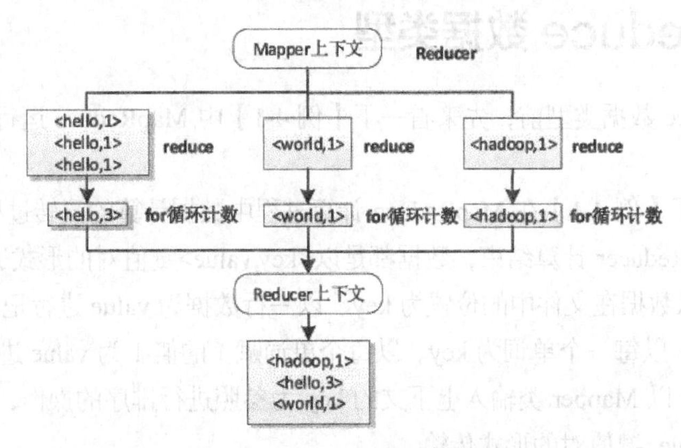

图 4-3　Reducer 内部计算过程

3. 运行 MapReduce 程序的主程序

```
public static void main(String[] args) throws Exception {
    args = new String[] { "input", "outjob" }; //指定输入、输出路径
    Configuration conf = new Configuration(); //创建集群环境变量实例
    Job job = Job.getInstance(conf);// 创建作业，实例化任务
    job.setJarByClass(MRWordCount.class);// 设定运行的 JAR 类型
    job.setOutputKeyClass(Text.class);// 设定输出 key 格式
    job.setOutputValueClass(IntWritable.class);// 设定输出 value 格式
    job.setMapperClass(WordCountMap.class);// 指定要执行的 Mapper 类
    job.setReducerClass(WordCountReduce.class);// 指定要执行的 Reducer 类
    FileInputFormat.addInputPath(job, new Path(args[0]));// 设置输入路径
    FileOutputFormat.setOutputPath(job, new Path(args[1])); // 设置输出路径
    job.waitForCompletion(true); //将运行进度等信息及时输出给用户
}
```

MapReduce 框架将编写完成的 Mapper 和 Reducer 通过 Job 作业类提交。Job 的客户端将用户的程序提交给 Hadoop 集群中与 ResourceManager 守护进程交互的主要接口。Job 作业在提交过程中需要按用户指定的执行的类、类型，以及获得的环境变量参数进行作业检查，检查通过后，可将作业的 JAR 包和配置文件复制到 FileSystem 上的 MapReduce 系统目录下，提交作业到 ResourceManager 守护进程，并且监控它的执行状态。

【运行结果】

MapReduce 的 Job 作业运行涉及两个重要的类 InputFormat 和 OutputFormat，其中 InputFormat 为 MapReduce 作业描述输入的细节规范，检查作业的输入有效性，确定实例进入 Mapper 前的文件切分逻辑。而 OutputFormat 描述 MapReduce 作业的输出样式，检查作业的输出，例如检查输出路径是否已经存在。该例运行的最终结果如下。

```
hadoop  1
hello   3
world   1
```

4.3 MapReduce 数据类型

在学习 MapReduce 数据类型前，先来看一下【例 4-1】中 MapReduce 运行过程中数据的计算过程，如图 4-4 所示。

图 4-4 真实展示了【例 4-1】在 MapReduce 计算过程中数据计算的流转过程。从 Split 数据进行逻辑分片开始，直到 Reducer 计算结束，数据都是以<key,value>键值对的形式进行展现的。

- Split 阶段：以数据在文件中的位置为 key、以一行数据为 value 进行记录传输。
- Mapper 阶段：以每一个单词为 key、以每个单词赋予的值 1 为 value 进行记录传输。
- Shuffle 阶段：以 Mapper 类输入上下文的 key 为参照进行排序的操作，操作结果将按 key 排好序的结果以<key,value>键值对的形式传输。

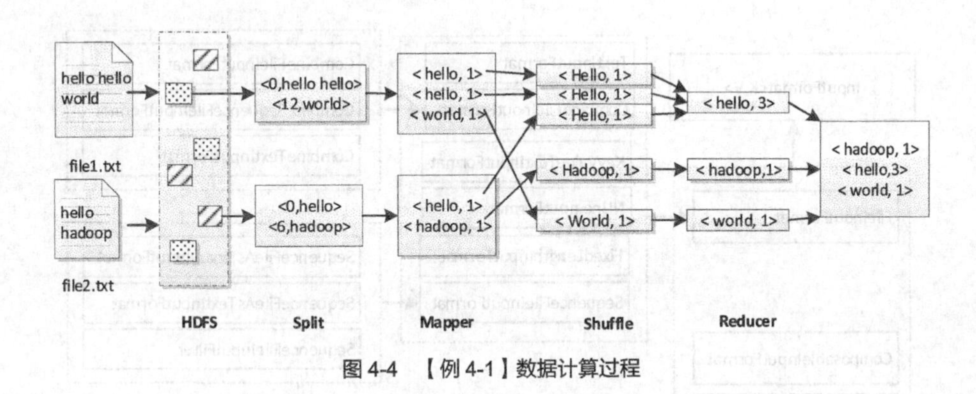

图 4-4　【例 4-1】数据计算过程

- Reducer 阶段：接收按 key 分组的数据，将按 key 分好组的数据组成集合，然后通过 reduce 方法对相同 key 的每组数据即<key,list<value>>形式进行操作。

在 Mapper、Reducer 计算过程中，有个很重要的类 Context，它是类对象对应的输入和输出任务的上下文对象，提供 Mapper 或 Reducer 连接对应的<key,value>任务的输入与输出。程序中通过 context.write<key,value>语句将<key,value>输出写入上下文，在 Mapper 和 Reducer 这两个单独类间起到一个承上启下的作用。

4.4　Mapper 输入

Mapper 输入接收的数据来自 Split 分片操作的结果，而分片默认传输给 Mapper 结果时，记录分片数据位置的 key 是以 LongWritable 形式传递的，所以在定义 Mapper 类时，采用 LongWritable 类型，如【例 4-1】中 Mapper 类定义代码。

```
public static class WordCountMap extends Mapper<LongWritable, Text, Text, IntWritable> {
------省略内容-------
}
```

这是在分片阶段系统默认的类型。当编写程序时，是通过 Job 类下的 setInputFormatClass 方法进行输入类型的匹配设定的，例如系统采用默认匹配类型匹配，代码如下。

```
job.setInputFormatClass(TextInputFormat.class);
```

其中，TextInputFormat 类属于位于“org.apache.hadoop.mapreduce”包中 InputFormat 类下 FileInputFormat 层次结构中的默认类型。而 TextInputFormat 对应的 Mapper 输入的键值对应的类型就为 LongWritable。此外，系统还提供了其他类型供大家参考，如图 4-5 所示。

其中，ComposableInputFormat 类位于“org.apache.hadoop.mapreduce.lib.join”包中，继承自 WritableComparable 和 Writable 接口，并提供 ComposableRecordReader 功能。

CompositeInputFormat 类位于“org.apache.hadoop.mapreduce.lib.join”包中，继承自 WritableComparable 接口，能够对一组数据源进行连接，并以相同的方式进行排序和分区。

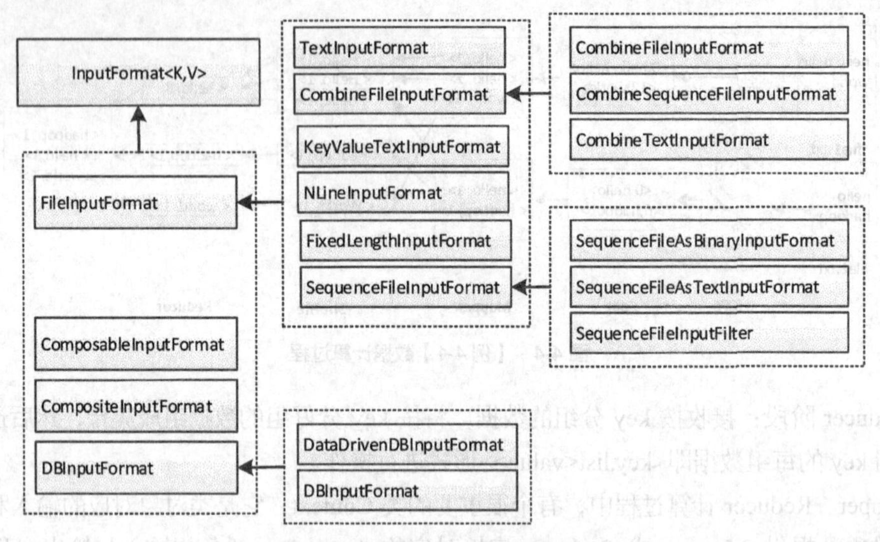

图 4-5 InputFormat 类的层次结构

DBInputFormat 类位于“org.apache.hadoop.mapreduce.lib.db”包中，继承自 DBWritable 接口，是一个从 SQL 表读取输入数据的 InputFormat，它的输入格式为<LongWritables,DBWritables>。

FileInputFormat 类位于“org.apache.hadoop.mapreduce.lib.input”包中，是所有基于文件的 InputFormats 的基类。

用户可依据业务的实际情况进行输入类的选择。同时，用户可根据 MapReduce 提供的自定义的接口，按自己数据的特点进行自定义输入类的操作。

除了类型的选定，在 Mapper 类的计算过程中，MapReduce 框架提供了诸如多路径输入的功能，也支持将 Mapper 类的数据直接输出至磁盘。

【例 4-2】编写一个调用两个 Mapper 和一个 Reducer 的 Job 任务，实现多路径文件输入的功能。其中实验数据如图 4-6 所示。

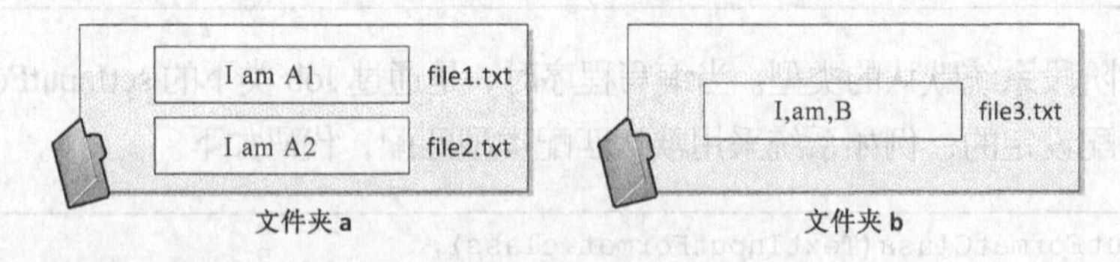

图 4-6 HDFS 平台拟用实验数据

实验数据存储在 2 个不同文件夹的 3 个文件中。其中文件夹 a 中的 2 个文件中的数据描述的字段以空格“ ”间隔，而文件夹 b 的文件中的数据以逗号“,”间隔。请将 3 个文件夹中所有文件中的单词统计出来。

由于输入数据规则不同，所以需要采用不同的 Mapper 进行计算。因为统计的是所有文件中出现的单词，所以可以借助 Reducer 规约时分组的特点，即具有相同的 key 的值会以列表的形式供 reduce 方法处理，来达到去重的目的。整个计算过程如图 4-7 所示。

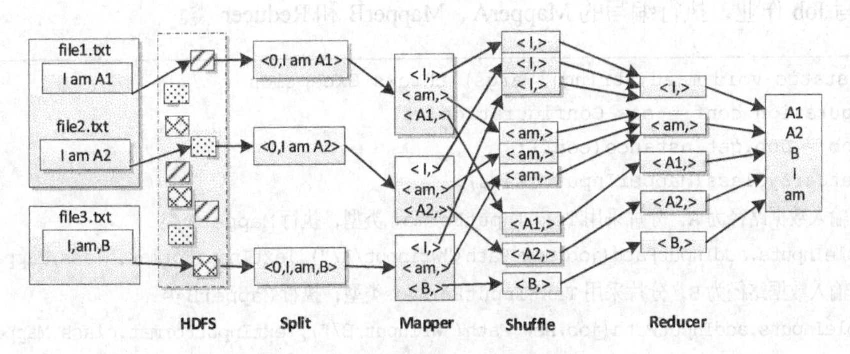

图4-7　多路径单词去重统计计算过程

【实现代码】

（1）编写MapperA。

实现从MapperA中读取数据，并按空格拆分每行数据，将拆分得到的单词输出给上下文。

```
    public static class MapperA extends Mapper<LongWritable, Text, Text, NullWritable> {
        protected void map(LongWritable key, Text value, Context context) throws
IOException, InterruptedException {
            String[] strs = value.toString().split(" ");
            for (String str : strs) {
                context.write(new Text(str), NullWritable.get());
            }
        }
    }
```

（2）编写MapperB。

实现从MapperB中读取数据，并按逗号拆分每行数据，将拆分得到的单词输出给上下文。

```
    public static class MapperB extends Mapper<LongWritable, Text, Text, NullWritable> {
        protected void map(LongWritable key, Text value, Context context) throws
IOException, InterruptedException {
            String[] strs = value.toString().split(",");
            for (String str : strs) {

                context.write(new Text(str), NullWritable.get());
            }
        }
    }
```

（3）编写Reducer类。

取得MapperA和MapperB传递过来的数据，对其中重复的单词进行去重处理。

```
    public static class WordCountReduce extends Reducer<Text, IntWritable, Text, NullWritable> {
        protected void reduce(Text key, Iterable<IntWritable> values, Context context)
throws IOException, InterruptedException {
            context.write(key, NullWritable.get());
        }
    }
```

（4）编写 Job 作业，执行编写的 MapperA、MapperB 和 Reducer 类。

```
public static void main(String[] args) throws Exception {
  Configuration conf = new Configuration();
  Job job = Job.getInstance(conf);
  job.setJarByClass(MapperInput.class);
  //指定输入数据路径为 A，分片采用 TextInputFormat 类型，执行 MapperA 类
  MultipleInputs.addInputPath(job,new Path("wrinput/A/"),TextInputFormat.class,MapperA.class);
  //指定输入数据路径为 B，分片采用 TextInputFormat 类型，执行 MapperB 类
  MultipleInputs.addInputPath(job,new Path("wrinput/B/"),TextInputFormat.class,MapperB.class);
  job.setOutputKeyClass(Text.class);
  job.setOutputValueClass(NullWritable.class);
  job.setReducerClass(WordCountReduce.class);
  FileOutputFormat.setOutputPath(job, new Path("outmrinput"));//指定结果输出路径
  job.waitForCompletion(true);
}
```

【运行结果】

```
A1
A2
B
I
am
```

4.5 Shuffle 原理

4.1 节简要介绍了 Shuffle 的作用，在整个 MapReduce 计算过程中，Shuffle 承载着集群中数据计算中间结果的重排序、分区、合并等重要的功能。本节将详细剖析 Shuffle 的工作原理，这将对 MapReduce 框架的真正应用起到至关重要的作用。

4.5.1 Shuffle 工作原理

Shuffle 分为 Map 端的 Shuffle 和 Reduce 端的 Shuffle。其中 Map 端的 Shuffle 操作可以高度并行，将大数据计算过程的任务分散化，当产生输出计算结果时，它并不是直接将结果写入磁盘，出于对整个计算过程的效率问题的考虑，在传输给 Reduce 端之前它对数据进行了排序处理。而 Reduce 端的 Shuffle 任务的启动并不是在 map 任务全部执行完成的时候，每个 map 任务完成时间很难达到一致，因此当有一个 map 任务完成时，reduce 任务就开始从 map 输出中将指定数据拖曳回来。值得一说的是，reduce 的任务可以同时启动多个，但不建议太多，线程数可通过 Hadoop 的 mapred.reduce.parallel.copies 属性的设定来改变。具体工作流程如图 4-8 所示。

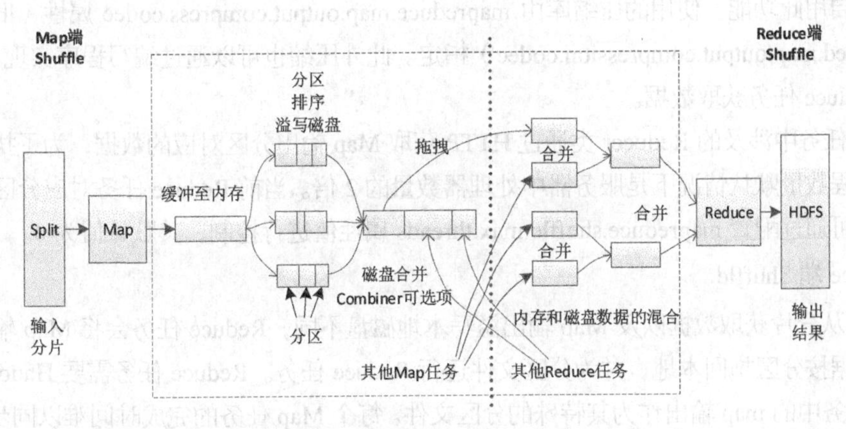

图 4-8 Shuffle 运行原理

1. Map 端的 Shuffle

Map 方法开始产生输出结果时，并不是简单地将它写到磁盘。这个过程更复杂，它利用缓冲的方式写到内存并出于效率的考虑进行预排序。

（1）缓冲区。

每个 Map 任务都有一个环形内存缓冲区用于存储任务输出。在默认情况下，缓冲区的大小为 100 MB，此值可以通过改变 io.sort.mb 属性来调整。一旦缓冲内容达到阈值（io.sort.spill.percent，默认为 0.80 或 80%），一个后台线程便开始把内容溢出到磁盘。在溢出写到磁盘过程中，map 输出结果继续写到缓冲区，但如果在此期间缓冲区被填满，map 会被阻塞直到写磁盘过程完成。

溢出写过程按轮询方式将缓冲区中的内容写到 mapred.local.dir 属性指定的作业指定的目录中。

（2）分区、排序、Combiner。

在写磁盘之前，线程首先根据数据最终需要面对的 Reducer 任务把数据划分成相应的分区。在每个分区中，后台线程按键进行内排序，如果有一个 Combiner，它就在排序后的输出上运行。运行 Combiner 使得 map 输出结果更紧凑，从而减少写到磁盘的数据和传递给 Reducer 的数据。

（3）溢写文件和 Combiner。

每次内存缓冲区达到溢出阈值时，就会新建一个溢出文件，因此在 map 任务写完其最后一个输出记录之后，会有几个溢出文件。在任务完成之前，溢出文件被合并成一个已分区且已排序的输出文件。配置属性 io.sort.factor 控制着一次最多能合并多少流，默认值是 10。

如果至少存在 3 个溢出文件（通过 min.num.spills.for.combine 属性设置），则 Combiner 就会在输出文件写到磁盘之前再次运行。如前文所述，Combiner 可以在输入上反复运行，但并不影响最终结果。如果只有 1 或 2 个溢出文件，那么在 map 输出的减少方面不值得调用 Combiner，Combiner 不会为该 map 输出再次运行。

（4）压缩 map 输出。

在将压缩 map 输出写到磁盘的过程中，常对它进行压缩，因为这样会使写磁盘的速度更快，节约磁盘空间，并且减少传给 reducer 的数据量。在默认情况下，输出是不压缩的，但只要将 mapreduce.map.output.compress 属性（旧版本的属性参数是 mapred.compress.map.output）设置为 true，就可以轻松启用此功能。使用的压缩库由 mapreduce.map.output.compress.codec 属性（旧版本的属性参数是 mapred.map.output.compression.codec）指定。此外压缩也可以通过编写程序实现。

（5）Reduce 任务获取数据。

Reduce 任务中涉及的 Reducer 类通过 HTTP 获取 Map 输出分区对应的数据，为了执行当前任务而请求的线程数量默认情况下是服务器中处理器数量的 2 倍。当前 Reduce 任务对应分区所需要启用线程的数量可通过配置 mapreduce.shuffle.max.threads 属性值进行控制，其默认值为 0。

2. Reduce 端 Shuffle

与 Map 从分片获取数据以及 Map 输出溢写本地磁盘不同，Reduce 任务会将 Map 输出后经分区与排序的数据按分区拖回本地，并为分区文件运行 Reduce 任务。Reduce 任务需要 Hadoop 平台上若干个 Map 任务中的 map 输出作为其特殊的分区文件。每个 Map 任务的完成时间难以同步，故在部分 Map 任务完成时，Reduce 任务就开始复制其输出，即 Reduce 任务的复制阶段。Reduce 任务有少量复制线程，因此能够并行取得 Map 输出，默认情况下会启用 5 个 Reduce 线程，该值可以通过设置 mapreduce.shuffle.parallelcopies 的属性值来改变。

（1）Reduce 任务从 Hadoop 平台所在服务器上获取 Map 任务的输出。

Map 任务成功完成后会通过心跳通信机制通知它们的 ApplicationMaster，而针对每个 MapReduce 任务的作业，ApplicationMaster 会知道 Map 输出及相关服务器的映射关系。Reduce 任务中会依据分区的个数启用 Reducer 类对应的进程，同时启用一些复制的线程定期询问 master 以便获取 Map 输出主机的位置，直到获得所有输出位置。为了防止获取数据的 Reduce 任务中线程的失败，Reduce 任务检索到 Map 输出后不会立即删除，而是待获取结束后 ApplicationMaster 反馈删除信息时再删除，即在作业完成后执行。

（2）复制 Map 输出。

在复制的过程中，Reduce 任务获取 Map 任务相关的服务器位置后，会通过 HTTP 方式请求这些服务器上的 NodeManager 服务，以获取 Map 任务输出的文件。由于 Map 任务包含众多 Mapper 进程，每个 Mapper 相关进程在这之前已经进行不同的分区和排序操作，而 Reduce 任务中一个 Reducer 类的进程通常处理一个分区中的数据，所以一个 Reducer 类的进程需要从若干个相关的 Map 任务中把自己分区的数据拖回来，即从不同的 Map 任务中把自己分区的数据复制回来。为了加快复制的速度，Reduce 任务会同时启动少量的复制线程，并行取得多个 Map 任务的输出，这个线程的数量可通过 mapreduce.reduce.shuffle.parallelcopies 进行设置，默认值为 5。

（3）归并 Map 输出。

在复制的过程中，如果 Map 输出数据很小，首先会被复制到 Reducer 类进程对应的 JVM 的内存缓冲区（可通过 mapreduce.reduce.shuffle.input.buffer.percent 进行设置）中，一个 Reducer 类通常需要从多个 Map 输出中获取本分区的数据，其中每个 Map 输出获取回来的数据在内存中会对应一块数据，当这个块的数据量或 Map 输出超过阈值（通过 mapreduce.reduce.merge.inmem.threshold 设置）时，则合并后溢写到磁盘中。Reduce 任务进入 Map 输出的合并阶段，会维持其顺序排序，这个过程会循环进行。

（4）数据输入 Reduce 端。

一个 Reduce 任务完成全部的复制与合并工作之后，会针对每个分区中依据键进行分组的数据调用 Reducer 类中的 reduce 方法进行计算处理，处理后的结果可直接写入输出文件系统，一般为 HDFS。

每次合并的文件数实际上可能与上段举例有所不同。目标是合并最小数量的文件以便满足最后一次的合并系数。因此如果有 40 个文件，我们不会在 4 次合并中每次合并 10 个文件从而得到 4 个文件。相反，第 1 次只合并 4 个文件，随后的 3 次合并每次合并 10 个文件。在最后一次合并中，4 个已合并的文件和余下的 6 个（未合并的）文件合计 10 个文件。注意，这并没有改变合并次数，它只是一个优化措施，目的是尽量减少写到磁盘的数据量，因为最后一次总是直接合并到 reduce。

（5）数据输入 Reducer 端。

在 reduce 阶段，对已排序输出中的每个键调用 reduce 方法。此阶段的输出直接写到输出文件系统，一般为 HDFS。如果采用 HDFS，由于节点管理器（旧版本：tasktracker 节点）是一个正在运行的数据节点，因此第 1 个数据块副本将被写到本地磁盘。

4.5.2 自定义分区

Shuffle 分区与未来启动的 Reducer 的任务数据有着重要的联系。一个 Reducer 里需要处理哪些内容？MapReduce 框架提供了一些策略，例如 HashPartitioner、BinaryPartitioner、KeyFieldBasedPartitioner 和 TotalOrderPartitioner 分区策略，其中 HashPartitioner 是默认的分区策略。下面来研究一下 HashPartitioner 分区的源码，然后模仿 HashPartitioner 分区的编程思路，编写一个属于自己的分区策略。

【HashPartitioner 源码】

HashPartitioner 类位于“org.apache.hadoop.mapreduce.lib.partition”包中，它的源码如下。

```
public class HashPartitioner<K, V> extends Partitioner<K, V> {
  public int getPartition(K key, V value, int numReduceTasks) {
    return (key.hashCode() & Integer.MAX_VALUE) % numReduceTasks;
  }
}
```

这里至关重要的方法即 getPartition 方法，分区策略即在这个方法中实现。查询它的形式参数 key、value 和 numReduceTasks。

- key：对应 Mapper 输出的 key 类型和 key 值。
- value：对应 Mapper 输出的 value 类型和 value 值。
- numReduceTasks：对应 Reducer 的任务数，该任务数可通过参数设定，也可通过 Job 作业中的 setNumReduceTasks 方法来指定，例如 job.setNumReduceTasks(3)指定 Reducer 任务数为 3 个。

getPartition 方法中记录了分区的具体规则，例如本例分区规则算法代码如下。

```
(key.hashCode() & Integer.MAX_VALUE) % numReduceTasks
```

具体含义是用 key.hashCode()和 Integer.MAX_VALUE 进行与操作，保证了数据的正数表达，再和 numReduceTasks 进行取余操作，保证了 key 对应的值被大致均匀地分配给相应的 Reduce 任务，保证了任务分配的均衡性。

为了实现这样的分区规则，需要在 Job 中通过 setPartitionerClass 方法来指定，例如：

```
job.setPartitionerClass(HashPartitioner.class);//分区用的
```

如果案例中不写入该方法，则代表使用 MapReduce 的默认分区规则，即 HashPartitioner 分区。

【编程思路】

第 1 步：创建自定义分区类，该类继承自“org.apache.hadoop.mapreduce”包下的 Partitioner 类。

第 2 步：在 getPartition 方法中编写分区的规则。

第 3 步：在 Job 中设定 Reduce 任务数量（此步骤可选）。

第 4 步：通过 job.setPartitionerClass 方法指定该 Job 作业要应用的分区类。

【例 4-3】编写自定义分区，实现文件按 key 除以 Reducer 数的值进行数据分区。

【演示数据】

共存在 a、b、c、d 和 e 这 5 个文件夹，每个文件夹中有两个文件，其数据内容如图 4-9 所示。

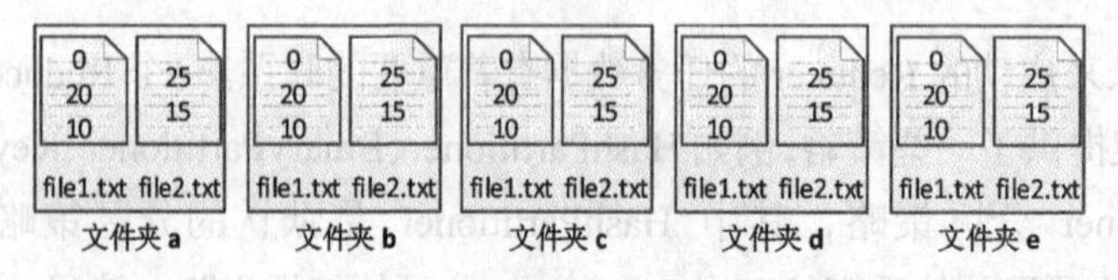

图 4-9　自定义分区实验数据

【实现代码】

（1）自定义分区 MyPartitioner 代码。

```
import org.apache.hadoop.io.Text;
import org.apache.hadoop.mapreduce.Partitioner;

public class MyPartitioner extends Partitioner<Text, Text> {
    @Override
    public int getPartition(Text key, Text value, int numPartitions) {
//将传递的 Text 类型数据转为整型，在保证正值的情况下与 Reducer 数进行取余计算
        return (Integer.parseInt(key.toString())& Integer.MAX_VALUE)%numPartitions;
    }
}
```

（2）在 Job 作业中引用自定义分区策略，设定 Reducer 数量。

```
job.setPartitionerClass(MyPartitioner.class); //指定 Shuffle 过程中应用的分区策略
job.setNumReduceTasks(3); //设定 Reducer 数量
```

【运行结果】

共输出 3 个文件，即每个 Reducer 输出一个文件，3 个文件的内容如下。

Reducer 输出结果对应的 part-r-00000 文件内容：

```
0 0 0 0 0 15 15 15 15 15
```

Reducer 输出结果对应的 part-r-00001 文件内容：

```
10 10 10 10 10 25 25 25 25 25
```

Reducer 输出结果对应的 part-r-00002 文件内容：

```
20 20 20 20 20
```

4.5.3　自定义排序

排序是 MapReduce 计算过程中的核心部分，默认按字典排序，但有时业务需求与默认形式并不一致。例如要按降序排列，与原来的排序顺序相反，这时可以通过自定义排序的形式来满足要求。

【编程思路】

第 1 步：创建自定义排序类，如 MySort，该类继承自 "org.apache.hadoop.io" 包下的 WritableComparator 类。

第 2 步：自定义排序类的构造方法通过 super 来指定参与排序计算的 key 的类型。

第 3 步：重写 compare 方法，比较条件返回 0 时代表比较的两个值相等，−1 代表第 1 个值小于第 2 个值，1 代表第 1 个值大于第 2 个值。

第 4 步：通过 job.setSortComparatorClass 方法指定该 Job 作业要运行的 MapReduce 中使用的排序类，即自定义的排序类。

【例 4-4】采用【例 4-3】的【演示数据】，编写程序对数据进行去重后，按自定义降序排列。

【实现代码】

（1）自定义分组区 MySort 代码。

```
package org.apache.mr;

import org.apache.hadoop.io.IntWritable;
import org.apache.hadoop.io.WritableComparable;
import org.apache.hadoop.io.WritableComparator;

public class MySort extends WritableComparator {
    //指定接收的 key 类型
    public MySort() {
        super(IntWritable.class, true);
    }

    public int compare(WritableComparable a, WritableComparable b) {
        IntWritable v1 = (IntWritable) a;
        IntWritable v2 = (IntWritable) b;
        return v2.compareTo(v1); //指定按降序排序
    }
}
```

（2）在 Job 作业中引用自定义分组策略。

```
    job.setSortComparatorClass(MySort.class); // 指定自定义排序策略
```

【运行结果】

结果是按自定义策略进行了降序排列。

```
25
20
15
10
0
```

4.5.4 自定义分组

默认情况下，reduce 方法每次接收的是一组具有相同 key 的 value 值，所以每个 reduce 方法每次只能对相同 key 所对应的值进行计算。但有时用户会期望不同的 key 所对应的 value 值能在一次 reduce 方法调用时进行操作，例如统计所有销售产品中购买数量大于 10 000 的全部在同一次 reduce 方法中计算。这样的期望与 MapReduce 框架默认的计算规则不符合，此时需要用户进行自定义分组的操作。

【编程思路】

第 1 步：创建自定义分组类，如 MyGroupSort，该类继承自“org.apache.hadoop.io”包下的 WritableComparator 类。

第 2 步：自定义分组类的构造方法通过 super 来指定参与分组计算的 key 的类型。

第 3 步：重写 compare 方法，比较条件返回 0 时代表同一组，不是 0 时代表不同组。

第 4 步：通过 job.setGroupingComparatorClass 方法指定该 Job 作业要运行的 MapReduce 中使用的分组类，即自定义的分组类。

【例 4-5】采用【例 4-3】的【演示数据】，编写自定义分组。

【实现代码】

（1）自定义分组区 MyGroupSort 代码。

```
import org.apache.hadoop.io.IntWritable;
import org.apache.hadoop.io.WritableComparable;
import org.apache.hadoop.io.WritableComparator;

public class MyGroupSort extends WritableComparator {
    public MyGroupSort() {
        super(IntWritable.class, true);
    }
    @SuppressWarnings("rawtypes")
    @Override
    public int compare(WritableComparable a, WritableComparable b) {
        IntWritable v1 = (IntWritable) a;
        IntWritable v2 = (IntWritable) b;
        if (v1.get() > 10) {
            return 0;//所有大于 10 的 v1 值都是一组，用一个 reduce 方法处理
        } else {
            return -1;//所有不大于 10 的 v1 值都不是一组，用不同的 reduce 方法处理
        }
    }
}
```

（2）在 Job 作业中引用自定义分组策略。

```
job.setGroupingComparatorClass(MyGroupSort.class);// 指定分组策略文件引用
```

【运行结果】

运行结果显示：所有大于 10 的数据都是一组，供一个 reduce 方法使用；所有不大于 10 的数据，即使 key 值相同，也被分到不同的组，即供不同的 reduce 方法使用。具体运行结果如下。

```
key:0   #一组，供一个 reduce 方法使用#
key:0   #一组，供一个 reduce 方法使用#
key:0   #一组，供一个 reduce 方法使用#
key:0   #一组，供一个 reduce 方法使用#
key:0   #一组，供一个 reduce 方法使用#
key:10   #一组，供一个 reduce 方法使用#
key:10   #一组，供一个 reduce 方法使用#
key:10   #一组，供一个 reduce 方法使用#
key:10   #一组，供一个 reduce 方法使用#
key:10   #一组，供一个 reduce 方法使用#
###下面大于 10 的数据被分到一个组里，供一个 reduce 方法使用########
key:15
key:15
key:15
key:15
key:15
key:20
key:20
key:20
key:20
key:20
key:25
key:25
key:25
key:25
key:25
```

4.6 Combiner 本地合并优化

通过对 Shuffle 运行原理的理解，认识到启用 Combiner 具有减少磁盘 I/O 和减少网络 I/O 的好处。由于 Combiner 相当于本地 Reducer 的计算模式，因此并不是所有的场合都适用。下面通过一个典型的 WordCount 案例来理解 Combiner 的应用过程。

【例 4-6】应用 Combiner 技术优化【例 4-1】的单词计数统计过程。

图 4-4 演示了【例 4-1】的单词计数统计过程，其中非常重要的一件事情是所有文件中的所有数据排序分区后全部传入了 Reducer 进行计算。试想一下，【例 4-1】只有少量的测试数据，所以看似并不影响学习，但如果是对实际生产中的 PB 级、TB 级的数据进行统计，将数据全部传递给 Reducer

进行处理是一件非常不可取的事情，也失去了 MapReduce 框架的意义。可以在 Job 作业中通过 setCombinerClass 类对 Mapper 执行 Combiner，即在【例 4-1】中运行 MapReduce 的主程序中加入如下代码。

```
job.setCombinerClass(WordCountReduce.class);
```

【运行结果】

运行结果与【例 4-1】是一样的，但中间的 Shuffle 过程却发生了较大的变化，如图 4-10 所示。

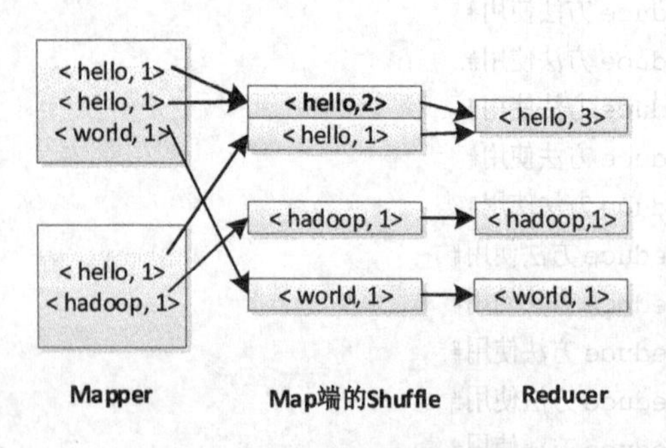

图 4-10　自定义分区实验数据

相对于【例 4-1】运行过程，在 Mapper 类中启动了 Combiner 以后，Map 端的 Shuffle 在 Mapper 本地进行了一次归约计算，如图 4-10 中的第 1 个 Mapper 中 hello 单词在本地归约在了一起，然后由 Reducer 接着计算，一定程度上减少了 Reducer 端的计算负担，起到了优化的作用。

4.7 Reducer 输出

Reduce 任务获取 Mapper 任务完成后所输出数据对应的地址信息后，会启用复制程序将需要的数据复制到本地存储空间。随着复制内容的增加，Reducer 作业会批量地启动合并任务执行合并操作。Reducer 类启动后，接收上下文的数据进行 Reduce 作业任务。所以，Reduce 输入值的数据主要来自 Mapper 处理后输出的数据。

至于 Reducer 类中来源数据的类型，从 Reducer 本身说起：任何一个 Reduce 任务都会继承此 Reducer 类，类里有 4 个范型，分别是 KEYIN、VALUEIN、KEYOUT、VALUEOUT，其中 KEYIN 和 VALUEIN 是 Reducer 接收自 Mapper 的输出，因此 Writable 类型与 Mapper 类里的 KEYOUT、VALUEOUT 指定输出的 key/value 数据类型要一一对应。每个 Reducer 类接收的具体数据的数量并不一定是一个 Mapper 输出的数据量，而是由 Shuffle 过程的分区决定的。这也决定了 Reducer 在输出的路径和文件数量与 Shuffle 分区有着莫大的关联。

与 Mapper 输入中的 InputFormat 描述的输入规范类似，在 Reducer 中对应一个重要的输出规范 OutputFormat，它的源码位于“org.apache.hadoop.mapreduce”包中，是一个抽象类。它能够设置 MapReduce 作业文件输出格式，并完成输出规范检查（如检查目录是否存在），并为文件输出格式提供作业结果数据输出的功能，它的层次结构如图 4-11 所示。

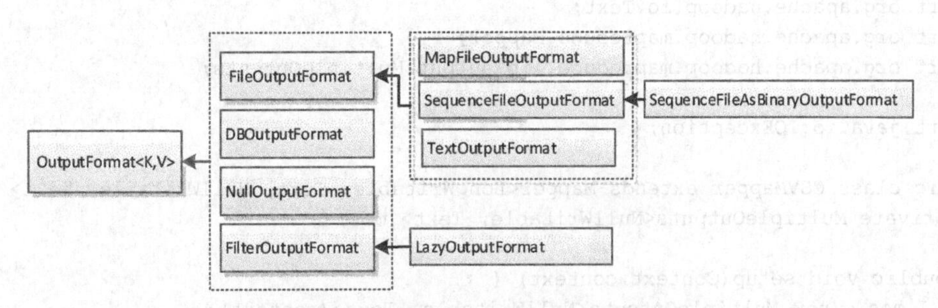

图 4-11　OutputFormat 类的层次结构

- FileOutputFormat：它的源码位于“org.apache.hadoop.mapreduce.lib.output”包中，是一个从 FileSystems 读取数据的基类。它的直接已知的子类有 MapFileOutputFormat、MultipleOutputFormat、SequenceFileOutputFormat 和 TextOutputFormat。
- NullOutputFormat：它的源码位于“org.apache.hadoop.mapreduce.lib.output”包下，是继承 OutputFormat 类的一个抽象类，它会消耗掉所有输出，将键值对写入/dev/null，相当于舍弃这些值。
- DBOutputFormat：接收<key,value>对，其中 key 的类型继承 DBWritable 接口。OutputFormat 将 reduce 输出发送到 SQL 表。DBOutputFormat 返回的 RecordWriter 只使用批量 SQL 查询并将 key 写入数据库。
- FilterOutputFormat：其实是将 OutputFormat 进行再次封装，类似于 Java 的流的 Filter 方式。

【例 4-7】结合 Mapper 多输入的技术，处理不同格式的数据，然后输出至不同的文件中。

【演示数据】

通过编写 MapReduce 程序，将 HDFS 上存储的不同格式（CSV、XML 和 JSON）的原始数据进行格式、类型与编码的实验清洗，然后按类别存于不同的文件路径下，以供业务统计分析使用。

文本格式文件 file2.csv，数据间以逗号间隔，参考内容如下。

```
Mike,student,green
John,worker,red
```

JSON 格式文件 file1.json，数据以 JSON 对嵌套格式存储，参考内容如下。

```
{"id": 501064171707170816,"truncated":"false","urls":[{"id": 295988417,"index":[{"title":"穿衣","zs":"较冷","tipt":"穿衣指数","des":"建议着厚外套加毛衣等服装。年老体弱者宜着大衣、呢外套加羊毛衫。"},{"title":"紫外线强度","zs":"最弱","tipt":"紫外线强度指数","des":"属弱紫外线辐射天气，无须特别防护。若长期在户外，建议涂擦 SPF 在 8~12 之间的防晒护肤品。"}],}]}
```

【编程思路】

因为输入的数据格式不同，所以需要采用不同的 Mapper 进行数据清洗计算。然后将清洗后的数据直接输出至指定的多路径中。

【实现代码】

（1）编写 CSVMapper 类，用于清洗 file2.csv 文件的数据。

```
import org.apache.hadoop.io.LongWritable;
import org.apache.hadoop.io.NullWritable;
```

```
import org.apache.hadoop.io.Text;
import org.apache.hadoop.mapreduce.Mapper;
import org.apache.hadoop.mapreduce.lib.output.MultipleOutputs;

import java.io.IOException;

public class CSVMapper extends Mapper<LongWritable, Text, NullWritable, Text> {
   private MultipleOutputs<NullWritable, Text> mos;

   public void setup(Context context) {
      mos = new MultipleOutputs<NullWritable, Text>(context);
   }

   // 定义输出类型
   public void map(LongWritable key, Text value, Context context)
          throws IOException, InterruptedException {
      String[] str = value.toString().split(",");
      StringBuffer sb = new StringBuffer();
      sb.append(str[0]).append("|").append(str[1]).append("|").append(str[2]);
      context.getCounter("FTE", "csv").increment(1);  //自定义计数器
      mos.write("csv", new Text(sb.toString()), NullWritable.get(), "csv/test");
   }

   public void cleanup(Context context) throws InterruptedException,
          IOException {
      mos.close();
   }
}
```

（2）编写 JSONMapper 类，用于清洗 file1.json 文件的数据。

```
import net.sf.json.JSONArray;
import net.sf.json.JSONObject;
import org.apache.hadoop.io.LongWritable;
import org.apache.hadoop.io.NullWritable;
import org.apache.hadoop.io.Text;
import org.apache.hadoop.mapreduce.Mapper;
import org.apache.hadoop.mapreduce.lib.output.MultipleOutputs;

import java.io.IOException;

public class JsonMapper extends Mapper<LongWritable, Text, NullWritable, Text> {
   private MultipleOutputs<NullWritable, Text> mos;

   public void setup(Context context) {
      mos = new MultipleOutputs<NullWritable, Text>(context);
   }

   // 定义输出类型
   public void map(LongWritable key, Text value, Context context)
          throws IOException, InterruptedException {
      JSONObject jsonObject = JSONObject.fromObject(value.toString());
      //提取出 error 为 0
      String id = jsonObject.getString("id");
```

```
            //提取出 status 为 success
            String truncated = jsonObject.getString("truncated");
            //注意：results 中的内容带有方括号[]，所以要转换为 JSONArray 类型的对象
            JSONArray result = jsonObject.getJSONArray("urls");

            for (int i = 0; i < result.size(); i++) {
                //提取出 currentCity 为青岛
                String currentCity = result.getJSONObject(i).getString("id");

                //注意：index 中的内容带有方括号[]，所以要转换为 JSONArray 类型的对象
                JSONArray index = result.getJSONObject(i).getJSONArray("index");
                StringBuffer url = new StringBuffer();
                for (int j = 0; j < index.size(); j++) {
                    String title = index.getJSONObject(j).getString("title");
                    String zs = index.getJSONObject(j).getString("zs");
                    String tipt = index.getJSONObject(j).getString("tipt");
                    String des = index.getJSONObject(j).getString("des");
                    url.append(title).append("||")
                            .append(zs).append("||")
                            .append(tipt).append("||")
                            .append(des);

                }
                StringBuffer sb = new StringBuffer();
                sb.append(id).append("|")
                        .append(truncated).append("|")
                        .append(url);

                context.getCounter("FTE", "Json").increment(1);//自定义计数器
                mos.write("Json", new Text(sb.toString()), NullWritable.get(), "Json/test");
            }


        }

        public void cleanup(Context context) throws InterruptedException,
                IOException {
            mos.close();
        }
    }
```

（3）编写程序运行的主类，用于执行 2 个 Mapper 类以及确定多目录输出配置。

```
import org.apache.hadoop.conf.Configuration;
import org.apache.hadoop.fs.Path;
import org.apache.hadoop.io.Text;
import org.apache.hadoop.io.NullWritable;
import org.apache.hadoop.mapreduce.Job;
import org.apache.hadoop.mapreduce.lib.output.FileOutputFormat;
import org.apache.hadoop.fs.FileSystem;
import org.apache.hadoop.mapreduce.lib.input.MultipleInputs;
import org.apache.hadoop.mapreduce.lib.input.TextInputFormat;
import org.apache.hadoop.mapreduce.lib.output.MultipleOutputs;
```

```
import org.apache.hadoop.mapreduce.lib.output.TextOutputFormat;

public class FTEJob {

    public static void main(String[] args) throws Exception {
        Configuration conf = new Configuration();
        args = new String[]{"fte","fteout"};
        if (args.length != 2) {
            System.err.println("Usage: MinMaxCountDriver <in> <out>");
            System.exit(2);
        }
        Job job = Job.getInstance(conf, "StackOverflow Comment Date Min Max Count");
        job.setJarByClass(Text.class);
        job.setMapperClass(XMLMapper.class);
        job.setNumReduceTasks(0);
        job.setOutputKeyClass(Text.class);
        job.setOutputValueClass(Text.class);
        MultipleInputs.addInputPath(job, new Path(args[0]+"/csv"), TextInputFormat.class,CSVMapper.class);
        MultipleInputs.addInputPath(job, new Path(args[0]+"/json"), TextInputFormat.class,JsonMapper.class);
        Path path = new Path(args[1]);
        FileSystem fs = path.getFileSystem(new Configuration());

        // 判断输出目录是否存在，如存在则删除
        if (fs.exists(path)) {
            fs.delete(path, true);
        }
        FileOutputFormat.setOutputPath(job, new Path(args[1]));
        // 输出路径
        FileOutputFormat.setOutputPath(job, new Path(args[1]));
        //多目录输出配置
        MultipleOutputs.addNamedOutput(job, "csv", TextOutputFormat.class,
                Text.class, NullWritable.class);
       MultipleOutputs.addNamedOutput(job, "Json", TextOutputFormat.class,
                Text.class, NullWritable.class);
        System.exit(job.waitForCompletion(true) ? 0 : 1);
    }
}
```

【运行结果】

输出结果在指定的 fteout 文件夹下，存在指定的 csv 和 Json 两个文件夹，其中 csv 文件夹下显示的运行结果如下。

```
Mike|student|green
John|worker|red
```

Json 文件夹下显示的运行结果如下。

```
50106417170717O816|false|穿衣||较冷||穿衣指数||建议着厚外套加毛衣等服装。年老体弱者宜着大衣、呢外套加羊毛衫。紫外线强度||最弱||紫外线强度指数||属弱紫外线辐射天气，无须进行特别防护。若长期在户外，建议涂擦 SPF 在 8~12 的防晒护肤品。
```

4.8 计数器

当MapReduce面对大数据进行并行计算时，如果能够掌握计算过程中所启用的Mapper数据量、Reducer数据量、计算过程记录数、失败的Mapper或Reducer等情况，对用户随时调整计算模型或平台部署，具有重要的意义。

MapReduce框架不仅内置了许多计数器，用于记录这些MapReduce框架计算过程中任务的各项指标，也向用户开放了自定义计数器的接口，供用户按自己的业务需求进行定义。例如，在【例4-7】计算过程中，系统内置显示的计数器情况如下。

```
    19/06/01 02:17:58 INFO Configuration.deprecation: session.id is deprecated. Instead, use
dfs.metrics.session-id
    19/06/01 02:17:58 INFO jvm.JvmMetrics: Initializing JVM Metrics with processName=
JobTracker, sessionId=
    19/06/01 02:17:58 INFO input.FileInputFormat: Total input paths to process : 1
    19/06/01 02:17:58 INFO input.FileInputFormat: Total input paths to process : 1
    // Job 任务的输入数据共存在 2 个分片
    19/06/01 02:17:58 INFO mapreduce.JobSubmitter: number of splits:2
    19/06/01 02:17:58 INFO mapreduce.JobSubmitter: Submitting tokens for job: job_local1989775345_0001
    19/06/01 02:17:59 INFO mapreduce.Job: The url to track the job: http://localhost:8080/
    19/06/01 02:17:59 INFO mapreduce.Job: Running job: job_local1989775345_0001
    19/06/01 02:17:59 INFO mapred.LocalJobRunner: OutputCommitter set in config null
    19/06/01 02:17:59 INFO output.FileOutputCommitter: File Output Committer Algorithm version is 1
    19/06/01 02:17:59 INFO mapred.LocalJobRunner: OutputCommitter is org.apache.hadoop.
mapreduce.lib.output.FileOutputCommitter
    19/06/01 02:17:59 INFO mapred.LocalJobRunner: Waiting for map tasks
    19/06/01 02:17:59 INFO mapred.LocalJobRunner: Starting task: attempt_local1989775345_
0001_m_000000_0
    19/06/01 02:17:59 INFO output.FileOutputCommitter: File Output Committer Algorithm version is 1
    19/06/01 02:17:59 INFO mapred.Task:  Using ResourceCalculatorProcessTree : [ ]
    19/06/01 02:17:59 INFO mapred.MapTask: Processing split: file:/root/IdeaProjects/
mrproject/fte/json/file1.json:0+444
    19/06/01 02:17:59 INFO output.FileOutputCommitter: File Output Committer Algorithm version is 1
    19/06/01 02:17:59 INFO mapred.LocalJobRunner:
    19/06/01 02:17:59 INFO mapred.Task: Task:attempt_local1989775345_0001_m_000000_0 is done.
And is in the process of committing
    19/06/01 02:17:59 INFO mapred.LocalJobRunner:
    19/06/01 02:17:59 INFO mapred.Task: Task attempt_local1989775345_0001_m_000000_0 is
allowed to commit now
    19/06/01 02:17:59 INFO output.FileOutputCommitter: Saved output of task 'attempt_
local1989775345_0001_m_000000_0' to
file:/root/IdeaProjects/mrproject/fteout/_temporary/0/task_local1989775345_0001_m_000000
    19/06/01 02:17:59 INFO mapred.LocalJobRunner: map
    19/06/01 02:17:59 INFO mapred.Task: Task 'attempt_local1989775345_0001_m_000000_0' done.
    19/06/01 02:17:59 INFO mapred.LocalJobRunner: Finishing task: attempt_local1989775345_0001_m_000000_0
    19/06/01 02:17:59 INFO mapred.LocalJobRunner: Starting task: attempt_local1989775345_0001_m_000001_0
    19/06/01 02:17:59 INFO output.FileOutputCommitter: File Output Committer Algorithm version is 1
    19/06/01 02:17:59 INFO mapred.Task:  Using ResourceCalculatorProcessTree : [ ]
    19/06/01 02:17:59 INFO mapred.MapTask: Processing split: file:/root/IdeaProjects/
mrproject/fte/csv/file2.csv:0+34
    19/06/01 02:17:59 INFO output.FileOutputCommitter: File Output Committer Algorithm version is 1
    19/06/01 02:17:59 INFO mapred.LocalJobRunner:
```

```
    19/06/01 02:17:59 INFO mapred.Task: Task:attempt_local1989775345_0001_m_000001_0 is done.
And is in the process of committing
    19/06/01 02:17:59 INFO mapred.LocalJobRunner:
    19/06/01 02:17:59 INFO mapred.Task: Task attempt_local1989775345_0001_m_000001_0 is
allowed to commit now
    19/06/01 02:17:59 INFO output.FileOutputCommitter: Saved output of task 'attempt_
local1989775345_0001_m_000001_0' to file:/root/IdeaProjects/mrproject/fteout/_temporary/
0/task_local1989775345_0001_m_000001
    19/06/01 02:17:59 INFO mapred.LocalJobRunner: map
    19/06/01 02:17:59 INFO mapred.Task: Task 'attempt_local1989775345_0001_m_000001_0' done.
    19/06/01 02:17:59 INFO mapred.LocalJobRunner: Finishing task: attempt_local1989775345_
0001_m_000001_0
    19/06/01 02:17:59 INFO mapred.LocalJobRunner: map task executor complete.
    19/06/01 02:18:00 INFO mapreduce.Job: Job job_local1989775345_0001 running in uber mode : false
    // Job 任务只执行了 map 任务，并没有执行 reduce 任务
    19/06/01 02:18:00 INFO mapreduce.Job:  map 100% reduce 0%
    19/06/01 02:18:00 INFO mapreduce.Job: Job job_local1989775345_0001 completed successfully
    19/06/01 02:18:00 INFO mapreduce.Job: Counters: 17
    /**
     * 内置的文件系统任务计数器部分
     * 源文件位于“org.apache.hadoop.mapreduce.Filesystemcounter”源码包下
     */
    File System Counters
        FILE: Number of bytes read=7001040     //文件系统读字节数
        FILE: Number of bytes written=7632199   //文件系统写字节数
        FILE: Number of read operations=0      //文件系统读操作数
        FILE: Number of large read operations=0 //文件系统读的大操作数
        FILE: Number of write operations=0     //文件系统写操作数
    /**
     * 内置的 MapReduce 任务计数器部分
     * 源文件位于 “org.apache.hadoop.mapreduce.TaskCounter” 源码包下
     */
    Map-Reduce Framework
        Map input records=3   //输入的记录数
        Map output records=0  //输出的记录数
        Input split bytes=503   //输入分片对象的字节数
        Spilled Records=0   //MapReduce 任务溢出磁盘的记录数
        Failed Shuffles=0      //失败的 shuffle 数
        Merged Map outputs=0  //shuffle 中 Reducer 端合并的 map 输出数
        GC time elapsed (ms)=0  //GC 运行时间毫秒数
        Total committed heap usage (bytes)=230686720
    /**
     * 【例 4-7】中用户自定义的计数器
     */
    FTE
        Json=1  //用户处理 Json 文件的记录数
        csv=2  //用户处理 csv 文件的记录数
    /**
     * 内置的输入文件任务计数器部分
     * 源文件位于“org.apache.hadoop.mapreduce.lib.input.FileInputFormatCounter”源码包下
     */
```

```
    File Input Format Counters
        Bytes Read=0  //map 通过 FileInputFormat 读取的字节数
    /**
     * 内置的输出文件任务计数器部分
     * 源文件位于“org.apache.hadoop.mapreduce.lib.input.FileOutputFormatCounter”源码包下
     */
    File Output Format Counters
        Bytes Written=16  //map 或 reduce 通过 FileOutputFormat 写的字节数

Process finished with exit code 0
```

其中前文显示的【例 4-7】中用户自定义计数器 FTE，它的实现方式是通过 Context 类的实例调用 getCounter 方法进行计数的写入。然后返回值可以通过继承 Writable 类的 Counter 接口中的方法按形参 incr 值调用 Counter 中的 increment(long incr)方法进行计数的添加。

计数器除了可以以上述的方式通过平台日志查看外，也可以通过 Web UI 进行查看。只是在默认的配置下，该功能并没有开启，用户需要通过在 mapred-site.xml 文件中配置如下的参数选项。

```
    <property>
            <name>mapreduce.jobhistory.address</name>
            <value>master:10020</value>
    </property>
    <property>
            <name>mapreduce.jobhistory.webapp.address</name>
            <value>master:19888</value>
     </property>
```

其中，master 指 Hadoop 集群主节点的机器名，这里也可以应用 IP 地址进行配置。10020 和 19888 是开启选项服务的端口号。启动这两个选项的服务命令如下。

```
${$HADOOP_HOME}/sbin/mr-jobhistory-daemon.sh start historyserver
```

服务启动后，建议读者可以通过“netstat –nltp”命令查看 10020 和 19888 端口号是否开启，端口号开启后再进行计数器的 Web 查看。

端口启动成功后，可通过在浏览器地址栏中输入“http://master:19888/jobhistory”查询 Job 作业运行过程中计数器的计数情况。

4.9 MapReduce 应用开发

本节主要针对 MapReduce 编程的一些基本知识介绍，完成实际项目中常用的一些统计功能。

4.9.1 最大最小计数值

统计业务数据中的最大值、最小值和指定计数值是常用的应用模式。例如 Twitter 中指定时间段内最热的帖子、最不受欢迎的帖子和该时间段内的总帖子数；商务网上每一区域或品种中最热销的商品、卖得最差的商品和总共卖的商品数。

该类计算可将指定的条件（例如“时间段”或“每一区域”）作为关键 key 进行分组，通过 Mapper 类获取分片数据，通过 Reducer 类遍历每个分组的所有值，分析出对应的最小值、最大值或执行内容的计数。对于满足结合律和交换律的操作，可借用 Combiner 本地合并计算，尽量减少 Shuffle 与 Reducer 端传输时<key,value>对的数目。

【例 4-8】存在一组商品销售的数据，为了说明问题，本例只选用商品 ID、商品销售价格字段值，请统计出同类商品中卖出的最高价和最低价，以及商品卖出的数量。

【演示数据】

为了说明计算过程，只选用 6 条数据参与计算，数据内容如下。

```
商品 ID    卖出价格
01         1000
01         1200
03         2000
03         1500
03         2000
01         1800
```

【编程思路】

第 1 步：创建自定义 Writable，封装商品中卖出的最高价、最低价和卖出的商品计数，作为组合的 value 进行传递，方便在 Mapper 类与 Reducer 类传输过程中进行映射与规约。

第 2 步：编写 Mapper 类，负责清洗需要的数据，将商品中卖出的最高价、最低价和卖出的商品计数初始值封装在自定义的 Writable 中，并传递给 Reducer。

第 3 步：编写 Reducer 类，负责对 Mapper 传递过来的数据进行最高价、最低价和卖出的商品计数的统计计算。

第 4 步：编写 Job 作业，启用 Combiner，实行本地规约计算，缩减网络传输负载。

该思路可使用户一次操作实现多项值的统计，用户可以参照这种方法完成更多值的操作。

【实现代码】

（1）创建自定义 Writable。

```
public static class MinMaxWritable implements Writable {
    private long min = 0;     //商品中卖出的最高价
    private long max = 0;     //商品中卖出的最低价
    private long count = 0;  //卖出的商品计数

    public long getMin() {
       return min;
```

```
    }

    public void setMin(long min) {
        this.min = min;
    }

    public long getMax() {
        return max;
    }

    public void setMax(long max) {
        this.max = max;
    }

    public long getCount() {
        return count;
    }

    public void setCount(long count) {
        this.count = count;
    }

    public void readFields(DataInput in) throws IOException {
        min = in.readLong();
        max = in.readLong();
        count = in.readLong();
    }

    public void write(DataOutput out) throws IOException {
        out.writeLong(min);
        out.writeLong(max);
        out.writeLong(count);
    }

    @Override
    public String toString() {
        return min + "\t" + max + "\t" + count;
    }
}
```

（2）编写 Mapper 类。

```
public static class MinMaxCountMapper extends Mapper<Object, Text, Text, MinMaxWritable> {
    private MinMaxWritable outTuple = new MinMaxWritable();
    public void map(Object key, Text value, Context context) throws IOException,
InterruptedException {
    String[] strs = value.toString().split(" ");
    outTuple.setMin(Long.parseLong(strs[1])); //取出商品卖出价格并存入 outTuple 最低价
    outTuple.setMax(Long.parseLong(strs[1])); //取出商品卖出价格并存入 outTuple 最高价
    outTuple.setCount(1);   //初始 outTuple 中商品计数为 1
    context.write(new Text(strs[0]), outTuple);
    }
}
```

（3）编写 Reducer 类。

```
public static class MinMaxCountReducer extends Reducer<Text, MinMaxWritable, Text, MinMaxWritable> {
      private MinMaxWritable result = new MinMaxWritable();
      @Override
      public void reduce(Text key, Iterable<MinMaxWritable> values, Context context)
           throws IOException, InterruptedException {
         result.setMin(0);
         result.setMax(0);
         int sum = 0;
         for (MinMaxWritable val : values) {
            // 如果Mapper传递值小于outTuple中的最低价，将传递值存入outTuple
            if (result.getMin() == 0 || val.getMin() < result.getMin()) {
               result.setMin(val.getMin());
            }
           // 如果Mapper传递值大于outTuple中的最高价，将传递值存入outTuple
            if (result.getMax() == 0 || val.getMax() > result.getMax()) {
               result.setMax(val.getMax());
            }
            sum += val.getCount(); //对商品进行计数
         }
         result.setCount(sum);
         context.write(key, result);
      }
   }
```

（4）编写 Job 作业执行主程序。

```
public static void main(String[] args) throws Exception {
      Configuration conf = new Configuration();
      String[] otherArgs = {"inputdata/maxmin", "outputdata/maxmin"};
      Job job = Job.getInstance(conf);
      job.setJarByClass(MinMaxCount.class);
      job.setMapperClass(MinMaxCountMapper.class);
      job.setCombinerClass(MinMaxCountReducer.class); //启用Mapper本地的规约计算
      job.setReducerClass(MinMaxCountReducer.class);
      job.setOutputKeyClass(Text.class);
      job.setOutputValueClass(MinMaxWritable.class);
      FileInputFormat.addInputPath(job, new Path(otherArgs[0]));
      FileOutputFormat.setOutputPath(job, new Path(otherArgs[1]));
      System.exit(job.waitForCompletion(true) ? 0 : 1);
   }
```

【运行结果】

```
商品ID   卖出的最高价   卖出的最低价   卖出商品数
01       1000           1800           3
03       1500           2000           3
```

4.9.2 全排序

全排序的目的是将大数据以一定的顺序在大数据平台上按照指定的键进行并行排序。这里较艰难的事情是数据量过大时，需要多台服务器共同计算，甚至输出也是由多个 Reducer 输出共同组成的。如何让这众多输出文件连接起来，并实现文件中的内容按一定顺序排序是大数据平台下全排序的核心问题。

【例 4-9】采用【例 4-3】中 5 个文件夹的数据，对所有数据进行从大到小的全排序操作，输出设定为 3 个 Reducer。

【编程思路】

第 1 步：借助 Shuffle 的排序原理，编写自定义排序规则，规则按 key 降序排列。

第 2 步：借助 Shuffle 的分区原理，分段将大于 20 的数据分为一个区，将大于 10 小于等于 20 的数据分为一个区，其它的分在第 3 个区。

第 3 步：编写 Mapper 类，获取数据，并传递到上下文。

第 4 步：编写 Reducer 类，获取 Shuffle 处理过的数据，并传递给上下文。

第 5 步：编写可执行类，执行 Job 作业，将结果输出到不同的分区，并启用 Combiner，减轻 Mapper 与 Reducer 类之间网络传输的负载。

【实现代码】

（1）编写自定义排序类。

```
import org.apache.hadoop.io.IntWritable;
import org.apache.hadoop.io.WritableComparable;
import org.apache.hadoop.io.WritableComparator;

public class MySort extends WritableComparator{
    public MySort() {
        super(IntWritable.class,true);
    }
    public int compare(WritableComparable a,WritableComparable b) {
        IntWritable v1=(IntWritable)a;
        IntWritable v2=(IntWritable)b;
        return v2.compareTo(v1); //按降序排列

    }
}
```

（2）编写自定义分区类。

```
import org.apache.hadoop.io.IntWritable;
import org.apache.hadoop.mapreduce.Partitioner;

public class MyPartitioner extends Partitioner<IntWritable, IntWritable> {
    @Override
    public int getPartition(IntWritable key, IntWritable value, int numPartitions) {
        int keyInt = Integer.parseInt(key.toString());
        if (keyInt > 20) {
            return 0;
        } else if (keyInt > 10) {
            return 1;
        } else {
```

```
            return 2;
        }
    }
}
```

（3）编写 Mapper 类。

```
import java.io.IOException;

import org.apache.hadoop.io.IntWritable;
import org.apache.hadoop.io.LongWritable;
import org.apache.hadoop.io.Text;
import org.apache.hadoop.mapreduce.Mapper;

public class SortMapper extends
        Mapper<LongWritable, Text, IntWritable, IntWritable> {
    protected void map(LongWritable key, Text value, Context context)
            throws IOException, InterruptedException {
        IntWritable intValue = new IntWritable(Integer.parseInt(value
                .toString()));
        context.write(intValue, intValue);
    }
}
```

（4）编写 Reducer 类。

```
import java.io.IOException;

import org.apache.hadoop.io.IntWritable;
import org.apache.hadoop.io.NullWritable;
import org.apache.hadoop.mapreduce.Reducer;

public class SortReducer extends Reducer<IntWritable, IntWritable, IntWritable, NullWritable> {
    protected void reduce(IntWritable key, Iterable<IntWritable> values,
                         Context context) throws IOException, InterruptedException {
        for (IntWritable value : values)
            context.write(value, NullWritable.get());
    }
}
```

（5）编写 Job 作业执行主程序。

```
import org.apache.hadoop.conf.Configuration;
import org.apache.hadoop.fs.Path;
import org.apache.hadoop.io.IntWritable;
import org.apache.hadoop.io.NullWritable;
import org.apache.hadoop.mapreduce.Job;
import org.apache.hadoop.mapreduce.lib.input.FileInputFormat;
import org.apache.hadoop.mapreduce.lib.output.FileOutputFormat;

public class SortJob {
    public static void main(String[] args) throws Exception {
        args = new String[]{"outputdata/sortall"};
        Configuration conf = new Configuration();
```

```
        Job job = Job.getInstance(conf);
        job.setJarByClass(SortJob.class);
        job.setMapperClass(SortMapper.class);
        job.setReducerClass(SortReducer.class);
        job.setPartitionerClass(MyPartitioner.class);
        job.setSortComparatorClass(MySort.class);
        job.setMapOutputKeyClass(IntWritable.class);
        job.setMapOutputValueClass(IntWritable.class);
        job.setOutputKeyClass(IntWritable.class);
        job.setOutputValueClass(NullWritable.class);
        job.setNumReduceTasks(3);
        String inPath = "inputdata/root";
        String[] puts = new String[]{inPath + "/a", inPath + "/b", inPath + "/c",
                                     inPath + "/d", inPath + "/e"};
        Path[] inPaths = new Path[puts.length];
        for (int i = 0; i < puts.length; i++){
            inPaths[i] = new Path(puts[i]);
        }
        FileInputFormat.setInputPaths(job, inPaths);
        FileOutputFormat.setOutputPath(job, new Path(args[0]));
        job.waitForCompletion(true);
    }
}
```

【运行结果】

对应的 3 个分区，由于数据量小，共生成 3 个结果文件：part-r-00000、part-r-00001 和 part-r-00002，每个文件里面的数据按局部降序排列，而 3 个文件间的数据也都被正确连接，完成了大数据并行的全排序降序计算处理，如图 4-12 所示。

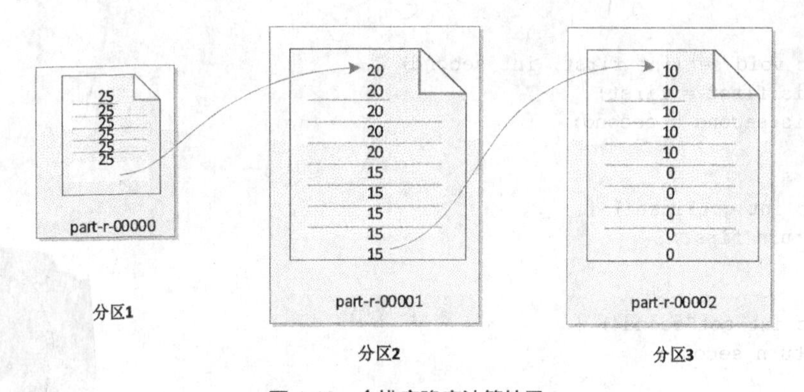

图 4-12　全排序降序计算结果

4.9.3　二次排序

二次排序的目的是将大数据中指定的两个字段分别以指定的顺序进行排列。相对于全排序，在保证指定的键按一定顺序进行并行排序外，还需要保证另一个指定的键按指定顺序进行并行排序，两种排序同时实现。这里面最艰难的事情就是不仅要保证输出的众多文件按二次全排序，还要保证单键的单排序。

【例 4-9】采用【例 4-8】中的数据，实现按商品 ID 降序排列，在同一商品 ID 下，实现按卖出价格降序排列。

【编程思路】

第 1 步：编写带比较的自定义 Writable 类，将要排序的两个关键字段进行 Writable 封装。

第 2 步：借助 Shuffle 的排序原理，以自定义的 Writable 类为键进行自定义编写二次排序的规则。

第 3 步：借助 Shuffle 的分区原理，商品卖出价格大于 1 500 的放在一个分区计算，其他放在第 2 个分区内。

第 4 步：编写 Mapper 类，获取数据，并传递给上下文。

第 5 步：编写 Reducer 类，获取 Shuffle 处理过的数据，并传递给上下文。

第 6 步：编写可执行类，执行 Job 作业，将结果输出到不同的分区。

【实现代码】

（1）编写带比较的自定义 Writable 类 MyWritable。

```
import java.io.*;
import org.apache.hadoop.io.*;

public class MyWritable implements WritableComparable<MyWritable> {

    private int first;
    private int second;

    public MyWritable() {
    }

    public MyWritable(int first, int second) {
        set(first, second);
    }

    public void set(int first, int second) {
        this.first = first;
        this.second = second;
    }

    public int getFirst() {
        return first;
    }

    public int getSecond() {
        return second;
    }

    public void write(DataOutput out) throws IOException {
        out.writeInt(first);
        out.writeInt(second);
    }

    public void readFields(DataInput in) throws IOException {
        first = in.readInt();
        second = in.readInt();
    }

    @Override
```

```
    public int hashCode() {
        return first * 163 + second;
    }
    @Override
    public boolean equals(Object o) {
        if (o instanceof MyWritable) {
            MyWritable ip = (MyWritable) o;
            return first == ip.first && second == ip.second;
        }
        return false;
    }

    @Override
    public String toString() {
        return first + "\t" + second;
    }

    public int compareTo(MyWritable ip) {
        int cmp = compare(first, ip.first);
        if (cmp != 0) {
            return cmp;
        }
        return compare(second, ip.second);
    }

    public static int compare(int a, int b) {
        return (a < b ? -1 : (a == b ? 0 : 1));
    }

}
```

（2）编写自定义二次排序的规则 MyComparator 类。

```
import org.apache.hadoop.io.WritableComparable;
import org.apache.hadoop.io.WritableComparator;

public class MyComparator extends WritableComparator {
    protected MyComparator() {
        super(MyWritable.class, true);
    }

    @Override
    public int compare(WritableComparable w1, WritableComparable w2) {
        MyWritable ip1 = (MyWritable) w1;
        MyWritable ip2 = (MyWritable) w2;
        int cmp = MyWritable.compare(ip2.getFirst(), ip1.getFirst());
        if (cmp != 0) {
            return cmp;
        }
        return -MyWritable.compare(ip1.getSecond(), ip2.getSecond());
    }
}
```

（3）编写自定义分区 MyPartitioner 类。

```
import org.apache.hadoop.io.NullWritable;
import org.apache.hadoop.mapreduce.Partitioner;

public class MyPartitioner extends Partitioner<MyWritable, NullWritable> {
  @Override
   public int getPartition(MyWritable key, NullWritable value, int numPartitions) {
      if (key.getFirst() > 1) {
         return 0;
      } else {
         return 1;
      }
   }
}
```

（4）编写 Mapper 类。

```
import org.apache.hadoop.io.LongWritable;
import org.apache.hadoop.io.NullWritable;
import org.apache.hadoop.io.Text;
import org.apache.hadoop.mapreduce.Mapper;

import java.io.IOException;

public class SecondarySortMapper extends
      Mapper<LongWritable, Text, MyWritable, NullWritable> {
   @Override
   protected void map(LongWritable key, Text value, Context context)
         throws IOException, InterruptedException {

      String[] strs = value.toString().split(" ");
      String year = strs[0];
      String Temperature = strs[1];
      if (year == null || Temperature == null) {
         return;
      }

      context.write(new MyWritable(Integer.parseInt(strs[0]), Integer
               .parseInt(strs[1])), NullWritable.get());
   }
}
```

（5）编写 Reducer 类。

```
import java.io.IOException;

import org.apache.hadoop.io.NullWritable;
import org.apache.hadoop.mapreduce.Reducer;

public class SecondarySortReducer extends
      Reducer<MyWritable, NullWritable, MyWritable, NullWritable> {

   @Override
```

```
    protected void reduce(MyWritable key, Iterable<NullWritable> values,
                Context context) throws IOException, InterruptedException {

        for (NullWritable val : values) {
            context.write(key, NullWritable.get());
        }
    }
}
```

（6）编写可执行类，执行 Job 作业。

```
import org.apache.hadoop.conf.Configuration;
import org.apache.hadoop.fs.Path;
import org.apache.hadoop.io.NullWritable;
import org.apache.hadoop.mapreduce.Job;
import org.apache.hadoop.mapreduce.lib.input.FileInputFormat;
import org.apache.hadoop.mapreduce.lib.output.FileOutputFormat;

public class SecondarySortJob {
    public static void main(String[] args) throws Exception {
        String input = "inputdata/maxmin";
        String output = "outputdata/secondary";
        args = new String[]{input, output};
        if (args.length != 2) {
            System.err.println("Usage: TopTenDriver <in> <out>");
        }
        Configuration conf = new Configuration();
        Job job = Job.getInstance(conf);
        job.setMapperClass(SecondarySortMapper.class);
        job.setPartitionerClass(MyPartitioner.class);
        job.setSortComparatorClass(MyComparator.class);
        job.setReducerClass(SecondarySortReducer.class);
        job.setOutputKeyClass(MyWritable.class);
        job.setOutputValueClass(NullWritable.class);
        job.setNumReduceTasks(2);
        FileInputFormat.addInputPath(job, new Path(args[0]));
        FileOutputFormat.setOutputPath(job, new Path(args[1]));
        job.waitForCompletion(true);
    }
}
```

【运行结果】

运行中，对应的 2 个分区中，由于数据量小，共生成 2 个结果文件：part-r-00000、part-r-00001，每个文件里面的数据按局部二次排序，而 2 个文件间的数据也都被正确连接，完成了大数据并行的二次排序降序计算处理，如图 4-13 所示。

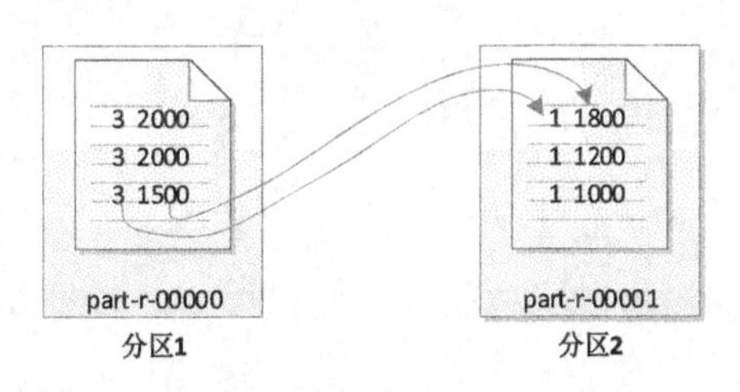

图 4-13　二次排序结果

4.10 本章小结

本章介绍了 MapReduce 运行原理和编程的基本思想，帮助初学者更好地理解 MapReduce 内部编程过程。通过经典的 WordCount 单词计数案例，运行 MapReduce 计算模型编程，详细解析了从数据输入→Mapper→Shuffle→Reducer→数据输出的内部运行过程。

尤其对作为 MapReduce 框架计算灵魂的 Shuffle 过程进行了详细的理论解释，考虑项目运行中复杂问题的解决方法多需要借助 Shuffle 的规则，所以增加 Shuffle 主要功能的自定义编写方法内容，例如分区、排序和分组的自定义编写和 Combiner 的应用。

在描述 MapReduce 基本知识之后，讲解了计数器、最大最小值、全排序和二次排序的应用开发的思路及开发过程。

4.11 习题

1. 试述 MapReduce 运行过程。
2. 模仿【例 4-1】的示例，编写程序实现 MapReduce 的单词计数功能。
3. 试着借助 Combiner 技术编写程序实现平均值的计算功能。
4. 试着编写应用不同 Mapper 类从不同文件格式读取数据的程序，并实现单词计数功能。
5. 试着编写一个多路径输出的示例。
6. 试着编写一个计数器。
7. 试着编写一个实现最大最小值功能的程序。
8. 试着编写一个实现全排序功能的程序。
9. 试着编写一个实现二次排序功能的程序。

05 第 5 章 大数据应用程序协调服务

应用 HDFS 和 MapReduce 框架可以完成大数据存储和计算的功能实现，但这种分布式框架中多个进程同时工作访问有限的资源是一种常态，所以如何解决分布式环境中多个进程之间的同步控制，使其有序访问某种临界资源，防止造成“脏数据”的后果，对大数据来讲是一件很重要的事情，需要一种程序的协调处理器来解决这样的难题。ZooKeeper 是分布式协调技术实现中应用较广泛的一种工具，Hadoop、HBase 等开源大数据框架都在应用它。本章将以 ZooKeeper 工具为例，进行大数据应用程序协调服务的初步理解，学习 ZooKeeper 的应用过程。

知识地图

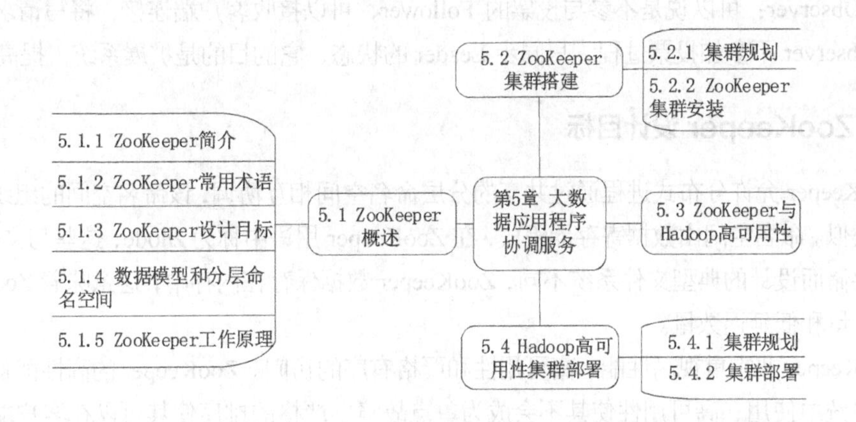

5.1 ZooKeeper 概述

5.1.1 ZooKeeper 简介

Apache ZooKeeper 致力于开发和维护开源服务器，实现高度可靠的分布式协调服务。ZooKeeper 是一种用于分布式应用程序的分布式开源协调服务，用于维护配置信息、命名、提供分布式同步和组服务。ZooKeeper 是 Google 的 Chubby 的开源的实现，是 Hadoop 和 HBase 的重要组件。

ZooKeeper 封装好复杂易出错的关键服务，将简单易用的接口和性能高效、功能稳定的系统提供给用户。ZooKeeper 公开了一组简单的原语集，分布式应用程序可以构建这些原语，以实现更高级别的服务。它被设计为易于编程，并使用在熟悉的文件系统目录树结构之后设计的数据模型。它支持在 Java 中运行，并且具有 Java 和 C 的绑定。

5.1.2 ZooKeeper 常用术语

1. znode

znode 用来描述 ZooKeeper 集群中的数据节点，它持有一个状态数据结构，此结构中包含数据更新的版本号、访问控制列表（Access Control List，ACL）更新的版本号、时间戳。znode 主要有短暂的（Ephemeral）和持久的（Persistent）两种性质类型。其中短暂性的 znode 客户端的会话结束，或者其他原因与服务器的连接断开时，会被自动删除；而持久性的 znode 不会被自动删除，除非客户端主动删除。

2. 角色

ZooKeeper 中的角色主要有领导者（Leader）、跟随者（Follower）和观察者（Observer）3 种，每种角色在 ZooKeeper 集群中都担任着不同的职务，每个节点的机器只能扮演 3 种角色中的一种，Observer 不参与选举，所有机器都提供读服务，Leader 还提供写服务。

- Leader：负责进行投票的发起和决议，更新系统状态。
- Follower：用于接收客户端请求并向客户端返回结果，在选举过程中参与投票。
- Observer：可以说是不参与投票的 Follower，可以接收客户端连接，将写请求转发给 Leader 节点。Observer 不参加投票过程，只同步 Leader 的状态，它的目的是扩展系统，提高读取速度。

5.1.3 ZooKeeper 设计目标

ZooKeeper 允许分布式进程通过共享的分层命名空间相互协调，该命名空间的组织方式与标准文件系统类似。命名空间由数据寄存器组成，在 ZooKeeper 用语中称为 znode，这些与文件和目录类似。与专为存储而设计的典型文件系统不同，ZooKeeper 数据保存在内存中，这意味着 ZooKeeper 可以实现高吞吐量和低延迟数量。

ZooKeeper 非常重视高性能、高可用性和严格有序的访问。ZooKeeper 的高性能使其可以在大型分布式系统中使用；高可用性使其不会成为单点故障；严格的排序使其可以在客户端实现复杂的同步原语。

ZooKeeper 可被复制。与它协调的分布式进程一样，ZooKeeper 本身也可以在称为集合的一组主机上进行复制。

如图 5-1 所示，组成 ZooKeeper 服务的服务器（Server）必须彼此了解。它们维护内存中的状态图像，以及持久性存储中的事务日志和快照。只要大多数服务器可用，ZooKeeper 服务就可用。

客户端（Client）连接到单个 ZooKeeper 服务器。客户端维护 TCP 连接，通过该连接发送请求，获取响应，获取监视事件以及发送心跳。如果与服务器的 TCP 连接中断，则客户端将连接到其他服务器。

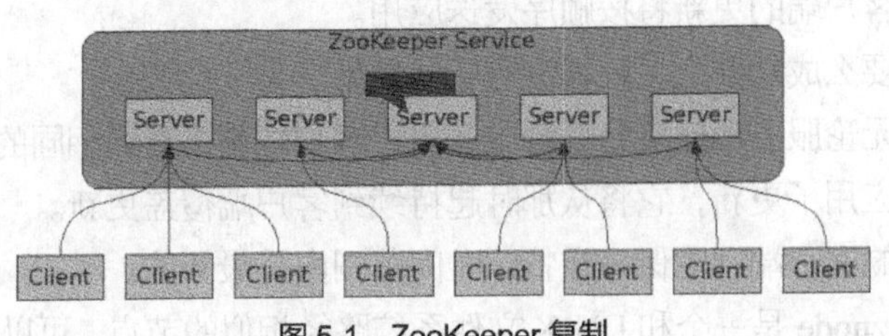

图 5-1　ZooKeeper 复制

ZooKeeper 是可预定的。ZooKeeper 使用反映所有 ZooKeeper 事务顺序的数字标记每个更新。后续操作可以使用该顺序来实现更高级别的抽象，例如同步原语。

ZooKeeper 运行速度很快。它在“读取主导”工作负载时速度特别快。ZooKeeper 应用程序在数千台计算机上运行，并且在读取比写入更常见的情况下表现更好，比值大约为 10：1。

5.1.4　数据模型和分层命名空间

ZooKeeper 提供的命名空间非常类似于标准文件系统。名称是由斜杠（/）分隔的路径元素序列，ZooKeeper 命名空间中的每个节点都由路径标识。如图 5-2 所示。

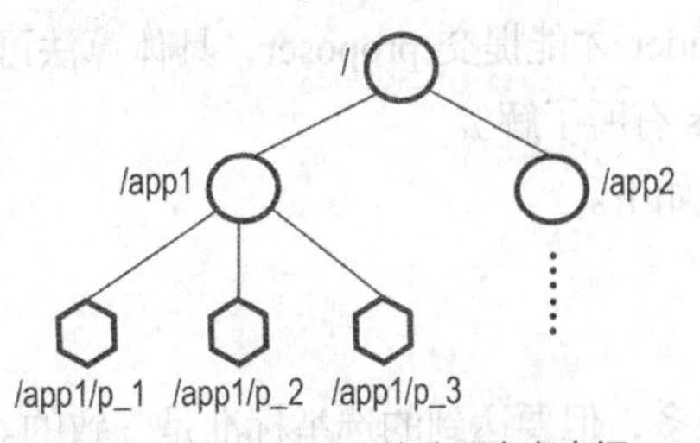

图 5-2　ZooKeeper 的分层命名空间

与标准文件系统不同，ZooKeeper 命名空间中的每个节点都可以包含与之关联的数据以及子项。这就像拥有一个允许是文件也是目录的文件系统。（ZooKeeper 旨在存储协调数据，如状态信息、配置、位置信息等，因此存储在每个节点的数据通常很小，通常在字节到千字节范围内。）

znode 维护一个状态数据结构，其中包括数据更改、ACL 更改和时间戳的版本号，以允许缓存验证和协调更新。每次 znode 的数据更改时，版本号都会增加。例如，每当客户端检索数据时，它也接收数据的版本。

存储在命名空间中的每个 znode 的数据以原子方式读取和写入，读取与 znode 关联的所有数据字节，写入替换所有数据。每个节点都有一个 ACL，限制谁可以做什么。

ZooKeeper 也有短暂节点的概念。只要创建 znode 的会话处于活动状态，就会存在这些 znode。会话结束时，znode 将被删除。

ZooKeeper 支持 watch 的概念。客户端可以在 znode 上设置 watch。当 znode 更改时，将触发并删除 watch。当触发 watch 时，客户端会收到一个数据包，指出 znode 已更改。如果客户端与其中一个 ZooKeeper 服务器之间的连接中断，则客户端将收到本地通知。这些可以用于[tbd]。

ZooKeeper 非常快速而且非常简单。但是，由于其目标是构建更复杂的服务（如同步）的基础，因此它提供了下面一系列保证。

- 顺序一致性：客户端的更新将按顺序发送应用。
- 原子性：更新要么成功要么失败，没有中间结果。
- 单系统映像：无论服务器连接到哪台服务器，客户端都将看到相同的服务器视图。
- 可靠性：一旦应用了更新，它将从那时起持续到客户端覆盖更新。
- 及时性：系统的客户端视图保证在特定时间范围内是最新的。

在 ZooKeeper 中，znode 是一个和 UNIX 文件系统路径相似的节点，可以往这个节点存储或获取数据。如果在创建 znode 时 Flag 设置为 EPHEMERAL，那么当创建 znode 的节点和 ZooKeeper 失去连接后，这个 znode 将不再存在于 ZooKeeper 中，ZooKeeper 使用 Watcher 察觉事件信息。当客户端接收到事件信息如连接超时、节点数据改变、子节点改变时，可以调用相应的行为来处理数据。ZooKeeper 的 Wiki 页面展示了如何使用 ZooKeeper 来处理事件通知、队列、优先队列、锁、共享锁、可撤销的共享锁、两阶段提交等。

5.1.5 ZooKeeper 工作原理

ZooKeeper 是以 Fast Paxos 算法为基础的，Paxos 算法存在活锁的问题，即当有多个 proposer 交错提交时，有可能互相排斥导致没有一个 proposer 能提交成功，而 Fast Paxos 进行了一些优化，通过选举产生一个 Leader，只有 Leader 才能提交 proposer，具体算法可见 Fast Paxos。因此，要想弄懂 ZooKeeper，首先得对 Fast Paxos 有所了解。

ZooKeeper 的基本运转流程如下。

- 选举 Leader。
- 同步数据。
- 选举 Leader 的算法有很多，但要达到的选举标准是一致的。
- Leader 要具有最高的执行 ID，类似 root 权限。
- 集群中大多数的机器得到响应并接受选出的 Leader。

1. ZooKeeper 工作选举流程

当 Leader 崩溃或者失去大多数的 Follower 信息时，ZooKeeper 会进入恢复模式，通常基于 Basic Paxos 或 Fast Paxos（系统默认的选举算法）进行计算，重新选举出一个新的 Leader，由此来让所有 Server 重新恢复到正确的运行状态。其中在 Basic Paxos 算法流程中，Leader 重新选举是以获得 $n/2+1$ 的 Server 票数作为投票参考，所以，要使 Leader 获得多数 Server 的支持，则 Server 总数必须是奇数 $2n+1$，且存活的 Server 的数目不得少于 $n+1$。所以建议在搭建 ZooKeeper 集群时，搭建奇数个 znode 节点。Fast Paxos 流程是：在选举过程中，某 Server 首先向所有 Server 提议自己要成为 Leader，当其他 Server 收到提议以后，解决 epoch 和 zxid 的冲突，并接受提议，然后向其发送接受提议完成的消息。重复这个流程，最后一定能选举出 Leader。

Leader 完成恢复数据，同时，它维持与学习者（Flower、Observer）的心跳，接收学习者的请求并判断学习者的请求消息类型。学习者的消息类型主要有 PING 消息（指学习者的心跳信息）、REQUEST 消息（指 Follower 发送的提议信息，包括写请求和同步请求）、ACK 消息（指 Follower 对提议的回复，超过半数的 Follower 通过，则提交该提议）和 REVALIDATE 消息（用来延长 SESSION 有效时间）。根据不同的消息类型，进行不同的处理。

2. Follower 工作流程

Follower 向 Leader 发送请求（PING 消息、REQUEST 消息、ACK 消息、REVALIDATE 消息），接收来自 Leader 的消息并进行处理。如果接收来自客户端的请求，例如写请求，则发送给 Leader 进行投票，将结果返回客户端。

3. Observer 工作流程

Observer 的流程与 Follower 极其相似，唯一不同的地方就是 Observer 不会参加 Leader 发起的投票。

5.2 ZooKeeper 集群搭建

5.2.1 集群规划

搭建 ZooKeeper 集群前需要确定节点的数量，即需要几台服务器。官网给出 ZooKeeper 自我验证的最小数量为 3（存储消息认证代码和每个条目），并且通用（每个条目不存储消息认证代码）为 4。在仲裁过程中，Leader 选举算法采用了 Paxos 协议。Paxos 核心思想：当多数 Server 写成功时，任务数据写成功。即如果有 3 个 Server，则两个写成功即可；如果有 4 或 5 个 Server，则 3 个写成功即可。所以 Server 数目一般为奇数个。即如果有 3 个 Server，则最多允许 1 个 Server 挂掉；如果有 4 个 Server，则同样最多允许 1 个 Server 挂掉。所以 Server 数目选择偶数个并不必要。基于这样的特点，本实验已经准备 3 台时区一致的机器，机器名分别为：master、slave1 和 slave2。

在 ZooKeeper 安装前，如果 ZooKeeper 需要与集群平台上的其他工具一起整合使用，一定要注意它们之间的版本对应关系，例如与 Hadoop 版本的对应关系，前文实验采用 Hadoop 2.7.4 工具，这里选择与之整合较好的 ZooKeeper 3.4.6。具体 ZooKeeper 平台实验环境准备如下。

- 3 台时区一致、装有 CentOS 7.4 操作系统的机器：master、slave1 和 slave2。
- Apache 官网获取的 ZooKeeper 3.4.6 安装包 ZooKeeper-3.4.6.tar.gz。
- Oracle 官网下载并安装支持 ZooKeeper 主要原生语言 Java 的工具 JDK1.8.0_144。

5.2.2 ZooKeeper 集群安装

ZooKeeper 集群安装主要需要完成 4 项工作。

- ZooKeeper 安装包的配置。
- 将配置好的 ZooKeeper 进行集群的分发，并配置每个节点上的 myid。
- ZooKeeper 环境变量的配置（建议做，但并不必要）。
- ZooKeeper 服务启动与停止。

下面针对这 4 项工作具体的实现过程进行详细的描述，示例配置过程仅供参考与学习。

1. ZooKeeper 安装包的配置

第 1 步：将下载的 ZooKeeper 压缩文件解压缩至指定目录，这里选定/opt 目录。

```
[root@master ~]# tar -zxvf experiment/file/zookeeper-3.4.6.tar.gz -C /opt
```

第 2 步：为了便于维护，将解压后的文件夹名 zookeeper-3.4.6 更改为 zookeeper。

```
[root@master ~]# mv /opt/zookeeper-3.4.6 /opt/zookeeper
```

第 3 步：复制 ZooKeeper 配置文件 zoo_sample.cfg，生成 zoo.cfg 文件，用于 ZooKeeper 环境配置。

```
[root@master ~]# scp /opt/zookeeper/conf/zoo_sample.cfg /opt/zookeeper/conf/zoo.cfg
```

第 4 步：配置 zoo.cfg，参考配置选项。

```
dataDir=/root/zookeeper/zkdata                #设置 ZooKeeper 数据存储路径
#事物日志的存储路径，如果不配置，那么事物日志会默认存储到 dataDir 制定的目录
#这样会严重影响 ZooKeeper 的性能，当 ZooKeeper 吞吐量较大的时候，会产生很多事物日志、快照日志
dataLogDir=/root/zookeeper/zkdatalog
server.1=slave1:2888:3888                     #指定 ZooKeeper 服务器
server.2=slave2:2888:3888                     #指定 ZooKeeper 服务器
server.3=master:2888:3888                     #指定 ZooKeeper 服务器
```

第 5 步：创建 zoo.cfg 文件中设置的数据文件夹 zkdata 和日志文件夹 zkdatalog。

```
[root@master ~]# mkdir -p /root/zookeeper/zkdata
[root@master ~]# mkdir -p /root/zookeeper/zkdatalog
```

第 6 步：赋予数据文件夹 zkdata 和日志文件夹 zkdatalog 可读写权限。

```
[root@master ~]# chmod 700 /root/zookeeper/zkdata
[root@master ~]# chmod 700 /root/zookeeper/zkdatalog
```

第 7 步：查看文件夹 zkdata 和 zkdatalog 可读写权限。

```
[root@master ~]# ll zookeeper
```

```
[root@master ~]# ll zookeeper
total 8
drwx------ 3 root root 4096 3月  25 06:31
drwx------ 3 root root 4096 3月  22 01:55
[root@master ~]#
```

2. 将配置好的 ZooKeeper 进行集群的分发，并配置每个节点上的 myid。

第 1 步：复制“/root/zookeeper”目录下的 zkdata 和 zkdatalog 文件夹到 slave1、slave2 对应位置。

```
[root@master ~]# scp -r /root/zookeeper slave1: /root/zookeeper
[root@master ~]# scp -r /root/zookeeper slave2: /root/zookeeper
```

第 2 步：复制配置好的 zookeeper 文件夹到 slave1、slave2“/opt”目录下。

```
[root@master ~]# scp -r /opt/zookeeper slave1:/opt
[root@master ~]# scp -r /opt/zookeeper slave2:/opt
```

第 3 步：配置 ZooKeeper 集群中每个节点上的 myid，注意这里的 myid 文件对应的值与 zoo.cfg 文件中的配置要一一对应，针对本示例，slave1 对应值 1，slave2 对应值 2，master 对应值 3，分别对应机器名指定 ZooKeeper 服务器点号“.”后的值。

```
[root@master ~]# echo "3" > /root/zookeeper/zkdata/myid
[root@slave2 ~]# echo "2" > /root/zookeeper/zkdata/myid
[root@slave1 ~]# echo "1" > /root/zookeeper/zkdata/myid
```

3. ZooKeeper 环境变量的配置

需要在 ZooKeeper 集群中的每个节点上配置 ZooKeeper 环境变量，本例以 master 为例演示 ZooKeeper 环境变量的配置过程，slave1 和 slave2 配置与 master 类同。

第 1 步：为了维护和管理的方便，配置 ZooKeeper 环境变量，本例配置在.bashrc 文件中。具体配置参考内容如下。

```
# zookeeper Environment
export ZOOKEEPER_HOME=/opt/zookeeper
PATH=$PATH:$ZOOKEEPER_HOME/bin
```

第 2 步：使在.bashrc 文件中配置的 ZooKeeper 环境变量生效。

```
[root@master ~]# source ~/.bashrc
```

第 3 步：通过 echo 命令验证 ZooKeeper 环境变量生效。

```
[root@master ~]# echo $ZOOKEEPER_HOME
```

4. ZooKeeper 服务启动与停止

第 1 步：在 ZooKeeper 集群中的每个节点上启动 ZooDeeper 服务。本例以 master 为例进行演示，slave1 和 slave2 配置与 master 类同。

```
[root@master ~]# zkServer.sh start
```

第 2 步：通过 zkServer.sh status 命令查看 ZooKeeper 集群中的每个节点上的服务状态，会看到集群中存在一个 Leader 和两个 Follower。这里需要注意的是，每次集群启动时 Leader 并不固定在哪台机器上，这是由选举决定的。

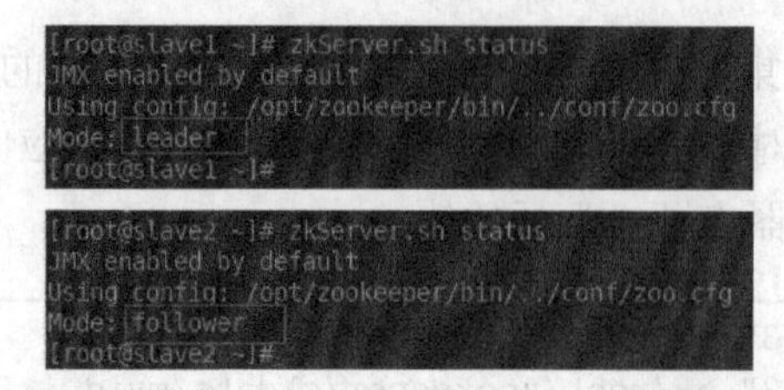

第 3 步：通过 jps 命令查看每台机器上 ZooKeeper 服务启动的守护进程。

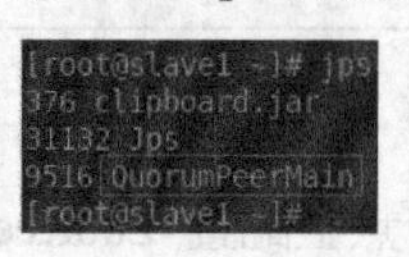

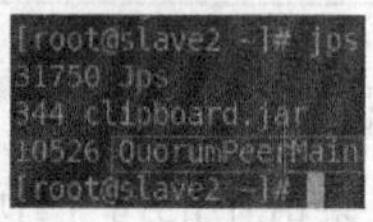

第 4 步：在 ZooKeeper 集群中的每个节点上停止 ZooKeeper 服务。本例以 master 为例进行演示，slave1 和 slave2 配置与 master 类同。

```
[root@master ~]# zkServer.sh stop
```

```
[root@master ~]# zkServer.sh stop
JMX enabled by default
Using config: /opt/zookeeper/bin/../conf/zoo.cfg
Stopping zookeeper ... STOPPED
[root@master ~]#
```

5.3 ZooKeeper 与 Hadoop 高可用性

Hadoop 是典型的 master/slave 结构，它是负责大数据存储的分布式系统。在 Hadoop 1.x 与 Hadoop 2.x 的变革中，YARN 的引入使 Hadoop 框架发生了较大的改变，尤其 HDFS 框架可以得到更多大数据开源框架（例如 Spark、Storm）的应用。YARN 引入后，HDFS 的 NameNode 可以以集群的方式部署，增强了 NameNode 的水平扩展能力和高可用性，主要表现在 HDFS Federation 与高可用的服务（HA 服务）上。

HDFS Federation 在现有 HDFS 基础上添加了对多个 NameNode/NameSpace 的支持，可以同时部署多个 NameNode，这些 NameNode 之间相互独立，不需要相互协调。DataNode 同时在所有 NameNode 中注册，作为它们的公共存储节点，并定时向所有的这些 NameNode 发送心跳块使用情况的报告，处理所有 NameNode 向其发送的指令。HDFS Federation 通过多个 NameNode/NameSpace 把元数据的存储和管理分散到多个节点中，使得 NameNode/NameSpace 可以通过增加机器节点来进行水平扩展，所有 NameNode 共享所有 DataNode 存储资源，一定程度上解决了有限的节点资源问题，如内存受限的问题。

HA 服务可通过主备 NameNode 解决单点故障的问题。主备 NameNode 处在不同的状态：一个处于活跃（Active）状态，另一个处于待机（Standby）状态。负责响应客户请求的只有 Active 状态的 NameNode。这两个状态的 NameNode 可以很方便地切换，当一个 NameNode 所在的服务器宕机时，可以在数据基本不丢失的情况下手动或者自动切换到另一个 NameNode 以提供服务。这是因为它们管理的元数据基本上是同步的，因为两个共享的元数据一个存储在本地的 fsimage 中，最新的操作存储在共享的 edits 中，由 qjournal（journal 进程）日志管理系统来管理这些 edits 日志，qjournal 是基于 ZooKeeper 实现的集群。除此以外，还有 failover controller 的失败切换机制，这是用来管理两个

NameNode 的状态切换，其中一个是 fencing 机制，是为了防止出现“脑裂”，即防止两个 NameNode 同时处于 Active 状态。HDFS HA 的结构如图 5-3 所示。

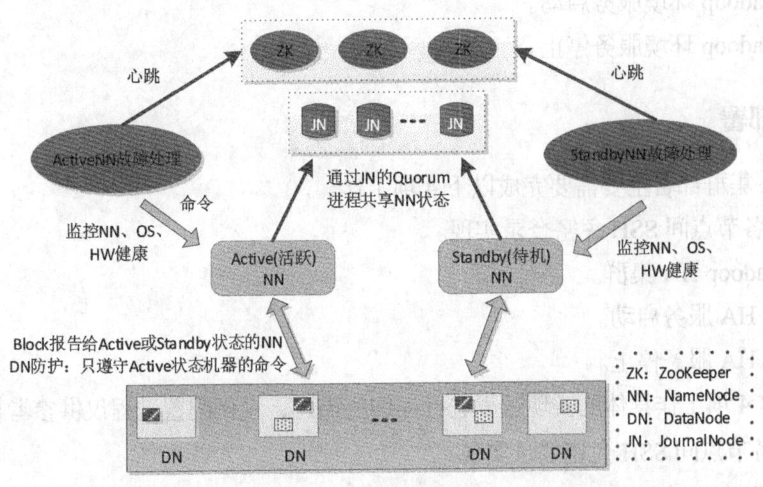

图 5-3　HDFS HA 结构

图 5-3 中，NameNode 之间通过网络文件系统（Network File System，NFS）或者 Quorum Journal Node（JN）共享数据，其中 NFS 是通过 Linux 共享的文件系统，属于操作系统层面的配置，JN 是 Hadoop 自身的机制，属于软件层面的配置。DataNode 同时向两个 NameNode 汇报块信息，是 Standby NameNode 保持集群最新状态的必需步骤。同时，使用 ZooKeeper（ZK）进行心跳监控，心跳不正常时，活跃的 NameNode 判断失效并会自动切换待机 NameNode 为 Active 状态。这样就完成了两个 NameNode 之间发生故障时的热切换操作。

5.4　Hadoop 高可用性集群部署

本节主要针对 Hadoop HA 平台的部署进行举例分析，仅供学习参考。

5.4.1　集群规划

为了说明问题，本例集群环境准备 5 个节点服务器，进行 Hadoop HA 简单配置。

准备的实验环境及需要完成的搭建步骤参考如下。

第 1 步：准备 5 台已经安装 CentOS 7、Java 8 以及时区一致的机器。其中每台机器上 JDK 安装参见 2.7.4 小节。

5 台机器名分别为：master、master 0、slave1、slave2 和 slave3。

- NameNode 的主备节点：master 主节点、master0 备用节点。
- DataNode 节点服务：slave1、slave2 和 slave3。
- ZooKeeper 服务节点: master、master 0、slave1、slave2 和 slave3。
- Journal 服务节点：slave1、slave2 和 slave3。

第 2 步：配置 SSH 集群通信，保证 3 台机器间免密网络通信。

第 3 步：配置 Hadoop 环境参数。

第 4 步：分布配置至集群，部署 Hadoop 实验环境。

第 5 步：Hadoop 环境服务启动。

第 6 步：Hadoop 环境服务停止。

5.4.2 集群部署

Hadoop HA 集群部署主要需要完成以下 4 项工作。

- 集群中各节点间 SSH 免密登录实现。
- 配置 Hadoop HA 集群。
- Hadoop HA 服务启动。
- Hadoop HA 服务停止。

下面针对这 4 项工作具体的实现过程进行详细的描述，示例配置过程仅供参考与学习。

1. 集群中各节点间 SSH 免密登录实现

参照 2.7.4 小节进行 master 节点的 SSH 本地配置，然后将 SSH 规则分发至集群中其他节点。

第 1 步：直接命令操作 ssh-copy-id，将 2.7.4 小节配置好的公钥复制到远程主机 slave1 和 slave2。复制方法一致，所以这里只以向 slave1 复制为例进行展示。

```
[root@master ~]# ssh-copy-id slave1
/usr/bin/ssh-copy-id: INFO: Source of key(s) to be installed: "/root/.ssh/id_rsa.pub"
The authenticity of host 'slave1 (192.168.159.200)' can't be established.
ECDSA key fingerprint is SHA256:lpGcZUejtUmiQHDwRrbt6vkkcDyKysNbpnnLiAhp8sI.
ECDSA key fingerprint is MD5:6d:a6:e1:a4:34:5b:a9:fc:b5:cd:57:de:2c:c6:12:6b.
Are you sure you want to continue connecting (yes/no)? yes
/usr/bin/ssh-copy-id: INFO: attempting to log in with the new key(s), to filter out any that are already installed
/usr/bin/ssh-copy-id: INFO: 1 key(s) remain to be installed -- if you are prompted now it is to install the new keys
root@slave1's password:#此处输入 slave1 的 root 用户的登录密码

Number of key(s) added: 1

Now try logging into the machine, with:   "ssh 'slave1'"
and check to make sure that only the key(s) you wanted were added.
```

第 2 步：通过 ssh slave1 命令进行免密登录测试，其中 slave1 为要访问的机器名。没有输入密码的提示，而是直接进入 slave1 的命令界面，即为成功。

```
[root@master ~]# ssh slave1
Last login: Mon Mar 11 09:14:15 2019 from master
[root@slave1 ~]#
```

第 3 步：通过 exit 命令，退回至上一级命令界面。

```
[root@slave1 ~]# exit
```

第 4 步：登出。

```
Connection to slave1 closed.
[root@master ~]#
```

2. 配置 Hadoop HA 集群

Hadoop 配置文件位于 {$HADOOP_HOME}/etc/hadoop/文件夹下，本例共配置 6 个文件，分别是 hadoop-env.sh、core-site.xml、hdfs-site.xml、mapred-site.xml、yarn-site.xml 和 slaves。

（1）hadoop-env.sh 文件配置。

第 1 步：查找 Java 安装位置，注意集群中所有机器节点 Java 都安装在同一位置。

```
[root@master ~]# echo $JAVA_HOME
```

第 2 步：配置 hadoop-env.sh。

```
export JAVA_HOME /usr/lib/java-1.8/bin/java
export HADOOP_CLASSPATH=.:$CLASSPATH:
$HADOOP_CLASSPATH:$HADOOP_HOME/bin
export HADOOP_LOG_DIR={$HADOOP_HOME}/log
```

（2）core-site.xml 文件配置。

```
<configuration>
<property>
   <name>fs.defaultFS</name>
   <value>hdfs://cluster1</value>
</property>
<property>
   <name>io.file.buffer.size</name>
   <value>131072</value>
</property>
<property>
   <name>hadoop.tmp.dir</name>
   <value>/root/yarn_data/tmp</value>
   <description>Abase for other temporary directories.</description>
</property>
<property>
   <name>hadoop.proxyuser.hduser.hosts</name>
   <value>*</value>
</property>
<property>
   <name>hadoop.proxyuser.hduser.groups</name>
   <value>*</value>
</property>
<property>
   <name>ha.zookeeper.quorum</name>
```

```
    <value>master:2181,master0:2181,slave1:2181,slave2:2181,slave3:2181</value>
</property>
</configuration>
```

（3）hdfs-site.xml 文件配置。

```
<configuration>
<property>
    <name>dfs.namenode.name.dir</name>
    <value>/root/dfs/name</value>
</property>
<property>
    <name>dfs.datanode.data.dir</name>
    <value>/root/dfs/data</value>
</property>
<property>
    <name>dfs.replication</name>
    <value>2</value>
</property>
<property>
    <name>dfs.permissions</name>
    <value>false</value>
</property>
<property>
    <name>dfs.permissions.enabled</name>
    <value>false</value>
</property>
<property>
     <name>dfs.webhdfs.enabled</name>
     <value>true</value>
</property>
<property>
    <name>dfs.datanode.max.xcievers</name>
    <value>4096</value>
</property>
<property>
    <name>dfs.nameservices</name>
    <value>cluster1</value>
</property>
<property>
    <name>dfs.ha.namenodes.cluster1</name>
    <value>hadoop1,hadoop2</value>
</property>
<property>
    <name>dfs.namenode.rpc-address.cluster1.hadoop1</name>
    <value>master:9000</value>
</property>
<property>
    <name>dfs.namenode.rpc-address.cluster1.hadoop2</name>
    <value>master0:9000</value>
</property>
<property>
    <name>dfs.namenode.http-address.cluster1.hadoop1</name>
    <value>master:50070</value>
</property>
```

```
<property>
  <name>dfs.namenode.http-address.cluster1.hadoop2</name>
  <value>master0:50070</value>
</property>
<property>
  <name>dfs.namenode.servicerpc-address.cluster1.hadoop1</name>
  <value>master:53310</value>
</property>
<property>
  <name>dfs.namenode.servicerpc-address.cluster1.hadoop2</name>
  <value>master0:53310</value>
</property>
<property>
  <name>dfs.namenode.shared.edits.dir</name>
  <value>qjournal://slave1:8485;slave2:8485;slave3:8485/cluster1</value>
</property>
<property>
  <name>dfs.journalnode.edits.dir</name>
  <value>/root/yarn_data/journal</value>
</property>
<property>
  <name>dfs.journalnode.http-address</name>
  <value>0.0.0.0:8480</value>
</property>
<property>
  <name>dfs.journalnode.rpc-address</name>
  <value>0.0.0.0:8485</value>
</property>
<property>
 <name>dfs.client.failover.proxy.provider.cluster1</name>
<value>org.apache.hadoop.hdfs.server.namenode.ha.ConfiguredFailoverProxyProvider
</value>
</property>
<property>
  <name>dfs.ha.automatic-failover.enabled.cluster1</name>
  <value>true</value>
</property>
<property>
  <name>ha.zookeeper.quorum</name>
  <value>slave1:2181,slave2:2181,slave3:2181</value>
</property>
<property>
  <name>dfs.ha.fencing.methods</name>
  <value>sshfence</value>
</property>
<property>
  <name>dfs.ha.fencing.ssh.private-key-files</name>
  <value>/root/.ssh/id_rsa</value>
</property>
<property>
  <name>dfs.ha.fencing.ssh.connect-timeout</name>
  <value>10000</value>
</property>
<property>
  <name>dfs.namenode.handler.count</name>
```

```
    <value>100</value>
</property>
</configuration>
```

（4）yarn-site.xml 文件配置。

```
<configuration>
<!-- Site specific YARN configuration properties -->
<property>
    <name>yarn.resourcemanager.connect.retry-interval.ms</name>
    <value>2000</value>
</property>
<property>
    <name>yarn.resourcemanager.ha.enabled</name>
    <value>true</value>
</property>
<property>
  <name>yarn.resourcemanager.ha.rm-ids</name>
  <value>rm1,rm2</value>
</property>
<property>
  <name>ha.zookeeper.quorum</name>
  <value>slave1:2181,slave2:2181,slave3:2181</value>
</property>
<property>
   <name>yarn.resourcemanager.ha.automatic-failover.enabled</name>
   <value>true</value>
</property>
<property>
  <name>yarn.resourcemanager.hostname.rm1</name>
  <value>master</value>
</property>
<property>
   <name>yarn.resourcemanager.hostname.rm2</name>
   <value>master0</value>
</property>
<property>
  <name>yarn.resourcemanager.ha.id</name>
  <value>rm1</value><!-主 Namenode 此处为 rm1,从 Namenode 此处值为 rm2-->
</property>
<property>
  <name>yarn.resourcemanager.recovery.enabled</name>
  <value>true</value>
</property>
<property>
  <name>yarn.resourcemanager.zk-state-store.address</name>
  <value>slave1:2181,slave2:2181,slave3:2181</value>
</property>
<property>
  <name>yarn.resourcemanager.store.class</name>
  <value>org.apache.hadoop.yarn.server.resourcemanager.recovery.ZKRMStateStore</value>
</property>
<property>
  <name>yarn.resourcemanager.zk-address</name>
  <value>slave1:2181,slave2:2181,slave3:2181</value>
```

```
</property>
<property>
  <name>yarn.resourcemanager.cluster-id</name>
  <value>gagcluster-yarn</value>
</property>
<property>
  <name>yarn.app.mapreduce.am.scheduler.connection.wait.interval-ms</name>
  <value>5000</value>
</property>
<property>
  <name>yarn.resourcemanager.address.rm1</name>
  <value>master:8132</value>
</property>
<property>
  <name>yarn.resourcemanager.scheduler.address.rm1</name>
  <value>master:8130</value>
</property>
<property>
  <name>yarn.resourcemanager.webapp.address.rm1</name>
  <value>master:8188</value>
</property>
<property>
   <name>yarn.resourcemanager.resource-tracker.address.rm1</name>
   <value>master:8131</value>
</property>jan
<property>
  <name>yarn.resourcemanager.admin.address.rm1</name>
  <value>master:8033</value>
</property>
<property>
  <name>yarn.resourcemanager.ha.admin.address.rm1</name>
  <value>master:23142</value>
</property>
<property>
  <name>yarn.resourcemanager.address.rm2</name>
  <value>master0:8132</value>
</property>
<property>
  <name>yarn.resourcemanager.scheduler.address.rm2</name>
  <value>master0:8130</value>
</property>
<property>
  <name>yarn.resourcemanager.webapp.address.rm2</name>
  <value>master0:8188</value>
</property>
<property>
  <name>yarn.resourcemanager.resource-tracker.address.rm2</name>
  <value>master0:8131</value>
</property>
<property>
  <name>yarn.resourcemanager.admin.address.rm2</name>
  <value>master0:8033</value>
</property>
<property>
  <name>yarn.resourcemanager.ha.admin.address.rm2</name>
  <value>master0:23142</value>
```

```
</property>
<property>
  <name>yarn.nodemanager.aux-services</name>
  <value>mapreduce_shuffle</value>
</property>
<property>
  <name>yarn.nodemanager.aux-services.mapreduce.shuffle.class</name>
  <value>org.apache.hadoop.mapred.ShuffleHandler</value>
</property>
<property>
  <name>yarn.nodemanager.local-dirs</name>
  <value>/root/yarn_data/local</value>
</property>
<property>
  <name>yarn.nodemanager.log-dirs</name>
  <value>/root/yarn_data/log/hadoop</value>
</property>
<property>
  <name>mapreduce.shuffle.port</name>
  <value>23080</value>
</property>
<property>
  <name>yarn.client.failover-proxy-provider</name>
  <value>org.apache.hadoop.yarn.client.ConfiguredRMFailoverProxyProvider</value>
</property>
<property>
   <name>yarn.resourcemanager.ha.automatic-failover.zk-base-path</name>
   <value>/yarn-leader-election</value>
</property>
</configuration>
```

（5）mapred-site.xml 文件配置。

```
<configuration>
<property>
      <name>mapreduce.framework.name</name>
      <value>yarn</value>
   </property>
   <property>
           <name>mapreduce.jobhistory.address</name>
           <value>0.0.0.0:10020</value>
   </property>
   <property>
           <name>mapreduce.jobhistory.webapp.address</name>
           <value>0.0.0.0:19888</value>
    </property>
</configuration>
```

（6）slaves 文件配置。

```
slave1
slave2
slave3
```

3. Hadoop HA 服务启动

Hadoop HA 集群配置完成后，即可启动 Hadoop HA 服务。Hadoop HA 服务启动可分为初始启动与非初始启动。

（1）初始启动 Hadoop HA 环境。

第 1 步：在集群中所有配置 ZooKeeper 服务的节点上启动 ZooKeeper，启动命令如下。

```
[root@master ~]# zkServer.sh start
[root@master0 ~]# zkServer.sh start
[root@slave1 ~]# zkServer.sh start
[root@slave2 ~]# zkServer.sh start
[root@slave3 ~]# zkServer.sh start
```

第 2 步：在 master 和 slave1 的主备节点间选择一个节点创建命名空间，本例选择 master。

```
[root@master ~]# hdfs zkfc -formatZK
```

第 3 步：在集群中所有配置 journal 服务的节点上启动日志程序。

```
[root@slave1 ~]#./sbin/hadoop-daemon.sh start journalnode
[root@slave2 ~]#./sbin/hadoop-daemon.sh start journalnode
[root@slave3 ~]#./sbin/hadoop-daemon.sh start journalnode
```

第 4 步：在主 NameNode 节点格式化 namenode 和 journalnode 目录。

```
[root@master ~]#.hadoop namenode -format cluster1
```

第 5 步：在主 NameNode 节点，启动 NameNode 进程。

```
[root@master ~]#./sbin/hadoop-daemon.sh start namenode
```

第 6 步：在从 NameNode 节点依顺序启动如下命令。其中第 1 行命令是把从 namenode 目录格式化并把元数据从主 NameNode 节点复制到从 NameNode 节点来，并且这个命令不会把 journalnode 目录再格式化了。

```
[root@master0 ~]# hdfs namenode -bootstrapStandby
[root@master0 ~]# ./sbin/hadoop-daemon.sh start namenode
```

第 7 步：两个 NameNode 节点都执行以下命令。

```
[root@master ~]# ./sbin/hadoop-daemon.sh start zkfc
[root@master0 ~]# ./sbin/hadoop-daemon.sh start zkfc
```

第 8 步：所有 DataNode 节点都执行下面命令，启动 Datanode 服务。

```
[root@slave1 ~]#./sbin/hadoop-daemon.sh start datanode
[root@slave2 ~]#./sbin/hadoop-daemon.sh start datanode
[root@slave3 ~]#./sbin/hadoop-daemon.sh start datanode
```

（2）非初始启动 Hadoop HA 环境。

第1步：在集群中所有配置 ZooKeeper 服务的节点上启动 ZooKeeper，启动命令如下。

```
[root@master ~]# zkServer.sh start
[root@master0 ~]# zkServer.sh start
[root@slave1 ~]# zkServer.sh start
[root@slave2 ~]# zkServer.sh start
[root@slave3 ~]# zkServer.sh start
```

第2步：两个 NameNode 节点都执行以下命令。

```
[root@master ~]# ./sbin/hadoop-daemon.sh start zkfc
[root@master0 ~]# ./sbin/hadoop-daemon.sh start zkfc
```

第3步：在主 NameNode 节点上启动所有服务。

```
[root@master ~]#./sbin/start-all.sh
```

第4步：在从 NameNode 节点上启动资源管理服务。

```
[root@master0 ~]#./sbin/ yarn-daemon.sh start resourcemanager
```

（3）查看 Hadoop HA 环境各节点守护进程。

第1步：通过 jps 命令查看主 NameNode 节点 master 守护进程。

```
[root@master ~]#jps
1133 DFSZKFailoverController
1520 ResourceManager
1920 Jps
1287 NameNode
1076 QuorumPeerMain
```

第2步：通过 jps 命令查看从 NameNode 节点 slave1 守护进程。

```
[root@master0 ~]# jps
2036 Jps
1834 DFSZKFailoverController
1898 ResourceManager
1199 NameNode
7886 QuorumPeerMain
```

第3步：通过 jps 命令查看数据节点 DataNode slave1、slave2 和 slave3 守护进程，各数据节点守护进程一致，这里只以 slave1 进程为例进行进程展示。

```
[root@slave1 ~]# jps
1890 Jps
1687 DataNode
1751 NodeManager
1427 QuorumPeerMain
1561 JournalNode
```

（4）通过 Web UI 查看 Hadoop HA 环境主备节点。

Hadoop HA 启动环境后，在浏览器地址栏中输入配置文件中设置的 IP，会看到主 NameNode 机器节点处于 Active 状态，从 NameNode 机器节点处于 Standby 状态。如图 5-4、图 5-5 所示。

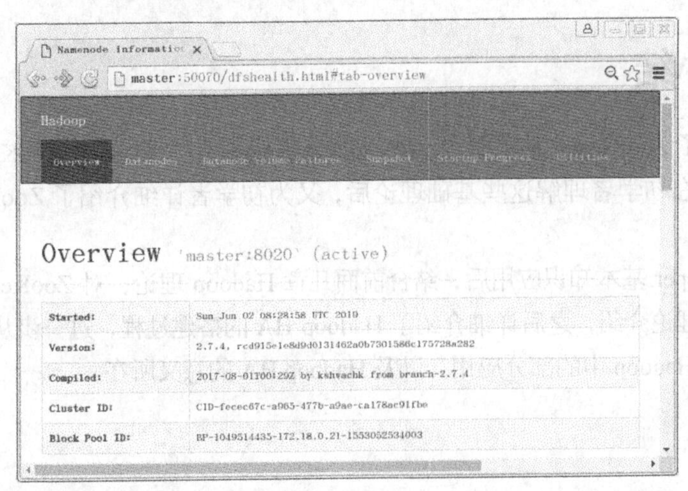

图 5-4　主节点

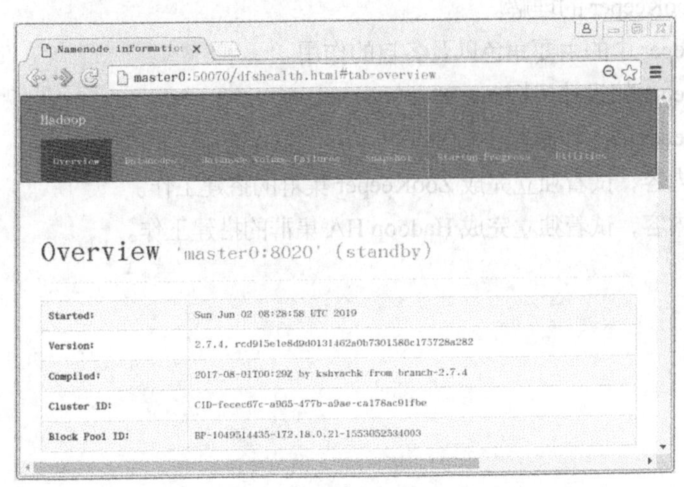

图 5-5　从节点

你可以试着“杀掉”主 NameNode 机器节点的 NameNode 进程，或者把主 NameNode 机器节点关机，这时你会看到从 NameNode 机器节点由 Standby 状态改为 Active 状态。

4. Hadoop HA 服务停止

可在主 NameNode 节点上执行如下命令，停止 HDFS 服务。

```
./sbin/stop-dfs.sh
```

可在两个 NameNode 机器节点上执行如下命令，停止服务。

```
./sbin/hadoop-daemon.sh stop zkfc
```

可在所有启动 ZooKeeper 服务的机器上执行如下命令，停止 ZooKeeper 服务。

```
zkServer.sh stop
```

5.5 本章小结

本章简要介绍了 ZooKeeper 基本概念，包括对 ZooKeeper 中主要术语、ZooKeeper 设计目标以及工作原理的介绍。在初学者理解这些基础理论后，又为初学者详细介绍了 ZooKeeper 集群的搭建过程。

理解了 ZooKeeper 基本知识应用后，结合前面几章 Hadoop 理论，对 ZooKeeper 在 Hadoop HA 中的应用做了简单理论介绍，之后详细介绍了 Hadoop HA 的搭建过程，进一步从实践角度帮助读者理解 ZooKeeper 在 Hadoop 中的部分应用，以及 Hadoop HA 的意义所在。

5.6 习题

1. 试述你对 ZooKeeper 的理解。
2. 试述 ZooKeeper 中的主要角色以及各自的作用。
3. 试述 ZooKeeper 的设计目标。
4. 试述 ZooKeeper 的工作原理。
5. 参考 5.2 节内容，试着独立完成 ZooKeeper 集群的搭建工作。
6. 参考 5.4 节内容，试着独立完成 Hadoop HA 集群的搭建工作。

第6章 大数据存储应用技术

传统数据库应用经典ACID的数据库设计模式，快速、便捷地完成了数据的管理与操作，比直接对系统文件内容的操作方便很多，直到今天，这种设计模式也在被广泛应用。然而信息发展带来的数据激增引发的大数据存储理论研究成为时下的热点，HDFS虽然解决了大数据的存取问题，但只限于大块数据的存储，对于小条目的存储仍然存在弊端。针对这样的问题，产生了面向大数据的新型的数据库模型，例如HBase，它被划分到NoSQL的列族数据库分类中，接近于传统关系数据库的数据模型，但不支持完整的关系数据模型。HBase适合大规模海量数据业务按列查询的场景，具有分布式、并发数据处理，效率高（并非针对所有功能），易于扩展，支持动态伸缩等特点。

知识地图

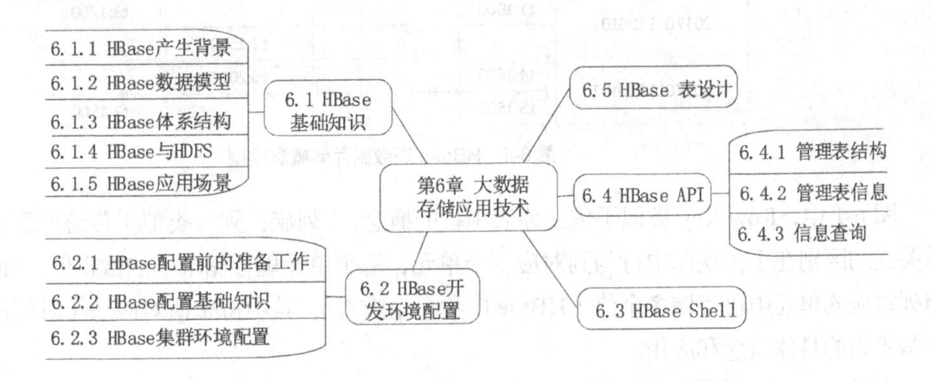

6.1 HBase 基础知识

6.1.1 HBase 产生背景

HDFS支持各种格式的大数据文件的存储，对于众多小文件，考虑系统资源，建议合并或压缩后再处理。HDFS为大数据文件的存储与读取工作提供了对应用程序数据的高吞吐量访问功能，可以说是Google GFS的开源实现。GFS 可以说是大数据存储领域的经典作品，但它也有不足之处。在 2006 年由 Chang 等人发表的 *Bigtable: Structured Data Storage System for Structured Data* 论文中，阐述了 GFS 存储模型在成千上万小文件或小条目存取上的不足，故而提出 Bigtable 模型理论，意在解决这样的不足。可以说这是在一定程度上牺牲存储空间，将大数据按业务需求拆分成指定小条目，经过小条目记录索引排序聚合到大的文件中进行存储，以此解决 GFS 的不足。

Apache HBase 与 Bigtable 有异曲同工之处，可以说是 Bigtable 的复制版。HBase 产生的项目目标是可在普通的商用服务器的硬件集群上托管达到数十亿行 × 数百万列的表，并且可以实现对大数据进行随机的、实时的读/写访问操作。HBase 是一个分布式、可扩展的供大数据存储的 NoSQL 列族数据库中的一种，它改进了 HDFS 不适合小条目存取的不足，大大提升了项目中小条目数据读取的速度。

6.1.2 HBase 数据模型

HBase 在数据存储模型设计上尽量保留了传统关系数据库（以下简称传统库）里的术语应用，存储格式上仍然存在表的概念，表中具有行和列的组成概念。但 HBase 的初衷是满足分布式存储中小条目管理的要求，在设计上一定程度地牺牲了磁盘的存储空间，节约寻址带来的成本，这与传统库具有本质上的区别。因此，HBase 在保留传统库概念（便于开发人员理解与快速上手）的基础上，一定程度地“偷换”了概念。HBase 通过行键（Row Key）、列（列族：列限定符）和时间戳来查找一个确定的值，如图 6-1 所示。

Row Key(行键)	Electronic(列族)			Clothing(列族)
	col1(列)	col2(列)	col3(列)	col1(列)
2017011100101	t1:1000			t3:1700
			t2:1500	
2017011200101	t4:1800		t6:2000	
	t5:1500			t7:1500

图 6-1　HBase 表数据存储概念模型

图 6-1 中，Row Key 类似于传统库表中行的概念，{列族：列} 类似于传统库表中列的概念。这里关键的区别在于传统库中行与列对应一个单元，每个单元里存储唯一的数据值，而在 HBase 中行与列对应的单元中可存储多个值（HBase 中称多个版本），其中每个值对应一个时间戳。下面来介绍这些术语的具体概念和应用。

在进入 HBase 数据模型的学习之前，有必要理解一下数据模型中相关的术语。

1. 行

HBase 中的一行由一个行键和一个或多个具有与之关联的值（Value）的列（Column）组成。为了便于查找，这些行键对应的值默认按字典顺序排序，参考 6.3 节【例 6-1】，数据读取时查看到数据并不是按插入先后顺序排列，而是按字典顺序存储于磁盘。当存储数据文件足够大时（默认 10 GB），按类似 HDFS 的数据块那样进行拆分，只是拆分规则也是按行的中间键进行文件拆分。所以，行键的设计是 HBase 中至关重要的知识，详见 6.5 节。

2. 列

具体来讲，HBase 中的列由列族（Family）和对应的一个列限定符（Column Qualifier）组成，它们之间由冒号“:”分隔，相当于传统库中的列。不同的是，在 HBase 中，表名及对应的列族是需要提前定义的，而列限定符可以定义成千上万个，并且不需要提前定义，只需要在插入数据时定义即可。

3. 单元

一个单元（Cell）由行、列族和列限定符组合而成，每个单元对应唯一的 Row Key，而每个单元中可以存储多个值，每个值对应一个唯一的时间戳，每个时间戳表示值的一个版本。

4. 时间戳

时间戳（Timestamp）是与每个值一起写入的，是给定版本的值的标识符。默认情况下，Timestamp 表示写入数据时 RegionServer 上的时间，但是当将数据写入单元格时，也可以自定义指定不同的时间戳值。

图 6-1 中给出的是 HBase 表数据存储的概念模型，其中包含许多空值的单元格，这些单元格的处理思想与传统库截然不同。传统库在事先创建好的具有行和列的表格式下存储数据时，行与列对应的单元格如果是空值，也需要消耗一定系统资源，而 HBase 则不会消耗任何系统资源，如图 6-2 所示，是图 6-1 中表数据在 HBase 集群中实际的物理存储模型。

Row Key	Timestamp	列	值
2017011100101	t3	clothing:col1	1700
2017011100101	t2	electronic:col3	1500
2017011100101	t1	electronic:col1	1000
2017011200101	t7	clothing:col1	1500
2017011200101	t6	electronic:col3	2000
2017011200101	t5	electronic:col1	1500
2017011200101	t4	electronic:col1	1800

图 6-2 HBase 表数据存储物理模型

对于图 6-1 中显示空值的单元格，在物理平台上实际并没有被存储，而且针对同一单元的多个版本的数据，大的时间戳总是排在前面，这种存储结构在一定程度上节省了系统的磁盘资源，同时也加快了数据的查询速度。

6.1.3 HBase 体系结构

HBase 存储模型在设计时尽量保留了传统库中的说法，方便了开发人员快速地理解与应用 HBase 数据库的框架。HBase 数据在物理存储时除了如图 6-2 所示的表述外，在设计模型中也很好地保留了分布式存储的思想，与 HDFS 宏观思维很相似。例如，HDFS 考虑数据负载与资源应用，将一个大的数据文件切分成等大小的数据块，以多副本的形式存储于集群中。当 HBase 数据文件存储至 10 GB（该值可通过参数进行配置）时，会以 Row Key 中间键为界进行切分，然后分配至集群服务器，如图 6-3 所示。

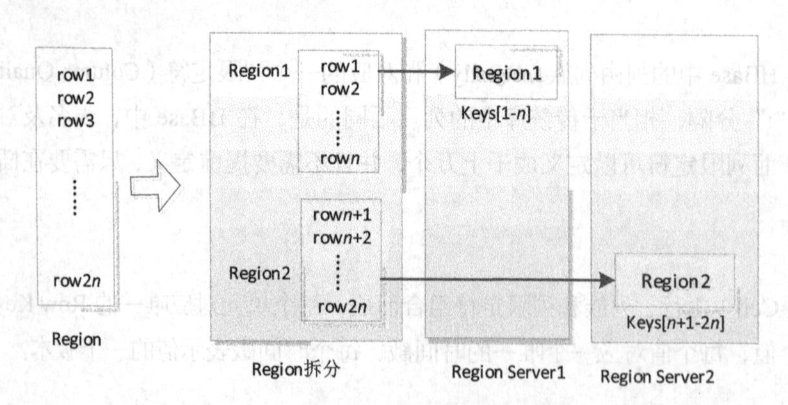

图 6-3　Region 拆分

HBase 数据文件在拆分时，并没有像 HDFS 一样切分成等大小数据块，而是以行键的值为参考依据，因为行键值是排序存储，所以可以计算其中间值大小，以此为依据进行拆分。这里有一个重要的概念 Region，它是 HBase 中扩展和负载均衡的基本单元，是 HBase 分布式存储的最小单元。HBase 中的 Region 等同于数据库分区中用的范围划分，它们可以被分配到若干台 Region Server 物理服务器上以均摊负载，因此提供了较强的扩展性。Region Server 中 HBase 文件存储的组件结构如图 6-4 所示。

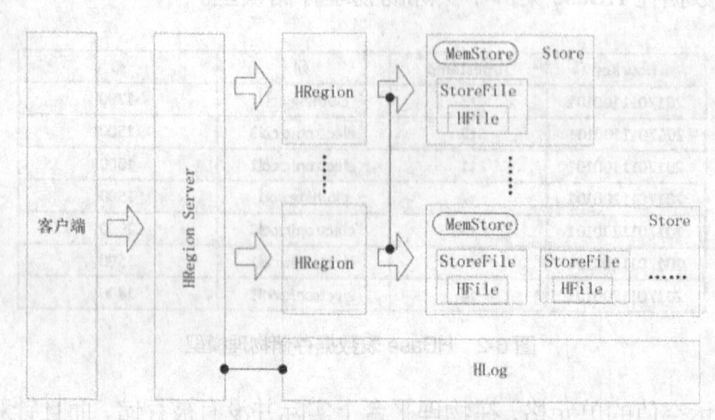

图 6-4　HRegion Server 组件结构

这里涉及 4 个重要的 HBase 体系的术语：HRegion Server、HRegion、HStore、HLog。

1. HRegion Server

HRegion Server 主要负责响应用户 I/O 请求，向 HDFS 文件系统中读写数据，是 HBase 中最核心的模块。通常，集群中一台服务器上只运行一个 HRegion Server，它负责维护一个或多个由 Row Key 划分产生的 HRegion 对象，其中每个 HRegion 对应了表中的一个 Region。

2. HRegion

从物理存储角度来讲，HBase 中创建的新表最初只被划分成一个 Region，随着表记录数的增加，表内容所占资源增加，当增加到指定阈值时，一个表会被拆分成两块，每一块就是一个 HRegion。

3. HStore

HRegion 由多个 HStore 组成。HStore 是 HBase 存储的核心，它由两部分组成：一部分是 MemStore，另一部分是 StoreFiles。MemStore 是缓存区，用户写入的数据首先会放入这里，达到一定量时，会重写成一个 StoreFile，其底层实现是 HFile。

4. HLog

在分布式系统环境下工作，服务器出错或宕机被认为是一种常态。在这种情况下，如果服务器发生宕机，缓存区的数据将会丢失，这是不乐于见到的情况。HLog 的引入一定程度上解决了这样的问题。每个 HRegion Server 中都被设计含有一个 HLog 对象，它在每次用户实现数据写入缓存区的同时，也会写一份数据到 HLog 文件中。此时，如果服务器宕机，HBase 的守护进程 HMaster 会通过 ZooKeeper 感知并处理遗留的 HLog 文件，将其中不同 Region 的 Log 数据进行拆分，分别放到相应 Region 的目录下，然后再将失效的 Region 重新分配，领取到这些 Region 的服务器，在加载 Region 时会发现有历史 HLog 需要处理，因此会重新操作 HLog 中的数据到缓存中，然后刷新写入 StoreFiles，完成数据恢复。

6.1.4 HBase 与 HDFS

HBase 框架拥有自己的一套分布式机制，它虽然支持本地存储，但在实际工程应用中，更多地是将数据存储于 HDFS 平台，它与 HDFS 结合时的存储结构如图 6-5 所示。

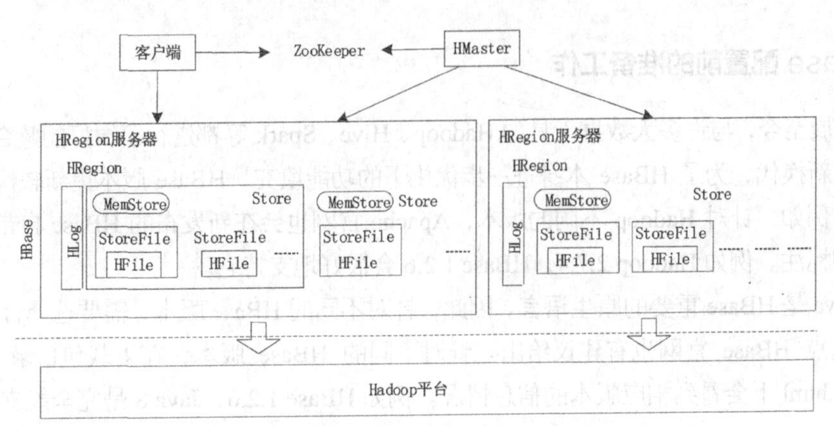

图 6-5 HBase 与 HDFS 结合时的存储结构

图 6-5 中展示了 HBase 集群的体系结构，也展示了 HBase 与 HDFS 结合的应用原理。HBase 集群仍然遵从主从结构，由众多 HRegion Server 和一个 HBase Master 服务器构成。其中 HBase Master 服务器相当于集群的管理者，负责管理所有的 HRegion Server，而 HRegin Server 相当于员工。HBase 中所有的服务器都是通过 ZooKeeper 来进行协调，并处理 HBase 服务器运行期间可能遇到的错误。HBase Master 服务器本身并不存储 HBase 中的任何数据，HBase 逻辑上的表可能会被划分成多个 HRegion，然后存储到 HRegion Server 集群中。在 HRegion Server 中，实际存储 HBase 数据的 HFile 文件和 HLog 最终会通过 HDFS 客户端，遵循 HDFS 规则以多副本的形式存入 Hadoop 集群的 HDFS 中。

6.1.5 HBase 应用场景

HBase 非常适合分布式大数据的小条目存储项目，从规模上讲，一个表可以达到数十亿行、数百万列的规模。例如，电影推荐系统拥有成千上万的电影和亿万级别的用户，而每位用户仅看其中少量的电影，数据具有明显的稀疏性，传统的关系型数据库并不擅长应对这种情形，但 HBase 每个列族中的列可自由定义，没有数据的单元不占用内存空间，符合大数据稀疏性存储的要求，而其高度集成的 API 支持 Java 编程，同时支持非 Java 前端的 Thrift 和 REST API，方便了数据的读取，故应用 HBase 是一个很好的选择。

在实时用户画像的推荐系统中，尽快从 HDFS 平台上获取小条目的数据具有重要的意义。例如，建立一个具有用户基础信息、定单、种类、访问等列族的表，针对每个列族按用户行为自由统计列相应的数据，“种类”列族中存储首次购买、二次购买、周购买、月购买等与用户行为相关的记录，“访问”列族中存储第一次访问时间、最后一次访问时间、用什么设备访问等记录。HBase 在大数据平台 HDFS 上的小条目存取上具有不可比拟的优势，同时，由于 HBase 中存储的数据是按 Row Key→列族→列→单元→多版本排序后进行存储的，因此其数据获取速度也是离线工具中较快的。

HBase 虽然功能强大，但并不适合在不同的文档上建立事务，或进行复杂数据的统计分析。如果数据结构过于复杂，且需要进行统计、聚类、连接等高级查询或存在二级索引等业务，建议使用第三方工具，如 Hive。

6.2 HBase 开发环境配置

6.2.1 HBase 配置前的准备工作

HBase 发展至今，与许多大数据工具如 Hadoop、Hive、Spark 等都进行了很好的整合。为了适应其他产品的更新换代，为了 HBase 本身进一步优化下的功能填充，HBase 版本更新较快，而且也比较有针对性。例如，针对 Hadoop 不同的版本，Apache 官网也会在新发布的 HBase 自带的文档中进行非常详细的标注。例如 Hadoop 2.7.4，HBase 1.2.6 会很好地支持它。

此外，Java 是 HBase 重要的原生语言。因此，针对不同的 HBase 版本，需要选择合适的 Java 解决器，针对这点 HBase 官网也有建议给出。针对不同的 HBase 版本，在下载包目录 hbase-{版本号}/docs/book.html 下会看到相应版本的信息情况。例如 HBase 1.2.6，Java 8 是完全能支持的。

6.2.2 HBase 配置基础知识

HBase 配置主要针对独立和分布式这两种运行模式。其中独立模式是基于本地运行的一种 HBase 运行模式，适合应用于 HBase Shell 及 HBase API 学习者使用。而分布式运行模式为分布式集群或伪分布环境。HBase 采用哪一种运行模式直接取决于｛$HBASE_HOME｝/conf 目录中配置文件的参数设定值。

1. 本地模式配置参考

至少需要做两件事。

第 1 件事，在｛$HBASE_HOME｝/conf/hbase-env.sh 文件中配置 Java 的使用版本。

```
export JAVA_HOME=｛$JAVA_HOME｝/jdk
```

第 2 件事，在 { $HBASE_HOME } /conf/hbase-site.xml 文件中指定数据本地存储。

```
<configuration>
  <property>
    <name>hbase.rootdir</name>
    <value>file:///root/hbase</value>  <!—CentOS 7 本地 HBase 数据存储路径-->
  </property>
</configuration>
```

2. 伪分布模式配置参考

HBase 伪分布模式与独立模式一样是在单个服务器中运行，但伪分布模式下每个 HBase 守护进程（HMaster、HRegion Server 和 ZooKeeper）都会作为一个单独的进程运行。其配置仍然至少要做两件事。

第 1 件事，{ $HBASE_HOME } /conf/hbase-env.sh 配置，与本地模式一致。

第 2 件事，在 { $HBASE_HOME } /conf/hbase-site.xml 文件中指定伪分布模式。

```
<property>
  <name>hbase.cluster.distributed</name>
  <value>true</value>
</property>
```

建议指定 HDFS 实例的地址。

```
<property>
  <name>hbase.rootdir</name>
  <value>hdfs://localhost:8020/hbase</value>
</property>
```

其中，8020 端口与{HADOOP_HOME}/hadoop/etc/hadoop/core-site.xml 文件中的 fs.defaultFS 属性值一致。

3. 完全分布模式配置参考

完全分布式是实际生活环境中经常使用的模式，运行于真正的包含众多服务器节点的集群中。配置时至少需要做 3 件事。

第 1 件事，在 { $HBASE_HOME } /conf/hbase-env.sh 文件中配置 Java 的使用版本，与上面两种配置方法一致。

第 2 件事，在 { $HBASE_HOME } /conf/hbase-site.xml 文件中指定完全分布式参数，指定要应用的 ZooKeeper 的节点。

```
<property>
  <name>hbase.zookeeper.quorum</name>
  <value>slave1,slave2,slave3</value>
</property>
```

其中，slave1、slave2、slave3 代表 3 台与 IP 地址对应的服务器名称。

第 3 件事，在 { $HBASE_HOME } /conf/regionservers 文件中配置记录 Region 存储所在的机器名

或 IP。

```
slave1
slave2
slave3
```

6.2.3 HBase 集群环境配置

本小节将会应用 5.2 节知识，通过使用独立的 ZooKeeper 集群，实现对 HBase 进行完全分布式的集群搭建。

【实验环境】

- 3 台装有 CentOS 7.4 操作系统的服务器，服务器名分别为 master、slave1、slave2。
- 3 台服务器装有 JDK1.8.0_144 工具。
- 3 台服务器已经具有 Hadoop 2.7.4 环境的集群环境。
- 3 台已经启动 ZooKeeper 3.4.6 服务的机器。

【实验步骤】

1. 配置前的 HBase 安装包准备

第 1 步：解压缩 ZooKeeper 压缩文件至/opt 目录。

```
tar -zxvf experiment/file/hbase-1.2.6-bin.tar.gz -C /opt
```

第 2 步：为了便于后期的管理，修改解压缩后文件夹的名字为 hbase。

```
mv /opt/hbase-1.2.6 /opt/hbase
```

2. HBase 参数配置

第 1 件事，在｛$HBASE_HOME｝/conf/hbase-env.sh 文件中配置 Java 的使用版本。

第 1 步：查找 Java 安装路径。

```
echo $JAVA_HOME
```

第 2 步：配置 hbase-env.sh 文件。

```
export JAVA_HOME=/usr/lib/java-1.8 #指定 Java 环境
export HBASE_MANAGES_ZK=false #指定使用独立 ZooKeeper 集群
```

第 2 件事，在｛$HBASE_HOME｝/conf/hbase-site.xml 文件中指定完全分布式参数。

```
<configuration>
<property>
<name>hbase.zookeeper.quorum</name>
```

```
<value>master,slave1,slave2</value>
</property>
<property>
<name>hbase.zookeeper.property.dataDir</name>
<value>/root/hbase</value>
</property>
<property>
<name>dfs.datanode.max.transfer.threads</name>
<value>4096</value>
</property>
<property>
<name>hbase.rootdir</name>
<value>hdfs://master:8020/hbase</value>
</property>
<property>
<name>hbase.cluster.distributed</name>
<value>true</value>
</property>
</configuration>
```

第 3 件事，在 { $HBASE_HOME } /conf/regionservers 文件中配置记录 Region 存储所在的机器名或 IP。

```
slave1
slave2
```

3. 配置 HBase 环境变量

第 1 步：配置 HBase 环境变量，本例配置在~/.bashrc 文件中，参考代码如下。

```
# Hbase Environment
export HBASE_HOME=/opt/hbase
export PATH=$PATH:$HBASE_HOME/bin
```

第 2 步：刷新配置文件，使新添加的 HBase 环境变量生效。

```
source ~/.bashrc
```

4. 复制配置好的 hbase 文件夹至 HBase 集群中的每个节点，即 slave1、slave2 的“/opt”下

```
scp -r /opt/hbase slave1:/opt
scp -r /opt/hbase slave2:/opt
```

5. HBase 集群环境启动、验证和停止

第 1 步：通过 start-all.sh 命令启动 Hadoop 服务。如果你只使用 HDFS，那么只启动 HDFS 服务即可。

```
[root@master ~]# start-all.sh
This script is Deprecated. Instead use start-dfs.sh and start-yarn.sh
Starting namenodes on [master]
master: starting namenode, logging to /opt/hadoop/logs/hadoop-root-namenode-master.out
slave1: starting datanode, logging to /opt/hadoop/logs/hadoop-root-datanode-slave1.out
slave2: starting datanode, logging to /opt/hadoop/logs/hadoop-root-datanode-slave2.out
Starting secondary namenodes [0.0.0.0]
0.0.0.0: starting secondarynamenode, logging to /opt/hadoop/logs/hadoop-root-secondarynamenod
e-master.out
starting yarn daemons
starting resourcemanager, logging to /opt/hadoop/logs/yarn-root-resourcemanager-master.out
slave2: starting nodemanager, logging to /opt/hadoop/logs/yarn-root-nodemanager-slave2.out
slave1: starting nodemanager, logging to /opt/hadoop/logs/yarn-root-nodemanager-slave1.out
```

第 2 步：确定每台机器 ZooKeeper 服务已经启动。

第 3 步：通过 start-hbase.sh 命令启动 HBase 服务。

```
[root@master ~]# start-hbase.sh
starting master, logging to /opt/hbase/logs/hbase-root-master-master.out
slave2: starting regionserver, logging to /opt/hbase/logs/hbase-root-regionserver-slave2.out
slave1: starting regionserver, logging to /opt/hbase/logs/hbase-root-regionserver-slave1.out
slave2: Java HotSpot(TM) 64-Bit Server VM warning: ignoring option PermSize=128m; support wa
s removed in 8.0
slave2: Java HotSpot(TM) 64-Bit Server VM warning: ignoring option MaxPermSize=128m; support
 was removed in 8.0
slave1: Java HotSpot(TM) 64-Bit Server VM warning: ignoring option PermSize=128m; support wa
s removed in 8.0
slave1: Java HotSpot(TM) 64-Bit Server VM warning: ignoring option MaxPermSize=128m; support
 was removed in 8.0
[root@master ~]#
```

第 4 步：查看主节点 master 守护进程，其中 HMaster 为 HBase 的守护进程。

```
[root@master ~]# jps
19893 SecondaryNameNode
17061 NameNode
24354 HMaster
28983 Jps
20377 ResourceManager
4923 QuorumPeerMain
269 clipboard.jar
```

第 5 步：查看从节点 slave1 守护进程，其中 HRegion Server 为 HBase 的守护进程。

```
[root@slave1 ~]# jps
24316 HRegionServer
17780 NodeManager
264 clipboard.jar
2105 Jps
19276 DataNode
4908 QuorumPeerMain
[root@slave1 ~]#
```

第 6 步：查看从节点 slave2 守护进程，其中 HRegion Server 为 HBase 的守护进程。

```
[root@slave2 ~]# jps
17366 NodeManager
24327 HRegionServer
3800 Jps
5113 QuorumPeerMain
19211 DataNode
253 clipboard.jar
[root@slave2 ~]#
```

第 7 步：在主节点 master 上查看 HDFS 平台上 HBase。

```
[root@master ~]# hdfs dfs -lsr /hbase
```

第 8 步：启动 Hbase Shell。

```
[root@master ~]# hbase shell
```

```
[root@master ~]# hbase shell
SLF4J: Class path contains multiple SLF4J bindings.
SLF4J: Found binding in [jar:file:/opt/hbase/lib/slf4j-log4j12-1.7.5.jar!/org/slf4j/impl/StaticLogge
rBinder.class]
SLF4J: Found binding in [jar:file:/opt/hadoop/share/hadoop/common/lib/slf4j-log4j12-1.7.10.jar!/org/
slf4j/impl/StaticLoggerBinder.class]
SLF4J: See http://www.slf4j.org/codes.html#multiple_bindings for an explanation.
SLF4J: Actual binding is of type [org.slf4j.impl.Log4jLoggerFactory]
HBase Shell; enter 'help<RETURN>' for list of supported commands.
Type "exit<RETURN>" to leave the HBase Shell
Version 1.2.6, rUnknown, Mon May 29 02:25:32 CDT 2017

hbase(main):001:0>
```

第 9 步：通过 quit 命令退出 HBase Shell 命令窗口。

第 10 步：停止 HBase 进程。注意，这里运行速度有点慢，可能需要等几分钟。

```
[root@master ~]# stop-hbase.sh
```

```
[root@master ~]# stop-hbase.sh
stopping hbase.........................
[root@master ~]#
```

第 11 步：停止 Hadoop 进程。

```
[root@master ~]# stop-all.sh
```

```
[root@master ~]# stop-all.sh
This script is Deprecated. Instead use stop-dfs.sh and stop-yarn.sh
Stopping namenodes on [master]
master: stopping namenode
slave1: stopping datanode
slave2: stopping datanode
Stopping secondary namenodes [0.0.0.0]
0.0.0.0: stopping secondarynamenode
stopping yarn daemons
stopping resourcemanager
slave1: no nodemanager to stop
slave2: no nodemanager to stop
no proxyserver to stop
[root@master ~]#
```

第 12 步：停止集群中每台机器的 ZooKeeper 进程，以主节点 master 为例进行演示。

```
[root@master ~]# zkServer.sh stop
```

```
[root@master ~]# zkServer.sh stop
JMX enabled by default
Using config: /opt/zookeeper/bin/../conf/zoo.cfg
Stopping zookeeper ... STOPPED
```

6.3 HBase Shell

与传统关系数据库如 Oracle、MySQL 类似，HBase 也提供了面向用户开放的 Shell 命令接口，供用户学习、维护等。HBase Shell 中也同样提供了帮助信息，甚至更加详细。只要在 Shell 命令窗口输入 help，按 Enter 键，即可看到当前使用的 HBase 具备的功能。

```
hbase(main):001:0> help
#HBase 基本情况，例如当前 HBase 版本为 1.2.6
HBase Shell, version 1.2.6, rUnknown, Mon May 29 02:25:32 CDT 2017
Type 'help "COMMAND"', (e.g. 'help "get"' -- the quotes are necessary) for help on a specific command.
Commands are grouped. Type 'help "COMMAND_GROUP"', (e.g. 'help "general"') for help on a command group.

COMMAND GROUPS:
  # 通过命令列表
  Group name: general
  Commands: status, table_help, version, whoami
  # 数据定义语言 DDL，用来管理数据库中的各种对象，例如表的创建、维护等操作
  Group name: ddl
  Commands: alter, alter_async, alter_status, create, describe, disable, disable_all, 
drop, drop_all, enable, enable_all, exists, get_table, is_disabled, is_enabled, list, 
locate_region, show_filters
```

```
    # 表空间命令列表
    Group name: namespace
    Commands: alter_namespace, create_namespace, describe_namespace, drop_namespace,
list_namespace, list_namespace_tables
    # 数据操纵语言 DML，例如表数据的插入、查询、删除等操作
    Group name: dml
    Commands: append, count, delete, deleteall, get, get_counter, get_splits, incr, put,
scan, truncate, truncate_preserve
    # HBase 数据库维护工具
    Group name: tools
    Commands: assign, balance_switch, balancer, balancer_enabled, catalogjanitor_enabled,
catalogjanitor_run, catalogjanitor_switch, close_region, compact, compact_rs, flush,
major_compact, merge_region, move, normalize, normalizer_enabled, normalizer_switch, split,
trace, unassign, wal_roll, zk_dump
    # 复制
    Group name: replication
    Commands: add_peer, append_peer_tableCFs, disable_peer, disable_table_replication,
enable_peer, enable_table_replication, list_peers, list_replicated_tables, remove_peer,
remove_peer_tableCFs, set_peer_tableCFs, show_peer_tableCFs
    # 快照
    Group name: snapshots
    Commands: clone_snapshot, delete_all_snapshot, delete_snapshot, list_snapshots,
restore_snapshot, snapshot
    # 环境信息
    Group name: configuration
    Commands: update_all_config, update_config
    # 配置
    Group name: quotas
    Commands: list_quotas, set_quota
    # 安全
    Group name: security
    Commands: grant, list_security_capabilities, revoke, user_permission
    # 存储过程
    Group name: procedures
    Commands: abort_procedure, list_procedures
    # 标签
    Group name: visibility labels
    Commands: add_labels, clear_auths, get_auths, list_labels, set_auths, set_visibility

    # HBase Shell 使用举例
  SHELL USAGE:
  Quote all names in HBase Shell such as table and column names.  Commas delimit
  command parameters.  Type <RETURN> after entering a command to run it.
  Dictionaries of configuration used in the creation and alteration of tables are
  Ruby Hashes. They look like this:

    {'key1' => 'value1', 'key2' => 'value2', ...}

  and are opened and closed with curley-braces.  Key/values are delimited by the
  '=>' character combination.  Usually keys are predefined constants such as
  NAME, VERSIONS, COMPRESSION, etc.  Constants do not need to be quoted.  Type
  'Object.constants' to see a (messy) list of all constants in the environment.

  If you are using binary keys or values and need to enter them in the shell, use
```

```
double-quote'd hexadecimal representation. For example:

  hbase> get 't1', "key\x03\x3f\xcd"
  hbase> get 't1', "key\003\023\011"
  hbase> put 't1', "test\xef\xff", 'f1:', "\x01\x33\x40"

The HBase shell is the (J)Ruby IRB with the above HBase-specific commands added.
For more on the HBase Shell, see http://hbase.apache.org/book.html
```

HBase Shell 帮助信息详细列举了当前 HBase 平台支持的命令及应用命令列表。如果需要了解列表中具体命令的用法，可通过如下命令实现。

```
> help '命令名'
```

下面通过此命令查看 create 命令的应用功能及使用方法。

```
hbase(main):003:0> help 'create'

# create 命令的功能说明：指出该命令是创建表命令，描述表名、列族规范，以及可选表配置
# 列规范可以是简单的名称或字典，必须包括 NAME 属性
Creates a table. Pass a table name, and a set of column family
specifications (at least one), and, optionally, table configuration.
Column specification can be a simple string (name), or a dictionary
(dictionaries are described below in main help output), necessarily
including NAME attribute.

# create 命令举例
Examples:

Create a table with namespace=ns1 and table qualifier=t1
  hbase> create 'ns1:t1', {NAME => 'f1', VERSIONS => 5}

Create a table with namespace=default and table qualifier=t1
  hbase> create 't1', {NAME => 'f1'}, {NAME => 'f2'}, {NAME => 'f3'}
  hbase> # The above in shorthand would be the following:
  hbase> create 't1', 'f1', 'f2', 'f3'
  hbase> create 't1', {NAME => 'f1', VERSIONS => 1, TTL => 2592000, BLOCKCACHE => true}
  hbase> create 't1', {NAME => 'f1', CONFIGURATION => {'hbase.hstore.blockingStoreFiles' => '10'}}

Table configuration options can be put at the end.
Examples:

  hbase> create 'ns1:t1', 'f1', SPLITS => ['10', '20', '30', '40']
  hbase> create 't1', 'f1', SPLITS => ['10', '20', '30', '40']
  hbase> create 't1', 'f1', SPLITS_FILE => 'splits.txt', OWNER => 'johndoe'
  hbase> create 't1', {NAME => 'f1', VERSIONS => 5}, METADATA => { 'mykey' => 'myvalue' }
  hbase> # Optionally pre-split the table into NUMREGIONS, using
  hbase> # SPLITALGO ("HexStringSplit", "UniformSplit" or classname)
  hbase> create 't1', 'f1', {NUMREGIONS => 15, SPLITALGO => 'HexStringSplit'}
  hbase> create 't1', 'f1', {NUMREGIONS => 15, SPLITALGO => 'HexStringSplit',
REGION_REPLICATION => 2, CONFIGURATION => {'hbase.hregion.scan.loadColumnFamiliesOnDemand'
=> 'true'}}
```

```
hbase> create 't1', {NAME => 'f1', DFS_REPLICATION => 1}

You can also keep around a reference to the created table:

 hbase> t1 = create 't1', 'f1'

Which gives you a reference to the table named 't1', on which you can then
call methods.
```

例如，参考帮助命令 hbase> create 't1', 'f1', 'f2', 'f3'，来创建一个带有 3 个列族、名为 t1 的表。

```
hbase(main):001:0> create 't1','f1','f2','f3'
0 row(s) in 7.4500 seconds

=> Hbase::Table - t1
```

借助帮助命令的描述信息，应用图 6-1 中案例，演示 HBase 中表命令操作，帮助读者快速入门学习 HBase Shell。

【例 6-1】创建一张商品信息表，表名为“tb_goodsinfo”，创建 2 个列族，分别为“electronic”和“clothing”。

```
hbase(main):002:0> create 'tb_goodsinfo','electronic','clothing'
0 row(s) in 4.4860 seconds

=> Hbase::Table - tb_goodsinfo
```

【例 6-2】用 list 命令查询当前 HBase 表空间中所有列表，其中包括新创建的表“tb_goodsinfo”。

```
hbase(main):003:0> list
TABLE
t1
tb_goodsinfo
2 row(s) in 0.1930 seconds

=> ["t1", "tb_goodsinfo"]
```

【例 6-3】用 desc 命令查询表“tb_goodsinfo”结构信息。

```
hbase(main):005:0> desc 'tb_goodsinfo'
Table tb_goodsinfo is ENABLED
tb_goodsinfo
COLUMN FAMILIES DESCRIPTION
{NAME => 'clothing', BLOOMFILTER => 'ROW', VERSIONS => '1', IN_MEMORY => 'false', KEEP_DEL
ETED_CELLS => 'FALSE', DATA_BLOCK_ENCODING => 'NONE', TTL => 'FOREVER', COMPRESSION => 'NO
NE', MIN_VERSIONS => '0', BLOCKCACHE => 'true', BLOCKSIZE => '65536', REPLICATION_SCOPE => '0'}
{NAME => 'electronic', BLOOMFILTER => 'ROW', VERSIONS => '1', IN_MEMORY => 'false', KEEP_D
ELETED_CELLS => 'FALSE', DATA_BLOCK_ENCODING => 'NONE', TTL => 'FOREVER', COMPRESSION => '
NONE', MIN_VERSIONS => '0', BLOCKCACHE => 'true', BLOCKSIZE => '65536', REPLICATION_SCOPE => '0'}
2 row(s) in 0.8580 seconds
```

【例 6-4】将图 6-1 中第 1 条和最后 1 条信息插入表“tb_goodsinfo”。

```
hbase(main):006:0> put 'tb_goodsinfo','2017011100101','electronic:col1','1000'
0 row(s) in 0.5710 seconds
hbase(main):007:0> put 'tb_goodsinfo','2017011100101','clothing:col1','1700'
0 row(s) in 0.1030 seconds
hbase(main):009:0* put 'tb_goodsinfo','2017011200101',' electronic:col1','1500'
0 row(s) in 0.0750 seconds
hbase(main):010:0> put 'tb_goodsinfo','2017011200101','clothing:col1','1500'
0 row(s) in 0.0400 seconds
```

【例 6-5】用 scan 命令查看表“tb_goodsinfo”中的所有数据。

```
hbase(main):011:0> scan 'tb_goodsinfo'
ROW                    COLUMN+CELL
 2017011100101           column=clothing:col1, timestamp=1559612926819, value=1700
 2017011100101           column=electronic:col1, timestamp=1559612884018, value=1000
 2017011200101           column=clothing:col1, timestamp=1559612986631, value=1500
 2017011200101           column=electronic:col1, timestamp=1559612996495, value=1500
2 row(s) in 0.1210 seconds
```

该例中显示一个名为 timestamp 的时间戳，它记录了对应值如 value-1 插入的时刻，该时刻默认由当前系统时间计算而来。这也是 HBase 集群中需要配置时间同步的原因之一，否则系统在运行时会出现很奇怪的现象。时间戳也可以通过手动来进行设置。

【例 6-6】插入多版本信息，试着将图 6-1 中第 3 条和第 2 条信息插入表“tb_goodsinfo”。

```
hbase(main):012:0> put 'tb_goodsinfo','2017011200101','electronic:col1','1800'
0 row(s) in 0.0640 seconds

hbase(main):013:0> put 'tb_goodsinfo','2017011200101', 'electronic:col3','2000'
0 row(s) in 0.0570 seconds

hbase(main):014:0> put 'tb_goodsinfo','2017011100101','electronic:col3','1500'
0 row(s) in 0.0310 seconds
```

【例 6-7】查询表“tb_goodsinfo”中所有内容，包括多版本信息。

```
hbase(main):016:0> scan 'tb_goodsinfo',{RAW => true, VERSIONS => 3}
ROW                    COLUMN+CELL
 2017011100101           column=clothing:col1, timestamp=1559612926819, value=1700
 2017011100101           column=electronic:col1, timestamp=1559612884018, value=1000
 2017011100101           column=electronic:col3, timestamp=1559613494211, value=1500
 2017011200101           column=clothing:col1, timestamp=1559613461775, value=1500
 2017011200101           column=clothing:col1, timestamp=1559612986631, value=1800
 2017011200101           column=clothing:col3, timestamp=1559612996495, value=2000
 2017011200101           column=electronic:col1, timestamp=1559613419390, value=1500
2 row(s) in 0.1960 seconds
```

【例 6-8】删除表“tb_goodsinfo”中行键为“2017011100101”、列族为“electronic:col1”的行。

```
hbase(main):019:0> delete 'tb_goodsinfo','2017011100101','electronic:col1'
```

```
0 row(s) in 0.2680 seconds

hbase(main):020:0>
```

【例 6-9】查询表“tb_goodsinfo”中删除信息后的所有表内容。

```
hbase(main):022:0> scan 'tb_goodsinfo',{VERSIONS => 3}
ROW                         COLUMN+CELL
 2017011100101              column=clothing:col1, timestamp=1559612926819, value=1700
 2017011100101              column=electronic:col3, timestamp=1559613494211, value=1500
 2017011200101              column=clothing:col1, timestamp=1559613461775, value=1500
 2017011200101              column=clothing:col3, timestamp=1559612996495, value=2000
 2017011200101              column=electronic:col1, timestamp=1559613419390, value=1500
2 row(s) in 0.1170 seconds
```

【例 6-10】通过“disable”和“drop”命令删除“tb_goodsinfo”表。

```
hbase(main):023:0> disable 'tb_goodsinfo'
0 row(s) in 4.9330 seconds

hbase(main):024:0> drop 'tb_goodsinfo'
0 row(s) in 2.6230 seconds
```

【例 6-11】退出 HBase Shell。

```
hbase(main):025:0> exit
[root@master ~]#
```

6.4　HBase API

6.4.1　管理表结构

Apache HBase 与其他数据库一样，不管怎样的结构组成，最终都是由一张表或多张表组成。表中按数据库自身的设计模式进行有用信息的存储。表的创建与结构的管理除了可用 HBase Shell 实现外，也可用 Apache HBase API 提供的功能进行实现。

管理表编程的大体步骤如下。

第 1 步：获取 HBase 集群资源信息。

HBase 集群资源信息可通过 org.apache.hadoop.hbase 包下的 HBaseConfiguration 类继承自 Hadoop 的 org.apache.hadoop.conf 包下的 Configuration 类，将 HBase 配置文件信息添加到 Configuration 中。该类提供了两个构造方法。

```
HBaseConfiguration()
HBaseConfiguration(org.apache.hadoop.conf.Configuration c)
```

在 HBaseConfiguration 类的源码的注释中已经明确，实例化 HBaseConfiguration 已被弃用，请用 HBaseConfiguration 的 create 方法来构造一个普通的配置。

```
Configuration conf = HBaseConfiguration.create();
```

其中创建的 conf 实例记录了集群中默认配置值和在 hbase-site.xml 配置文件中重写的属性，以及一些用户提交的可选配置等。在 conf 发挥作用前（如创建 admin 实例或 table 实例前），用户可以通过代码重写一些配置。例如：

```
conf.set("hbase.zookeeper.quorum", "master");        //重写 ZooKeeper 的可用连接地址
conf.set("hbase.zookeeper.property.clientPort", "2181"); //重写 ZooKeeper 的客户端端口
```

在Windows操作系统下用Eclipse等工具进行HBase API项目代码编写时，调用虚拟机里的HBase集群环境运行代码尤为方便。

第2步：创建连接。

自 0.99.0 版本开始，HBase 建议应用 ConnectionFactory 类通过第 1 步创建的 conf 实例创建连接对象，通过新创建的对象调用相应的表管理等相应的信息。资源使用完成时，调用者需要在返回的连接实例上调用 Connection 连接的 close 方法释放资源。举例代码如下。

```
Connection connection = ConnectionFactory.createConnection(config);
 Admin admin = connection.getAdmin();
 try {
   // admin 相应操作代码
 } finally {
   admin.close();
   connection.close();
 }
```

第 3 步：创建 Admin 实例。

Admin 接口从 0.99.0 版本开始启用，是 HBase 的管理 API。它通过 Connection.getAdmin 方法获取一个实例，应用结束时需要调用 close 方法。Admin 可用于创建、删除、列出、启用和禁用表，以及添加和删除表列族以及其他管理操作。在 0.99.0 之前的版本中，用户采用 HBaseAdmin 的构造方法进行实例的创建。例如：

```
HBaseAdmin admin = new HBaseAdmin(conf);//0.99.0之前旧版本的写法
//0.99.0之后新版本的写法
Connection connection = ConnectionFactory.createConnection(conf);
Admin admin = connection.getAdmin();
```

第 4 步：添加列族描述符到表描述符中。

表描述用于记录 HBase 表的详细信息。HBase 通过 HTableDescriptor 类的构造方法创建表描述的实例，通过实例下的方法进行表描述的操作。它的构造方法表述如下。

```
HTableDescriptor() //已过期，将在 HBase 2.0.0 移除
HTableDescriptor(byte[] name)//已过期
HTableDescriptor(HTableDescriptor desc)//通过复制作为参数传递的描述符来构建表描述符
HTableDescriptor(String name)//已过期
```

```
    HTableDescriptor(TableName name)// 构造一个指定 TableName 对象的表描述符
    protected    HTableDescriptor(TableName name, HColumnDescriptor[] families)
    protected    HTableDescriptor(TableName     name,     HColumnDescriptor[]     families,
Map<ImmutableBytesWritable,ImmutableBytesWritable> values)
    HTableDescriptor(TableName name, HTableDescriptor desc)
```

第 5 步：表维护。

主要指对表的具体操作。如创建表时调用 **createTable** 建表方法，修改表时则调用修改表的方法 **modifyTable**。例如：

```
admin.createTable(desc);          //创建表
admin.modifyTable(tablename, desc);       //修改表
```

第 6 步：检查表是否可用或者修改成功。

表的结构发生变化后，为了确保结果正确，可通过指定的方法验证表是否可用或者修改成功。

第 7 步：关闭对象连接。

关闭代码运行过程中的连接对象，如 **admin**、**connection** 等。

【例 6-12】表结构的操作实例：创建一张带一个列族的表，并在现有表中增加一个列族。

```
public static void main(String[] args) throws Exception {
      // 1.获取资源
      Configuration conf = HBaseConfiguration.create();
      // 2. 创建 Admin 实例
      // HBaseAdmin admin = new HBaseAdmin(conf);//0.99之前版本用法
      Connection conn = ConnectionFactory.createConnection(conf);
      Admin admin = conn.getAdmin();
      // 创建要操作的表名
      TableName tbname = TableName.valueOf("tablename");
      // 3. 创建表
      HTableDescriptor desc = new HTableDescriptor(tbname);// 创建表描述符
      HColumnDescriptor coldef1 = new HColumnDescriptor(Bytes.toBytes("fam1"));
       desc.addFamily(coldef1);// 添加列族描述符到表描述符中
      admin.createTable(desc);// 调用建表方法 createTable 进行表创建
      // 检查表是否可用
      boolean avail = admin.isTableAvailable(TableName.valueOf("GoodsOrders"));
      System.out.println(avail);
      // 4. 在现有表中增加一个列族
      HColumnDescriptor cold3 = new HColumnDescriptor(Bytes.toBytes("fam2"));
      desc.addFamily(cold3);
      admin.disableTable(tbname);// 表设为不可用
      admin.modifyTable(tbname, desc);// 修改表
      admin.enableTable(tbname);// 表设为可用
      // 5. 关闭打开的资源
      admin.close();
      conn.close();
  }
```

6.4.2 管理表信息

数据库的初始基本操作通常被称为 CRUD（Create、Read、Update、Delete），具体指增、查、改、删。其中对表的管理操作主要由 Admin 类提供，对表数据的管理操作主要由 Table 类提供。表数据管理的编辑步骤大体分为以下 7 步。

第 1 步：获取 HBase 集群资源信息。

第 2 步：创建连接。

第 3 步：创建 table 实例。

第 4 步：构造表信息，如 put、get、delete 对象的构造。

第 5 步：通过 table 实例执行表的构造信息。

第 6 步：如果是查询，此处可对查询出的内容进行读取和输出。

第 7 步：关闭打开的资源。

【例 6-13】表数据的操作实例：向现有表中插入数据、查询数据、删除数据。

```
public static void main(String[] args) throws Exception {
    // 1. 创建所需要的配置
    Configuration conf = HBaseConfiguration.create();
    // 2. 实例化一个新的客户端，创建 table 实例
    Connection connection = ConnectionFactory.createConnection(conf);
    Table table = connection.getTable(TableName.valueOf("tbname"));
    // 3. 向指定表中插入一条数据
    Put put = new Put(Bytes.toBytes("row1"));
    // 调用 addColumn 方法将信息{列族"colfam1"中增加列"qual1"值"val1"}添加到 put 实例
    put.addColumn(Bytes.toBytes("colfam1"), Bytes.toBytes("qual1"), Bytes.toBytes("val1"));
    // 调用 addColumn 方法将信息{列族"colfam1"中增加列"qual2"值"val2"}添加到 put 实例
    put.addColumn(Bytes.toBytes("colfam1"), Bytes.toBytes("qual2"), Bytes.toBytes("val2"));
    table.put(put);// 将 put 实例内容填加到 table 实例指定的"tbname"表中

    // 4. 向指定表中一起插入多条数据
    List<Put> puts = new ArrayList<Put>();
    // 创建 put1 实例存储 row2 的信息
    Put put1 = new Put(Bytes.toBytes("row2"));
    put1.addColumn(Bytes.toBytes("colfam1"), Bytes.toBytes("qual1"), Bytes.toBytes("val1"));
    puts.add(put1); // 将 put1 实例中的信息填加至 puts 实例
    // 创建 put2 实例存储 row3 的信息
    Put put2 = new Put(Bytes.toBytes("row3"));
    put2.addColumn(Bytes.toBytes("colfam1"), Bytes.toBytes("qual1"), Bytes.toBytes("val2"));
    puts.add(put2); // 将 put2 实例中的信息填加至 puts 实例

    table.put(puts); // 将 puts 存储的 put1 和 put2 两行内容填加到 table 实例指定的表"tbname"中
    // 5. 关闭打开的资源
    table.close();
    connection.close();
}
```

6.4.3　信息查询

在 HBase 中，对于表数据的查询，有两个重要的类：Get 和 Scan。其中，Get 类的作用就是按条件进行指定行数据的查询工作，而 Scan 类可以对指定范围内的内容进行查询。

实现表查询的大体步骤如下。

第 1 步：获取 HBase 集群资源信息。

第 2 步：创建连接。

第 3 步：创建 table 实例。

第 4 步：构造表信息，如 get、scan 对象的构造。

第 5 步：通过 table 实例执行表的信息进行查询。

第 6 步：对查询出的内容进行处理。

第 7 步：关闭打开的资源。

下面通过两个示例来理解 Get 和 Scan 类查询的用法。

【例 6-14】应用 Get 类，查询现有表中的一行数据。

```
public static void main(String[] args) throws IOException {
    // 1.获取资源
    Configuration conf = HBaseConfiguration.create();
    // 2.创建连接
    Connection connection = ConnectionFactory.createConnection(conf);
    // 3.创建表实例
    Table table = connection.getTable(TableName.valueOf("tbname"));
    // 4.指定要获取指定表中指定行的数据
    Get get = new Get(Bytes.toBytes("row-1"));// 通过指定行"row-1"创建 get 实例
    get.setMaxVersions(3);// 获取的最大版本
    get.addColumn(Bytes.toBytes("fam1"), Bytes.toBytes("col1"));// 指定要获取的列族及列
    Result result = table.get(get);// 按 get 实例中指定条件获取结果并返回结果集 result
    // 5.遍历并输出结果集中指定数据的信息
    for (Cell cell : result.rawCells()) {
        System.out.print("行键: " + new String(CellUtil.cloneRow(cell)));
        System.out.print("列族: " + new String(CellUtil.cloneFamily(cell)));
        System.out.print(" 列: " + new String(CellUtil.cloneQualifier(cell)));
        System.out.print(" 值: " + new String(CellUtil.cloneValue(cell)));
        System.out.println("时间戳: " + cell.getTimestamp());
    }
    // 6.关闭打开的资源
    table.close();
    connection.close();
}
```

Get 类对 HBase 表“tbname”指定行“row-1”进行数据查询。这里需要注意的是，在进行 setMaxVersions(int i)方法调用时，i 一定要不大于表结构里的版本数据。如果大于，也会按表结构里最大版本数进行内容的显示。

【例 6-15】应用 Scan 类，查询指定范围内的数据。

```
public static void main(String[] args) throws Exception {
    String tableName = "tbname";// 定义表名
    String beginRowKey = "row-1";// 定义开始行键
    String endRowKey = "row-100";// 定义结束行键
    // 1.获取资源
    Configuration conf = HBaseConfiguration.create();
    // 2.创建连接
    Connection conn = ConnectionFactory.createConnection(conf);
    // 3.依据指定表名创建table实例
    Table table = conn.getTable(TableName.valueOf(tableName));
    // 4.创建scan实例
    Scan scan = new Scan();
    scan.setStartRow(Bytes.toBytes(beginRowKey));// 设置扫描开始行键
    scan.setStopRow(Bytes.toBytes(endRowKey));// 设置扫描结束行键
    scan.setMaxVersions(3);// 设置扫描的最大版本
    scan.setCaching(20);// 设置缓存
    scan.setBatch(10);// 设置缓存数量
    // 5.获取数据给ResultScanner集
    ResultScanner rs = table.getScanner(scan);
    // 遍历读取ResultScanner集中的内容
    for (Result result : rs) {
        //遍历读取result集中的内容
        for (Cell cell : result.rawCells()) {
            System.out.print("行键: " + new String(CellUtil.cloneRow(cell)));
            System.out.print("列族: " + new String(CellUtil.cloneFamily(cell)));
            System.out.print(" 列: " + new String(CellUtil.cloneQualifier(cell)));
            System.out.print(" 值: " + new String(CellUtil.cloneValue(cell)));
            System.out.println("时间戳: " + cell.getTimestamp());
        }
    }
    // 6.关闭打开的资源
    rs.close();
    table.close();
    conn.close();
}
```

示例实现了查询“tbname”表中行键在“row-1”~“row-100”的数据。它利用HBase提供的底层顺序存储的数据结构，调用Table的getScanner方法，在返回扫描器实例的同时，用户也可以用它迭代获取数据，最终将结果存放在ResultScanner结果集中。ResultScanner将扫描操作转换为类似的get操作，将每一行数据封装成一个Result实例，并将所有的Result 实例放入一个迭代器中。

虽然Scan类可以查询指定范围的数据，但它与Get类一样缺少一些细粒度的筛选功能，不能对行键、列名或列值进行过滤，为此，HBase 提供了过滤器的功能。在使用过滤器的过程中，HBase提供了协处理器功能，它可以通过使用过滤器减少服务器端通过网络返回到客户端的数据量。此外，HBase API还提供了计数器以及与其他工具整合等的功能。

6.5 HBase 表设计

在 HBase 中表的数据分割主要使用列族而不是列，底层存储也是按顺序进行列族线性存储，尽量保证磁盘上一个列族下所有的单元格都存储在一个存储文件（Store File）中，不同列族的单元格不会出现在同一个存储文件中。同时每个单元格在实际存储时也保存了行键和列键，所以每个单元格都单独存储了它在表中所处位置的相关信息。HBase 在进行信息读取时，按键从左到右（行键→列族→列限定符→时间戳→值）按字典读取。

基于 HBase 这样的特点，进行 HBase 表设计时，列族数量不要过大；列族命名要尽量短，减轻网络传输与判断过程的资源；为了方便快速查询业务上相似的内容，建议尽量放入同一列族下。

针对常规的服务器，Region 的大小建议在 10 GB~50 GB，Cell 建议不超过 10 MB，如果 HBase 处理的是中间对象或 MOB（Medium Object Storage，中等对象存储，由 HBASE-11339 引入，其功能可以提高 HBase 对 100KB 到 10MB 的中等尺寸文件的低延迟读写访问能力，使 HBase 非常适合存储文档、图片和其他中等尺寸的对象）这样较大的目标，建议 Cell 不超过 50 MB。

在设计 Row Key 时，因为它的值是主要存储单位，所以在长度上要尽量保持它们的合理性，以便节省磁盘的占有率、内存空间，这在一定程度上提高了内存的检索效率。不同的表中可以有相同的 Row Key，同一张表中 Row Key 是唯一的，同一张表中不同的 ColumnFamily（列族）可以存在相同的 Row Key。此外，为了规避 Row Key 设计不当造成的热点问题，在设计行键时，应尽量保证 Region 按中间键拆分时较均匀，即拆分后的两个 Region 大致相等，例如，将随机数据添加到 Row Key 设计值的开头，对指定列进行哈希或反转 Key 来防止热点问题，视具体情况而定。

HBase 相对于传统关系数据库来讲，多版本存储是一个新事物，所以在设计版本数据量时要好好考虑。通常，要存储的版本数是通过 HColumnDescriptor 按列族进行配置的。最大版本的默认值为 1，最小版本的默认值为 0，表示该功能已禁用。最小版本参数与生存时间参数一起使用，并且可以与行版本参数的数量组合以允许配置，例如“保留最后 T 分钟的数据，最多 N 个版本，但是保持至少 M 个版本（其中 M 是最小行数版本的值，$M<N$)。仅当为列族启用生存时间且必须小于行版本数时，才设置此参数。

6.6 本章小结

本章通过比较 HBase 与传统关系数据库和 HDFS，介绍了 HBase 的基本概念，帮助读者理解 HBase 体系结构，以及数据存储模型。

在理解 HBase 基本概念的基础上，进行 HBase 搭建、Shell 命令以及 API 和表设计的实例介绍，使读者通过实践进一步理解 HBase 的理论与应用知识。

6.7 习题

1. 试述 HBase 产生的背景。
2. 试述你对 HBase 数据模型的理解。

3. 试述 HBase 体系结构中的主要组件以及每个组件的功能。
4. 试述 Region 拆分的过程。
5. 试述 HBase 的特点。
6. 试着独立搭建一个 HBase 分布式环境。
7. 试着应用 HBase Shell 的帮助信息，对表进行创建、查询、删除的操作。
8. 试着自己查找 HBase API，用 Java 编写程序实现表创建、查询、删除的功能。

第 7 章　大数据仓库应用技术

数据仓库是伴随着信息与决策支持系统的发展过程产生的，数据仓库之父 Bill Inmon 将其定义为："数据仓库是支持管理决策过程的、面向主题的、集成的、随时间而变的、持久的数据集合。"可以说，数据仓库是专为分析数据而产生的模型结构。传统的数据仓库模型主要由事实表和维度表两个基本的元素构成。随着数据量的激增，传统数据仓库在大数据处理上的不足也逐渐显现。由于传统数据仓库符合 ACID 规则，所以传统数据仓库无法有效地对数据进行分片，机器的资源应用也不充分，例如：对于高效吞吐量和可扩展的线程不能及时有效地分配 CPU 和内存。Hive 开源工具拥有一套逻辑模型结构，可以非常紧密地应用于 HDFS 之上，而且架构灵活，留给用户较大发挥的空间。本章以 Hive 为代表进行大数据仓库应用技术的知识介绍。

知识地图

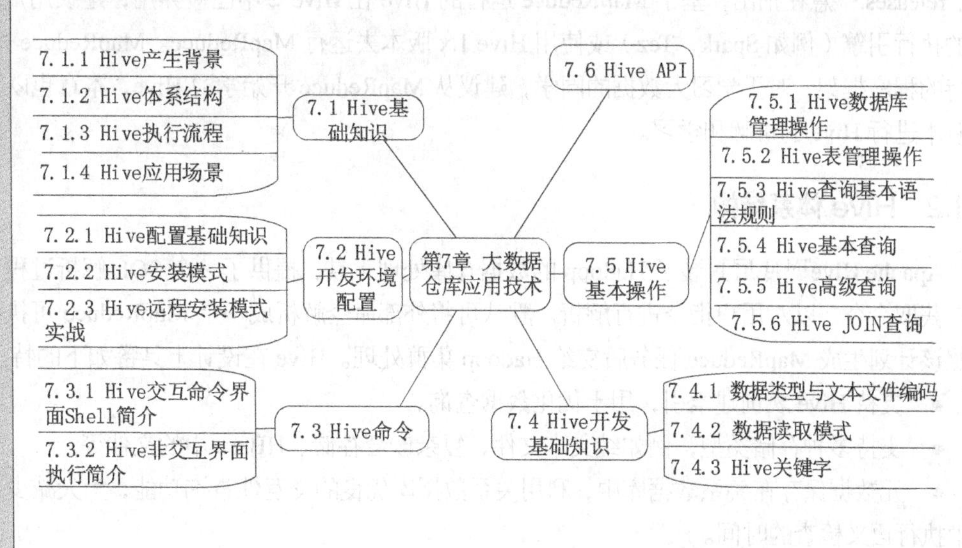

7.1 Hive 基础知识

7.1.1 Hive 产生背景

数据仓库是伴随着信息与决策支持系统的发展过程产生的，它可以将从多个数据源中收集来的信息以统一模式存储在单个站点上的仓储（或归档），给用户提供一个单独的、统一的数据接口，易于支持查询语句的书写。Hive 可以看作是基于 Apache Hadoop 的一个数据仓库工具。

HDFS 是一种“粗线条”的数据存储格式，而 HBase 弥补了 HDFS 对于小条目数据读取的缺陷，但它们都仅善于数据的读取，如果需要通过存储数据间的关系进行较复杂的分析会很困难，借助 MapReduce 等工具进行较复杂的程序编写，技术难度较高。Facebook 的 Jeff Hammerbacher 领导的团队最初将 Hive 作为一个开源的项目开发的目的就是降低 MapReduce 的编写难度，使 HDFS 的操作就如传统 SQL 操作数据库存储那样，可以让熟悉 SQL 编程的开发人员能够轻松地对 HDFS 平台上的数据进行查询、汇总和数据分析。在 MapReduce 产生时，考虑其对机器性能的低要求，MapReduce 被设计成基于磁盘读写的分布式计算框架，因此在进行大数据批处理时，任务是高延迟的，在任务提交和处理过程中会消耗一些时间成本。随着软硬件不断发展，数据存储量日益飙升，人工智能的飞速发展使得对大数据分析的要求提高，一些提升性能的工具也发展起来。例如 Tez，允许处理数据任务的、复杂的有向非循环图。它目前在 Apache Hadoop YARN 上构建，能够提升 MapReduce 的性能，允许 Apache Hive 运行复杂的 DAG 任务。Tez 可用于处理数据，相较于之前需要多个 MapReduce 作业，现在在单个 Tez 作业中便可完成。Spark，一个基于内存计算的工具，计算速度比 MapReduce 快上百倍。而且从 Hive 2 开始，启动时都会弹出劝告“Hive-on-MR is deprecated in Hive 2 and may not be available in the future versions. Consider using a different execution engine (i.e. spark, tez) or using Hive 1.X releases.”意在指出，基于 MapReduce 运行的 Hive 在 Hive 2 中已被弃用，建议用户考虑使用不同的执行引擎（例如 Spark，Tez）或使用 Hive 1.x 版本去运行 MapReduce。MapReduce 是 Hive 最初支持的程序框架，对于学习大数据的同学，建议从 MapReduce 开始学习 Hive，本章也以 MapReduce 为蓝本进行 Hive 的讲解和学习。

7.1.2 Hive 体系结构

Apache Hive™ 底层封装了 Hadoop 的数据仓库处理工具，提供了一个 SQL 解析过程，并从外部接口获取命令，以对用户指令进行解析。默认可将外部命令解析成一个 MapReduce 可执行计划，并按照该计划生成 MapReduce 任务后交给 Hadoop 集群处理。Hive 在设计上具备如下的特点。

- 支持 Hive 表创建索引，用于优化数据查询。
- 支持多种存储类型，例如纯文本文件、复杂嵌套存储、HBase 中的文件等。
- 元数据保存在关系数据库中，利用关系数据库优良的交互性查询功能，大大减少了在查询过程中执行语义检查的时间。
- 通过创建外部表，可以直接使用存储在 HDFS 文件系统中的数据。
- 内置大量用户自定义函数（User Defined Function，UDF）来操作时间、字符串和其他的数据挖掘工具，支持用户扩展 UDF 来完成内置函数无法实现的操作。

- 类 SQL 的查询方式，将 SQL 查询转换为 MapReduce 的 Job 在 Hadoop 集群上执行。

Hive 体系结构可以从 2009 年由 Facebook 数据基础架构团队成员 Ashish Thusoo 等人发表的文章 *Hive A Warehousing Solution Over a MapReduce Framework* 谈起，文章记录了当时在 Facebook 中 Hive 仓库包含数千张表，其中包含超过 700TB 的数据，并且被 100 多个用户广泛用于报告和临时分析。此外，Hive 向用户提供了不同的用户访问接口，除了 Shell，通过配置，Hive 还可以提供诸如 Thrift 服务器、Web UI、JDBC/ODBC 服务，具有强大的功能和良好的可扩展性。随着 Hive 框架功能的不断完善，Hive 框架发生了一些较大的变化。具体 Hive 的体系结构如图 7-1 所示。

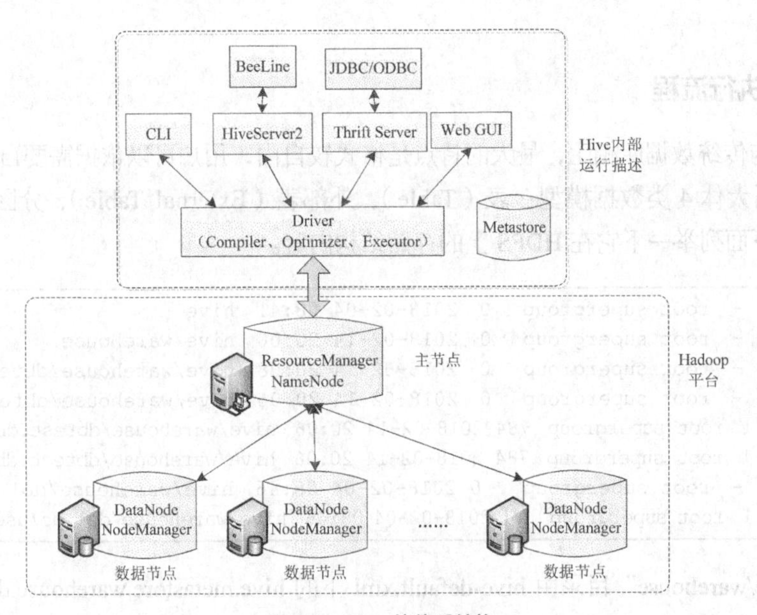

图 7-1　Hive 的体系结构

图 7-1 中，Driver 是 Hive 的核心组件，负责 HiveQL 解析和优化 HiveQL 语句，将其转换成一个 Hive Job（可以是 MapReduce，也可以是 Spark 等其他 Hive 支持的任务形式），并提交给 Hadoop 集群。

元数据存储（Metastore），主要存储 Hive 创建的表的名字、列和分区的属性及关系、表的属性（是否为外部表等）、表的数据所在目录等。Hive 默认将元数据存储在关系数据库 Derby 中，也可以通过配置（详见 7.2.3 小节）将元数据存储在关系数据库中，例如 MySQL。

CLI 是 Hive 命令行接口，提供了执行 HiveQL、设置参数等功能。具体使用方法请参见 7.5 节。

HiveServer2 是一种能使客户端执行 Hive 查询的服务。HiveServer2 是 HiveServer1 的改进版，HiveServer1 已经被废弃。HiveServer2 可以支持多客户端并发和身份认证，旨在为开放 API 客户端（如 JDBC 和 ODBC）提供更好的支持。HiveServer2 单进程运行，提供组合服务，包括基于 Thrift 的 Hive 服务（TCP 或 HTTP）和用于 Web UI 的 Jetty Web 服务，同时它也可以执行新的工具 BeeLine，给维护带来了新的便利。

BeeLine 是 Hive 新的命令行客户端工具，从 Hive 0.11 开始引入。HiveServer2 支持一个新的命令行 Shell，称为 BeeLine，支持嵌入模式（Embedded Mode）和远程模式（Remote Mode）。在嵌入模式下，运行嵌入式的 Hive（类似 Hive CLI），而在远程模式下，可以通过 Thrift 连接到独立的 HiveServer2 进程上。从 Hive 0.14 开始，BeeLine 在使用 HiveServer2 工作时，也会从 HiveServer2 将

日志信息输出到 STDERR。

Hive 提供了 Thrift 服务（Thrift Server），只要客户端符合 Thrift 标准就可以与它对接。这样可以在一台服务器上启动一个 Hive，其他用户通过 Thrift 访问 Hive，例如 JDBC/ODBC。

JDBC/ODBC：JDBC（Java Database Connectivity，Java 数据库连接）是一种用于执行 SQL 语句的 Java API，可以为多种关系数据库提供统一访问。而 ODBC（Open Database Connectivity，开放数据库连接）是为解决异构数据库间的数据共享而产生的，允许应用程序以 SQL 为数据存取标准，通过 ODBC 可以访问各类计算机上的数据库文件，甚至访问如 Excel 表和 ASCII 数据文件这类非数据库对象。

7.1.3 Hive 执行流程

Hive 存储与传统数据库相比，最大的特点是格式较自由，用户可以依据需要自由组织。但宏观上，它还是遵循大体 4 类数据模型：表（Table）、外部表（External Table）、分区（Partition）和桶（Bucket）。下面列举一下它在 HDFS 上的存储结构内容。

```
drwxr-xr-x  - root supergroup  0  2018-02-04 08:41  hive
drwxr-xr-x  - root supergroup  0  2018-02-14 20:00  hive/warehouse
drwxr-xr-x  - root supergroup  0  2018-02-14 20:08  hive/warehouse/dbtest.db
drwxr-xr-x  - root supergroup  0  2018-02-14 20:06  hive/warehouse/dbtest.db/tb1
-rwxr-xr-x 1 root supergroup 784 2018-02-14 20:06 hive/warehouse/dbtest.db/tb1/file1.txt
-rwxr-xr-x 1 root supergroup 784 2018-02-14 20:06 hive/warehouse/dbtest.db/tb1/file2.txt
drwxr-xr-x  - root supergroup   0 2018-02-04 08:46  hive/warehouse/db1.db/userinfo
-rwxr-xr-x 1 root supergroup  71 2018-02-04 08:46 hive/warehouse/db1.db/userinfo/file.txt
```

其中，“hive/warehouse”目录由 hive-default.xml 下的 hive.metastore.warehouse.dir 参数指定，也可由用户在 hive-site.xml 对此存储位置进行重新指定。dbtest 是数据库名，tb1、tb2 为表名。这些表数据可以在 Hive 建表前就存在，也可以在 Hive 建表后，通过 HiveQL 插入。HiveQL 的语法规则与 SQL 类似，例如查询 dbtest 数据库下 tb1 表中的所有数据内容的语句：

```
hive> SELECT * FROM dbtest.tb1;
```

该查询的 HiveQL 语句会在客户端（Client）通过 Hive 中任务执行流程提交，通过驱动（Driver）找到 HiveQL 中存储在关系数据库的元数据，确定表间及存储的情况，然后编译相关信息，生成执行计划，提交给 Hadoop 完成 Hive 的执行过程。Hive 的执行流程如图 7-2 所示。

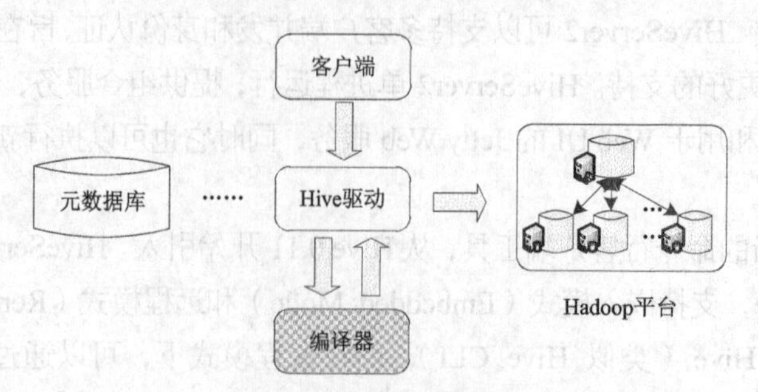

图 7-2 Hive 执行流程

7.1.4 Hive 应用场景

Hive 构建在基于静态批处理的 Hadoop 之上，Hadoop 通常都有较高的延迟并且在作业提交和调度的时候需要大量的开销。因此，Hive 并不能在大规模数据集上实现低延迟、快速的查询，例如，Hive 在几百 MB 的数据集上执行查询一般有分钟级的时间延迟。

Hive 并不适合低延迟的应用，例如联机事务处理（On-Line Transaction Processing，OLTP）。Hive 查询操作过程严格遵守 Hadoop MapReduce 的作业执行模型，Hive 将用户的 HiveQL 语句通过编译器转换为 MapReduce 作业提交到 Hadoop 集群上，Hadoop 监控作业执行过程，然后将作业执行结果返回给用户。Hive 并非为联机事务处理而设计，Hive 并不提供实时的查询和基于 Hive 表中按行级别的数据更新操作。Hive 的主要应用场景是大数据集的批处理作业，例如网络日志分析。

7.2 Hive 开发环境配置

Hive 最初就是基于 Hadoop 运行的工具。在正式学习 Hive 之前，有必要准备一个 Hive 的环境。本节主要针对 Hive 安装及 Hive Shell 基本应用做描述，为后面 Hive 实际操作的学习做好环境的准备工作。

7.2.1 Hive 配置基础知识

与 Hadoop 类似，Hive 可以在单个节点或集群环境下进行搭建运行。不同的是在实际生产中，Hive 大多基于 HDFS 运行，将数据以一定结构存储于 HDFS，读取数据并提供给用户类似于 SQL 语法规则的语句，这些语句编译成 MapReduce、Spark 等支持的格式，进而对 HDFS 进行操作。所以在搭建 Hive 之前，首先要做好下面 4 件事。

- Hive 版本选择：虽然每个 Hive 的发布版都被设计为能够和多个版本的 Hadoop 共同工作，但 Hadoop 版本众多，Hadoop 1 时代、Hadoop 2 时代和 Hadoop 3 时代差异很大，因此在搭建 Hive 前一定要去 Hive 官网了解选用的 Hive 版本（一定要与选择的 Hadoop 平台版本对应），以及它们的原生语言 Java 对应的运行环境。
- Java 版本选择：Hive 1.2 以后版本工具包需要 Java 1.7 或更高版本。Hive 0.14~1.1 也适用于 Java 1.6。强烈建议用户使用 Java 1.8。
- Hadoop 选型：目前 Hive 最新版本为 2.3.5，官网建议首选 Hadoop 2.x，从 Hive 2.0.0 以后版本不再支持 Hadoop 1.x，Hive 0.13 及以前支持 Hadoop 0.20.x、0.23.x，现在不建议再使用。
- 系统平台的选用：在实际生产中，Hive 基于 Linux 操作系统环境居多，Hive 也适用于 Windows 操作系统和 macOS 的开发环境。

7.2.2 Hive 安装模式

Hive 可以说是一套“寄宿”在 Hadoop、Spark 等环境下的模型，所以它在模型运行过程中主要存储运行记录、日志等元数据。元数据可以存储于 Hive 内嵌 Derby 库中，也可以存储于指定的第三方工具如 MySQL 中，第三方工具可以存储于本地或远程。基于这些特点，可以将 Hive 的安装模式分为 3 种。

1. 内嵌模式

内嵌模式采用 Hive 内嵌默认的元数据库 Derby，该模式只允许一个 Hive 会话连接。简要安装步骤如下。

第 1 步：修改{$HIVE_HOME}/conf/hive-env.sh，添加 Hive 配置文件在系统平台（例如 Linux 操作系统）中的存储位置量。

第 2 步：在{$HIVE_HOME}/conf/hive-site.xml 文件中配置 Hive 简单的存储、权限和日志信息等。

第 3 步：初始化元数据，参考命令：schematool -initSchema -dbType derby。

第 4 步：启动 hive bin/hive，运行 Hive，进行 HiveQL 的学习。

2. 独立模式

内嵌模式只允许一个会话连接。如果期望支持多用户多会话，则需要一个独立的元数据库，例如 MySQL 作为元数据库。配置 Hive 独立模式需要在 Hive 内嵌模式的基础上进行以下 6 个基本的配置步骤。

第 1 步：在 Hive 主节点安装 MySQL 服务器端和 MySQL 客户端，并启动 MySQL 服务。

第 2 步：为 Hive 元数据库创建一个 MySQL 的数据库名字，例如 hive，并赋予可访问的创建修改的权限。

第 3 步：将内嵌模式下“javax.jdo.option.ConnectionURL”配置由 Derby 更改为 MySQL 连接，并指定 MySQL 数据库应用时所用的驱动，指定元数据的用户名和密码。

第 4 步：通过设置 hive.metastore.local 参数为 true，指定独立模式元数据库模式。

第 5 步：初始化元数据库，参考命令：schematool -dbType mysql -initSchema。初始化后，会在第三方元数据库工具（例如 MySQL）中指定的数据库（例如 Hive）中看到生成很多表，记录了 Hive 应用中用户创建的表的信息的记录与管理功能。

第 6 步：启动 hive bin/hive，运行 Hive，进行 HiveQL 的学习。

3. 远程模式

远程模式安装是把元数据配置到远程机器上，可以配置多个。它可以在独立模式基础上继续配置，主要配置步骤参考如下。

第 1 步：在独立模式的基础上，需要在 hive-site.xml 文件中增加 server2 远程主机的配置参数，如下。

```
<property>
<name>hive.server2.thrift.port</name>
<value>10000</value>
</property>
<property>
<name>hive.server2.thrift.bind.host</name>
<value>master</value>
</property>
<property>
<name>hive.metastore.uris</name>
<value>thrift://master:9083</value>
</property>
```

第 2 步：启动元数据库服务和远程服务，参考命令如下。

```
$ hive --service metastore &
$ hive --service hiveserver2 &
```

第 3 步：启动 hive bin/hive，运行 Hive，进行 HiveQL 的学习。

7.2.3　Hive 远程安装模式实战

准备具有主节点（master）、从节点 1（slave1）和从节点 2（slave2）共计 3 个节点的 Hadoop 集群环境，选用 MySQL 作为 Hive 的远程元数据库，将其安装在“从节点 1”即 salve1 上。Hive 配置远程安装模式，安装在“主节点”即 master 上。

【实验环境】

操作系统：Oracle Linux 7.4/CentOS 7。

Java 运行环境：JDK1.8.0_144。

Hadoop 2.7.4 集群环境：NameNode（master）、DataNode（slave1、slave2）。

元数据库存储的第三方工具：MySQL 5.5.57。

Hive：Hive 2.3.3。

【实验步骤】

第 1 步：在 slave1 节点安装 MySQL，并通过 mysql 命令启动 MySQL 服务。

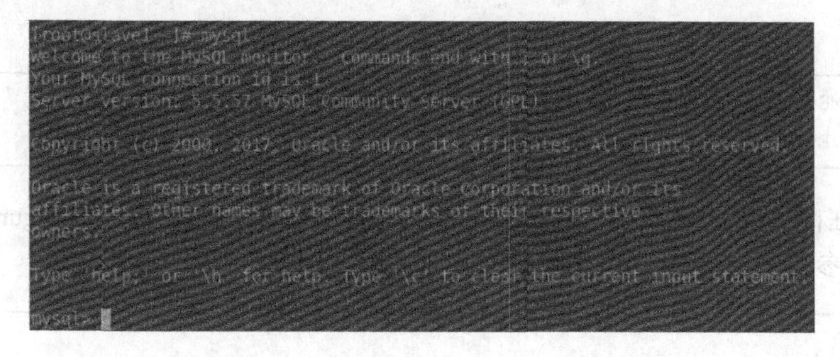

第 2 步：在 MySQL 环境下创建 Hive 元数据库 hive，并赋予操作权限。

```
create database hive;  #创建名为 hive 的数据库，用于存储 Hive 的元数据库信息
grant all privileges on *.* to 'root'@'slave1' identified by 'root'; #赋予 root 用户 slave1 访问权限
grant all privileges on *.* to 'root'@'%' identified by 'root'; #赋予 root 用户远程访问权限
flush privileges; #使用户权限更改生效
```

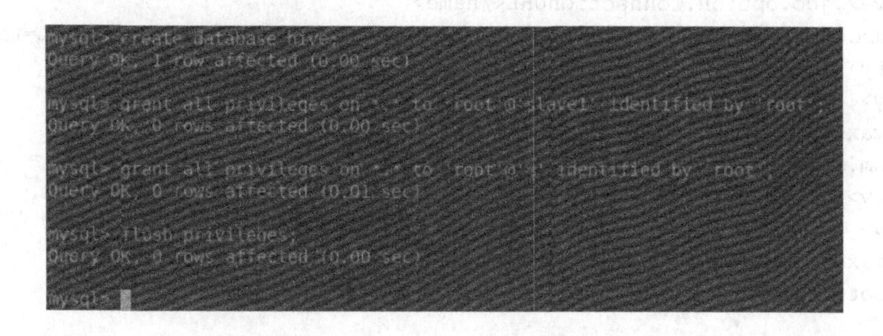

第 3 步：在 Hadoop NameNode 守护进程所在的机器上进行 Hive 安装包的解压缩准备工作。本次实验选用/opt 目录进行 Hive 配置，为了后期管理方便，解压缩后的 Hive 文件夹更名为 hive。例如日后 Hive 进行升级或版本更换，仍然将 hive 包解压缩至/opt/hive 下，这样所有涉及这个目录的环境配置工作就不用重做了。

```
tar xf experiment/file/apache-hive-2.3.3-bin.tar.gz -C /opt/ #解压缩 Hive 压缩包至/opt 目录下
```

```
mv /opt/apache-hive-2.3.3-bin /opt/hive #解压缩后 apache-hive-2.1.1-bin 文件夹更名为 hive
```

```
[root@master ~]# mv /opt/apache-hive-2.3.3-bin /opt/hive
[root@master ~]#
```

第 4 步：Hive 原生语言是 Java，为了保证 Java 对 MySQL 数据库的访问，需要将 Hive 需要的 MySQL 依赖包 mysql-connector-java-5.1.42.jar 复制至 hive/lib 目录下。

```
cp ~/experiment/file/mysql-connector-java-5.1.42.jar /opt/hive/lib/
```

第 5 步：修改{$HIVE_HOME}/conf/hive-env.sh，添加 Hive 配置文件在 CentOS 7 系统平台中的存储位置量。

```
HADOOP_HOME={$HADOOP_HOME} #指定 Hive 应用的 Hadoop 2.7.4 的安装包路径
export HIVE_CONF_DIR={$HIVE_HOME}/conf #指定 Hive 安装包配置文件夹路径
```

第 6 步：在{$HIVE_HOME}/conf/hive-site.xml 文件的<configuration>与</configuration>标签之间配置如下 Hive 参数。

```
<property>
<name>hive.metastore.warehouse.dir</name>
<value>/data/hive/warehouse</value>
</property>
<property>
<name>hive.metastore.local</name>
<value>true</value>
</property>
<property>
<name>javax.jdo.option.ConnectionURL</name>
<value>jdbc:mysql://slave1/hive?createDatabaseIfNotExist=true&amp;useSSL=false</value>
</property>
<property>
<name>javax.jdo.option.ConnectionDriverName</name>
<value>com.mysql.jdbc.Driver</value>
</property>
<property>
<name>javax.jdo.option.ConnectionUserName</name>
<value>root</value>
```

```
</property>
<property>
<name>javax.jdo.option.ConnectionPassword</name>
<value>root</value>
</property>
<property>
<name>hive.metastore.schema.verification</name>
<value>false</value>
</property>
```

第 7 步：在 master 初始化元数据库，参考命令：schematool -dbType mysql -initSchema。

```
[root@master bin]# schematool -dbType mysql -initSchema
SLF4J: Class path contains multiple SLF4J bindings.
SLF4J: Found binding in [jar:file:/opt/hive/lib/log4j-slf4j-impl-2.6.2.jar!/org/slf4j/impl/StaticLoggerBinder.class]
SLF4J: Found binding in [jar:file:/opt/hadoop/share/hadoop/common/lib/slf4j-log4j12-1.7.10.jar!/org/slf4j/impl/StaticLoggerBin
der.class]
SLF4J: See http://www.slf4j.org/codes.html#multiple_bindings for an explanation.
SLF4J: Actual binding is of type [org.apache.logging.slf4j.Log4jLoggerFactory]
Metastore connection URL:        jdbc:mysql://slave1/hive?createDatabaseIfNotExist=true&useSSL=false
Metastore Connection Driver :    com.mysql.jdbc.Driver
Metastore connection User:       root
Starting metastore schema initialization to 2.3.0
Initialization script hive-schema-2.3.0.mysql.sql
Initialization script completed
schemaTool completed
[root@master bin]#
```

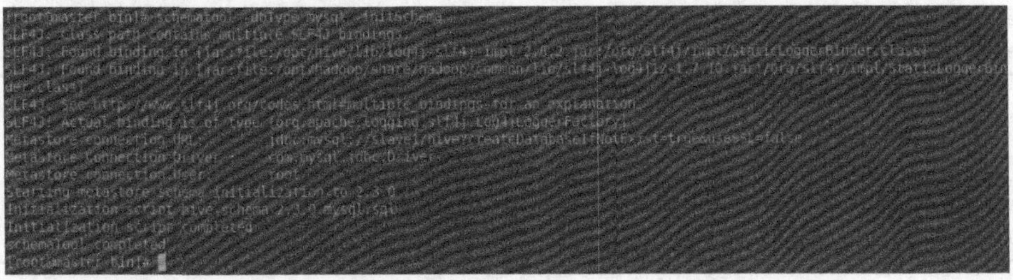

第 8 步：在 master 启动 Hive 服务并进行日志记录。

```
nohup hive --service metastore > metastore.log 2>&1 &
```

```
[root@master ~]# nohup hive --service metastore > metastore.log 2>&1 &
[1] 21176
[root@master ~]#
```

第 9 步：在 master 通过 hive 命令启动运行 Hive。

```
[root@master ~]# hive
SLF4J: Class path contains multiple SLF4J bindings.
SLF4J: Found binding in [jar:file:/opt/hive/lib/log4j-slf4j-impl-2.6.2.jar!/org/slf4j/impl/StaticLoggerBinder.class]
SLF4J: Found binding in [jar:file:/opt/hadoop/share/hadoop/common/lib/slf4j-log4j12-1.7.10.jar!/org/slf4j/impl/StaticLoggerBin
der.class]
SLF4J: See http://www.slf4j.org/codes.html#multiple_bindings for an explanation.
SLF4J: Actual binding is of type [org.apache.logging.slf4j.Log4jLoggerFactory]

Logging initialized using configuration in jar:file:/opt/hive/lib/hive-common-2.3.3.jar!/hive-log4j2.properties Async: true
Hive-on-MR is deprecated in Hive 2 and may not be available in the future versions. Consider using a different execution engin
e (i.e. spark, tez) or using Hive 1.X releases.
hive>
```

现在可进行 HQL 的学习。

7.3　Hive 命令

7.3.1　Hive 交互命令界面 Shell 简介

与 HDFS Shell 或常规数据库（例如 MySQL）一样，Hive 向用户提供了命令行窗口，主要命令窗口标识符“hive>”。用户可以通过这个命令窗口进行 Hive 的维护与学习（详见 7.4 节）。但与之不同的是，Hive 除了通过 CLI 对自身数据库进行操作外，还提供了对 Linux 操作系统及 HDFS 等的简单操作，下面主要针对一些常用的 Shell 应用进行介绍。

（1）创建数据库 dbtest。

```
hive> CREATE DATABASE dbtest;
```

（2）切换至数据库 dbtest 应用命令窗口

```
hive> use dbtest;
```

（3）在 hive>标签中显示当前使用的数据库。

```
hive>set hive.cli.print.current.db=true;
hive(dbtest)>
```

（4）关闭在 hive>标签中显示当前使用的数据库。

```
hive(dbtest)>set hive.cli.print.current.db=false;
hive>
```

（5）查询当前正在使用的数据库。

```
hive> SELECT current_database();
```

（6）在 hive 命令窗口中可以使用 Linux 操作系统较常用的命令，只需要在命令前面加“!”，后面加“;”，例如查询本地磁盘上文件路径的命令。

```
hive> !pwd;
```

（7）在 hive 命令窗口中应用 Linux 操作系统的 ls 命令，查询 Linux 操作系统本地磁盘上的命令。

```
hive> !ls /opt/hive/conf/;
```

（8）在 hive 命令窗口中查询 HDFS 命令，只需要在 HDFS 命令后加“;”。由于命令是在一个 JVM 中运行，因此比在实际的 HDFS Shell 命令下速度快很多。

```
hive> dfs -ls /;
```

（9）退出 Hive 交互环境。

```
hive> quit;
```

7.3.2 Hive 非交互界面执行简介

在非交互界面下，Hive 提供一些可操作的命令供用户使用。

与 Shell 一样，Hive 向用户提供了帮助信息，供用户查询命令列表及使用说明。

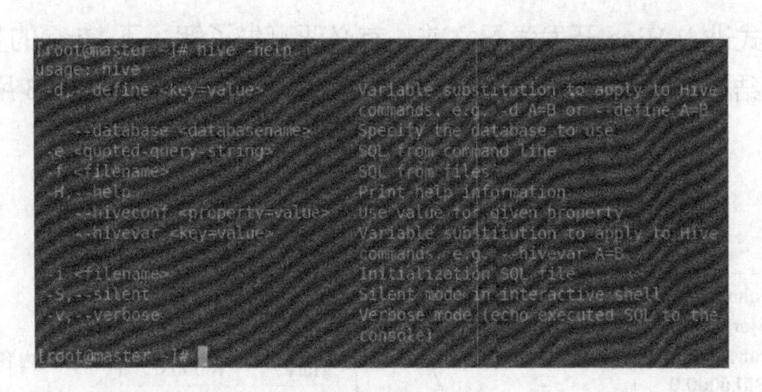

这是在 Hive 非交互界面发起的帮助，信息中显示了在非交互情形下 Hive 支持做的事情。例如，-e 可从命令行执行 SQL，-f 可从文件执行 HiveQL 等。下面列举这些功能的具体应用。

（1）执行一条 HiveQL 语句，执行完退出 Hive 环境。

```
[user@master ~]$ hive -e "SELECT * FROM userinfo"
```

（2）执行一个 HiveQL 的文件。

```
[user@master ~]$ hive -f /home/user/test.q
```

（3）操作一些常用的 Bash Shell 命令：【hive>紧跟一个“!”+Bash Shell 命令+“;”结尾】

```
hive>!pwd;
hive>!ls /home/user
```

（4）操作 HDFS 平台相关的命令：去掉 HDFS 平台命令前的 Hadoop 关键字，保留“-”，以“;”结尾。

```
hive>dfs -ls /
```

注释：相当于[user@master ~]$ hadoop dfs -ls /命令查询的结果，但不同的是，Hadoop dfs 每次运行的时候都会单独启用一个 JVM，而 hive>dfs -ls /命令是在单线程下运行的，感觉上比前者快很多。

（5）正常的 Hive 本身操作

```
hive>SELECT * FROM tb;
```

（6）通过 set 重新定义配置参数。

```
hive>set hive.cli.print.header=true;
```

用户可以通过帮助信息尝试体验这些体贴的服务。

7.4　Hive 开发基础知识

和传统关系数据库（例如 MySQL、Oracle）类似，Hive 也有表和字段的概念，所有数据都是按表的格式存储，表中有字段；不同的是，常用数据库表中字段间的间隔符是固定的，而 Hive 可以由用户自由指定。在正式进入Hive开发学习之前，有必要事先了解一下Hive的基本结构，以7.1.3小节中HDFS上的存储结构内容里的userinfo表为例，进行简要说明，如图7-3所示。

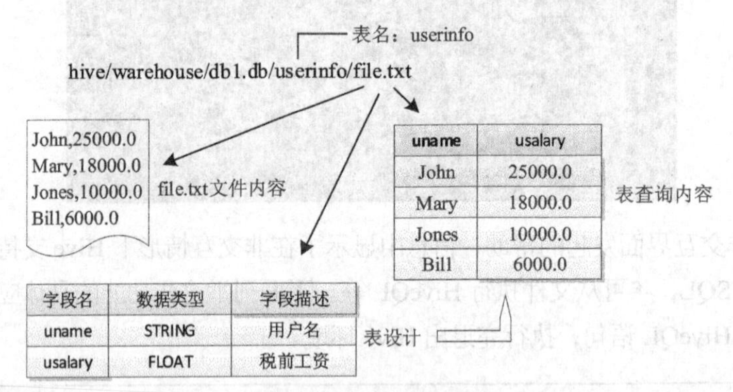

图7-3　Hive表存储结构

HDFS上存储的Hive数据库db1中表userinfo的内容，在HDFS中显示是存储在文件file.txt（文件名可由用户自定义）中。Hive表在设计时，会依据file.txt文件中存储的表内容进行格式定义，这里以逗号“,”相隔，分成2个字段。而通过Hive表查询的内容形式上与普通数据库类似。所以在Hive正式库表操作之前，有必要了解表中数据类型有哪些，表内文件内容应该如何存储。Hive与传统数据库相比，格式较为宽松，它在创建表时，可以由用户指定表的字段间隔符、换行符，以及存储位置等，形式较自由。

7.4.1　数据类型与文本文件编码

Hive原语主要由Java开发，在进行表模型数据类型设计时实现了Java的接口，支持类似Java中STRING、FLOAT等数据类型。从Hive在类型操作与转换上讲，Hive支持的数据类型可分为基本数据类型（Primitive Types）和复杂类型（Complex Types）两种，而类型之间与Java类似，支持类型转换的机制。

1. 基本数据类型

Hive基本数据类型主要有数值类型（Numeric Types）、日期/时间类型、字符串类型和布尔型4种，每种数据类型又被细分成许多类型，供Hive使用。具体内容如表7-1所示。

表7-1　HiveQL基本数据类型表

大类	类型	描述	示例
数值类型	TINYINT	1字节 有符号整数，－128~127	1
	SMALLINT	2字节 有符号整数，－32 768~32 767	1
	INT/INTEGER	4字节 有符号整数，－2 147 483 648~2 147 483 647	1
	BIGINT	8字节 有符号整数，－9 223 372 036 854 775 808~9 223 372 036 854 775 807	1
	FLOAT	4字节 单精度浮点数	1.0
	DOUBLE	8字节 双精度浮点数	1.0

续表

大类	类型	描述	示例
数值类型	DECIMAL	在 Hive 0.11.0 中引入，精度为 38 位 Hive 0.13.0 引入了用户可定义的精度和比例	DECIMAL(38,18)
	DOUBLE PRECISION	仅从 Hive 2.2.0 开始有效	
	NUMERIC	仅从 Hive 3.0.0 开始有效	
字符串类型	STRING	字符串	“a”，“a”
	VARCHAR	仅从 Hive 0.12.0 开始有效	
	CHAR	仅从 Hive 0.13.0 开始有效	
Misc 类型	BOOLEAN	true/false	true
	BINARY	仅从 Hive 0.8.0 开始有效	
日期/时间类型	TIMESTAMP	仅从 Hive 0.8.0 开始有效，精度到纳秒的时间戳	132550247050
	DATE	仅从 Hive 0.12.0 开始有效	
	INTERVAL	仅从 Hive 1.2.0 开始有效	

这些数据类型的使用方法与传统数据库类似，在创建表时指定。同时，这些类型也是 Hive 的保留字，所以在用户定义数据库名、表名、字段名时，不建议使用。为了实现 Hive 的普及性，建表的语法规则尽量保留传统关系数据库的建表规则。

【例 7-1】针对图 7-3 中 userinfo 表，进行建表操作，体会 Hive 建表过程。

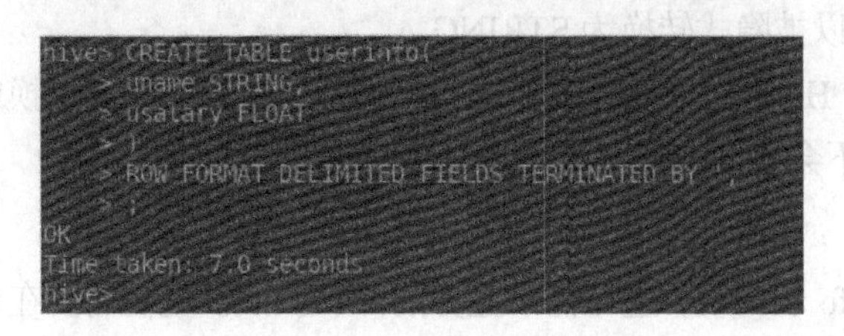

2. 数据类型转换

Hive 与传统语言类似，某种情况下支持类型的转换，例如，INT 型数据存储为 FLOAT 型数据时会被隐式转换成较大的 FLOAT 值；FLOAT 型数据与 DOUBLE 型数据进行比较时，FLOAT 型数据会先隐式地转换成 DOUBLE 型再进行比较。但并非所有的类型间都可以转换，表 7-2 列出了 Hive 内置的数据类型之间是否允许隐式转换。表 7-2 中，字条的涵义为：T（true，类型间可以转换）、F（false，类型间不可以转换）；表头和第 1 列的字符为各种数据类型的缩写：VT（VOID）、BL（BOOLEAN）、TY（TINYINT）、ST（SMALLINT）、I（INT）、BT（BIGINT）、F（FLOAT）、D（DOUBLE）、DC（DECIMAL）、STR（STRING）、VC（VARCHAR）、TS（TIMESTAMP）、DT（DATE）、BR（BINARY）。

表 7–2　　HiveQL 是否允许隐式类型转换

数据类型	VT	BL	TY	ST	I	BT	F	D	DC	STR	VC	TS	DT	BR
VT	T	T	T	T	T	T	T	T	T	T	T	T	T	T
BL	F	T	F	F	F	F	F	F	F	F	F	F	F	F
TY	F	F	T	T	T	T	T	T	T	T	T	F	F	F
ST	F	F	F	T	T	T	T	T	T	T	T	F	F	F
I	F	F	F	F	T	T	T	T	T	T	T	F	F	F
BT	F	F	F	F	F	T	T	T	T	T	T	F	F	F
F	F	F	F	F	F	F	T	T	T	T	T	F	F	F
D	F	F	F	F	F	F	F	T	T	T	T	F	F	F
STR	F	F	F	F	F	F	F	T	T	T	T	F	F	F
VC	F	F	F	F	F	F	F	T	T	T	T	F	F	F
DC	F	F	F	F	F	F	F	F	T	T	T	F	F	F
TS	F	F	F	F	F	F	F	F	F	T	T	T	F	F
DT	F	F	F	F	F	F	F	F	F	T	T	F	T	F
BR	F	F	F	F	F	F	F	F	F	T	F	F	F	T

这里需要注意的是，能够转换的类型之间遵循一定的规则，如下所示。

- 任何 INT 型可以隐式地转换为一个范围更广的类型。
- 所有 INT 型、FLOAT 和 STRING（指纯数字）类型都能隐式转换为 DOUBLE。
- TINYINT、SMALLINT 和 INT 都可以转换为 FLOAT。
- BOOLEAN 类型不能转换为其他任何类型。
- TIMESTAMP 可以被隐式转换为 STRING。

这里需要注意的是：Hive 与传统语言不同的是，当类型间不能够转换或表中字段的值相对数据类型不合法时，Hive 并不会做报错处理，而是返回 NULL。

3. 复杂数据类型

以图 7-3 中的 userinfo 表为例，进行需求业务的知识扩展。现在需要在记录用户信息的基础上增加对每一位用户家庭成员、扣税情况和家庭住址的记录。如果采用的是传统的关系数据库，例如 MySQL，常规的建表方法如图 7-4 所示。

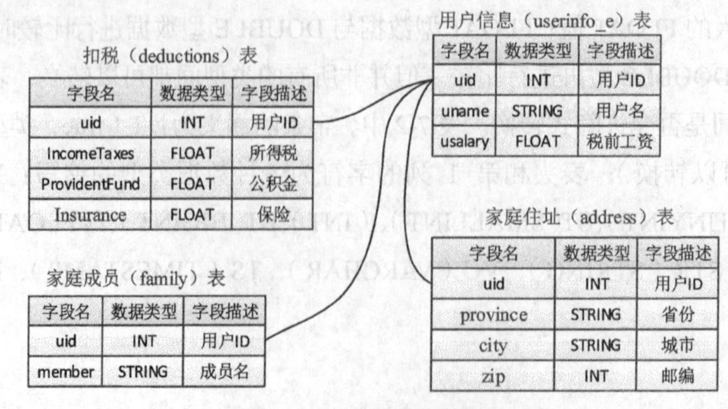

图 7-4　MySQL 数据库建表关系

图 7-4 展示了 MySQL 建表规则，通常需要用 4 张表来存储信息，信息冗余小，交互查询便利。但在 HDFS 存储的集群中，并不适合大量复杂的交互式查询，否则会给集群带来不必要的负载。HDFS 主张大数据块冗余式存储，Hive 在表设计上也主张这样的观点，提供了复杂的数据类型，如表 7-3 所示。

由于 Hive 数据库格式的自由性，例如【例 7-1】中字段 uname 与字段 usalary 之间用逗号“,”分隔，需要通过“ROW FORMAT DELIMITED FIELDS TERMINATED BY ','”语句告之字段间分隔符是逗号。针对复杂数据类型，也有对应的每种类型指定分隔符的关键字。

表 7-3　　HiveQL 复杂数据类型

类型	描述	示例
ARRAY<data_type>	数组类型，从 Hive 0.14 开始，一组有序字段，字段的类型必须相同	array(1,2)
MAP<primitive_type, data_type>	映射类型，从 Hive 0.14 开始，一组无序的键值对，键的类型必须是原子的，值可以是任何类型。同一个映射的键的类型必须相同，值的类型也必须相同	map('a',1, 'b',2)
STRUCT<col_name : data_type [COMMENT col_comment], ...>	结构类型，一组命名字段，字段的类型可以不同	struct('a',1,1,0)
UNIONTYPE<data_type, data_type, ...>	联合类型，仅从 Hive 0.7.0 开始，支持符合数据类型多个值的列举存储格式	create_union(1, 'a','20')

表 7-3 中所示的类型实际上调用的是内置函数，Hive 也提供了面向用户开放的自定义函数的接口，依据业务需求，用户可以编写个性化自定义函数。这里需要指出的是，对于 Hive 来讲，实际生活中大多以由 ASCII 字符构成的文件即文本文件为主，而字段间隔用逗号或制表符分隔，如果存储字段对应的内容包括如逗号这样的符号，结果就会出现混乱，不能正确存取数据。因此，Hive 框架中默认设定了几个字段中不常出现的控制字符，作为表中字段间及字段内容中嵌套字段间的分隔符。这些分隔符在创建表初始时指定。具体分隔符内容及描述如表 7-4 所示。

表 7–4　　分隔符内容及描述

分隔符	描述
\n	对于文本文件来说，每行都是一条记录，因此换行符可以分割记录
^A(Ctrl+A)	用于分隔字段（列）。在 CREATE TABLE 语句中可以使用八进制编码\001 表示
^B	用于分隔 ARRARY 或者 STRUCT 中的元素，或用于 MAP 中键值对之间的分隔。在 CREATE TABLE 语句中可以使用八进制编码\002 表示
^C	用于 MAP 中键和值之间的分隔。在 CREATE TABLE 语句中可以使用八进制编码\003 表示

现在以图 7-4 中的表关系为例，完成相同的业务在 Hive 中表建议的实现方法。复杂类型的分隔方法采用表 7-4 中的建议，应用^A 作为 userinfo_e 表中字段间的分隔符，应用^B 作为 family 表中家庭成员的分隔符，应用^C 作为 deductions 表使用的键值对构成的 map 类型中键和值之间的分隔符。将图 7-4 依据这样分隔完成的数据存储文件 userinfo1.txt 内容。

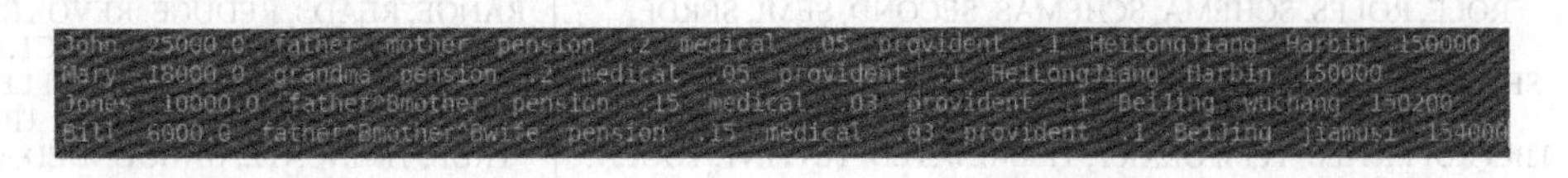

【例 7-2】针对 userinfo1.txt 表内容，即针对图 7-4 所示表结构在 Hive 下进行建表。

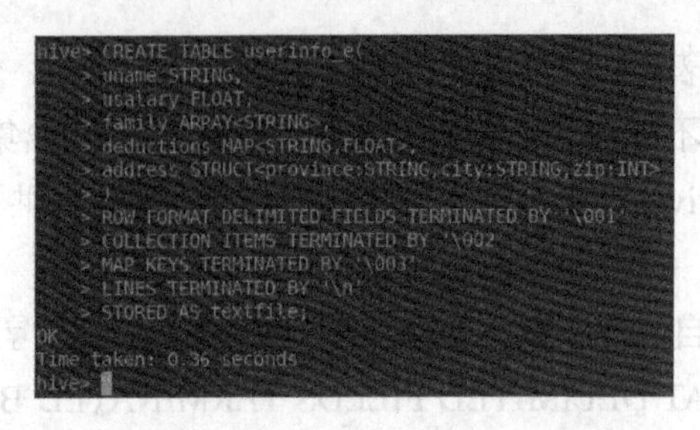

与图 7-4 相比，在 Hive 建表时，我们省略了 userid 这个表间的关联字段，而是用一张表以冗余的方式进行了相同数据的存储。例如住址中的省份，对两位来自北京的员工进行住址存储时，其中北京就进行了冗余存储。Hive 用一张表完成了 MySQL 多张表的内容存储。冗余存储造成了磁盘空间的多余占用，但支持大数据块的存取，节省了宝贵的索引占用内存的资源。

7.4.2 数据读取模式

讨论 Hive 数据读取模式时，经常提到读时模式与写时模式。

大多传统关系数据库如 MySQL，采用的是“写时模式”，即数据在写入数据库前会按照事先创建的存储数据格式标准进行检查，不符合格式要求时会抛出异常并拒绝数据的写入。

Hive 采用的是“读时模式”，即数据在写入 Hive 指定的库表时，无论格式正确与否，都会被写入，并不对加载数据进行验证。当数据被读取时，如果数据与格式不符合，也不会抛出异常，而是对不符合要求的数据以 NULL 的形式显示给用户。

7.4.3 Hive 关键字

在进行表的创建时，我们提到了 Hive 的保留字，并提到这是系统保留字符，不建议用户使用。Hive 关键字如表 7-5 所示。

表 7-5 Hive 关键字

版本	非保留关键字	保留关键字
Hive 1.2.0	ADD, ADMIN, AFTER, ANALYZE, ARCHIVE, ASC, BEFORE, BUCKET, BUCKETS, CASCADE, CHANGE, CLUSTER, CLUSTERED, CLUSTERSTATUS, COLLECTION, COLUMNS, COMMENT, COMPACT, COMPACTIONS, COMPUTE, CONCATENATE, CONTINUE, DATA, DATABASES, DATETIME, DAY, DBPROPERTIES, DEFERRED, DEFINED, DELIMITED, DEPENDENCY, DESC, DIRECTORIES, DIRECTORY, DISABLE, DISTRIBUTE, ELEM_TYPE, ENABLE, ESCAPED, EXCLUSIVE, EXPLAIN, EXPORT, FIELDS, FILE, FILEFORMAT, FIRST, FORMAT, FORMATTED, FUNCTIONS, HOLD_DDLTIME, HOUR, IDXPROPERTIES, IGNORE, INDEX, INDEXES, INPATH, INPUTDRIVER, INPUTFORMAT, ITEMS, JAR, KEYS, KEY_TYPE, LIMIT, LINES, LOAD, LOCATION, LOCK, LOCKS, LOGICAL, LONG, MAPJOIN, MATERIALIZED, METADATA, MINUS, MINUTE, MONTH, MSCK, NOSCAN, NO_DROP, OFFLINE, OPTION, OUTPUTDRIVER, OUTPUTFORMAT, OVERWRITE, OWNER, PARTITIONED, PARTITIONS, PLUS, PRETTY, PRINCIPALS, PROTECTION, PURGE, READ, READONLY, REBUILD, RECORDREADER, RECORDWRITER, REGEXP, RELOAD, RENAME, REPAIR, REPLACE, REPLICATION, RESTRICT, REWRITE, RLIKE, ROLE, ROLES, SCHEMA, SCHEMAS, SECOND, SEMI, SERDE, SERDEPROPERTIES, SERVER, SETS, SHARED, SHOW, SHOW_DATABASE, SKEWED, SORT, SORTED, SSL, STATISTICS, STORED, STREAMTABLE, STRING, STRUCT, TABLES, TBLPROPERTIES, TEMPORARY, TERMINATED, TINYINT, TOUCH, TRANSACTIONS, UNARCHIVE, UNDO, UNIONTYPE, UNLOCK, UNSET, UNSIGNED, URI, USE, UTC, UTCTIMESTAMP, VALUE_TYPE, VIEW, WHILE, YEAR	ALL, ALTER, AND, ARRAY, AS, AUTHORIZATION, BETWEEN, BIGINT, BINARY, BOOLEAN, BOTH, BY, CASE, CAST, CHAR, COLUMN, CONF, CREATE, CROSS, CUBE, CURRENT, CURRENT_DATE, CURRENT_TIMESTAMP, CURSOR, DATABASE, DATE, DECIMAL, DELETE, DESCRIBE, DISTINCT, DOUBLE, DROP, ELSE, END, EXCHANGE, EXISTS, EXTENDED, EXTERNAL, FALSE, FETCH, FLOAT, FOLLOWING, FOR, FROM, FULL, FUNCTION, GRANT, GROUP, GROUPING, HAVING, IF, IMPORT, IN, INNER, INSERT, INT, INTERSECT, INTERVAL, INTO, IS, JOIN, LATERAL, LEFT, LESS, LIKE, LOCAL, MACRO, MAP, MORE, NONE, NOT, NULL, OF, ON, OR, ORDER, OUT, OUTER, OVER, PARTIALSCAN, PARTITION, PERCENT, PRECEDING, PRESERVE, PROCEDURE, RANGE, READS, REDUCE, REVOKE, RIGHT, ROLLUP, ROW, ROWS, SELECT, SET, SMALLINT, TABLE, TABLESAMPLE, THEN, TIMESTAMP, TO, TRANSFORM, TRIGGER, TRUE, TRUNCATE, UNBOUNDED, UNION, UNIQUEJOIN, UPDATE, USER, USING, UTC_TMESTAMP, VALUES, VARCHAR, WHEN, WHERE, WINDOW, WITH

续表

版本	非保留关键字	保留关键字
Hive 2.0.0	去掉 REGEXP, RLIKE 增加: AUTOCOMMIT, ISOLATION, LEVEL, OFFSET, SNAPSHOT, TRANSACTION, WORK, WRITE	增加: COMMIT, ONLY, REGEXP, RLIKE, ROLLBACK, START
Hive 2.1.0	增加: ABORT, KEY, LAST, NORELY, NOVALIDATE, NULLS, RELY, VALIDATE	增加: CACHE, CONSTRAINT, FOREIGN, PRIMARY, REFERENCES
Hive 2.2.0	增加: DETAIL, DOW, EXPRESSION, OPERATOR, QUARTER, SUMMARY, VECTORIZATION, WEEK, YEARS, MONTHS, WEEKS, DAYS, HOURS, MINUTES, SECONDS	增加: DAYOFWEEK, EXTRACT, FLOOR, INTEGER, PRECISION, VIEWS
Hive 3.0.0	增加: TIMESTAMPTZ, ZONE	增加: TIME, NUMERIC

7.5 Hive 基本操作

针对 Hive SQL 的操作，官网给出了详细的语法描述与案例。本节主要延续 7.3 节用户信息表的案例演示常用的 Hive 操作，例如数据库、数据表管理操作，以及简单的表查询操作等。

7.5.1 Hive 数据库管理操作

Hive 与传统关系数据库类似，数据表都存储在指定的数据库中，如图 7-3 中的 userinfo 表位于名为 db 的数据库目录下。位于/hive/warehouse/目录下的表 userinfo_e 表面上看似乎直接存储于 Hive 下，没有数据库名，其实是 Hive 在建表时没有指定数据库名，默认为在 Default 数据库下，存储时会直接存储于 hive.metastore.warehouse.dir 参数指定的目录下。Hive 向用户提供了关于库表的操作命令。

【例 7-3】数据库操作举例。

```
# 如果名为 mydb 的数据库不存在，则创建数据库 mydb
hive> CREATE DATABASE IF NOT EXISTS mydb;
OK
Time taken: 0.199 seconds
# 显示当前 Hive 平台的数据库列表，当前显示默认数据库 default 和新创建的数据库 mydb
hive> SHOW DATABASES;
OK
default
mydb
Time taken: 0.064 seconds, Fetched: 2 row(s)
# 查询当前使用的数据库名
hive> SELECT current_database();
OK
mydb
Time taken: 0.536 seconds, Fetched: 1 row(s)
# 切换至建表要使用的数据库 mydb
hive (default)> USE mydb;
OK
Time taken: 0.022 seconds
# 删除名为 mydb 的数据库
```

```
hive> DROP DATABASE mydb;
OK
Time taken: 0.384 seconds
# 再次查询，数据库 mydb 已经不存在
hive> SHOW DATABASES;
OK
default
Time taken: 0.017 seconds, Fetched: 1 row(s)
```

7.5.2 Hive 表管理操作

在对 Hive 表管理之前，首先需要有数据库的存在，然后在指定的数据库中对 Hive 进行表的创建、更改、删除和转换等操作。

【例 7-4】在指定的 mydb 数据库中依据图 7-3 中 file.txt 文件内容进行表的创建、数据插入和表结构查询操作。

```
# 在名为 mydb 的数据库中创建表 userinfo
hive> CREATE TABLE mydb.userinfo(
    > uname STRING,
    > usalary FLOAT
    > )
    > ROW FORMAT DELIMITED FIELDS TERMINATED BY ',';
OK
Time taken: 0.135 seconds
# 加载数据至 mydb 数据库中的表 userinfo 中
hive> LOAD DATA LOCAL INPATH '/root/experiment/data/file.txt' INTO TABLE mydb.userinfo;
Loading data to table mydb.userinfo
OK
Time taken: 0.952 seconds
# 查询此时 HDFS 中 mydb 数据库下表及表数据列表
hive> dfs -lsr /data/hive/warehouse/mydb*;
lsr: DEPRECATED: Please use 'ls -R' instead.
drwxr-xr-x   - root supergroup       0 2019-05-25 10:36 /data/hive/warehouse/mydb.db/userinfo
-rwxr-xr-x   1 root supergroup      52 2019-05-25 10:36 /data/hive/warehouse/mydb.db/userinfo/file.txt
# 查询 mydb 数据库中 userinfo 表结构
hive> DESCRIBE mydb.userinfo;
OK
uname                   string
usalary                 float
Time taken: 0.115 seconds, Fetched: 2 row(s)
```

示例给出了一个基本的操作例子。Hive 在应用上提供给用户非常灵活的操作方式，创建表时，除了用命令正常创建外，还提供了多种灵活的表指定结构的创建模式。

【例 7-5】复制表结构进行新表的创建。

```
hive> CREATE TABLE IF NOT EXISTS mydb.copy_userinfo LIKE mydb.userinfo;
OK
Time taken: 0.188 seconds
hive> DESCRIBE mydb.copy_userinfo;
OK
```

```
uname                   string
usalary               float
Time taken: 0.04 seconds, Fetched: 2 row(s)
```

此时，创建与 mydb 数据库下 userinfo 表同样结构的新表 copy_userinfo。除此之外，Hive 提供了指定列或带数据进行条件创建表的方法。

（1）创建新表 copy_userinfo_col，只包含一列，该列名和结构类型与表 userinfo 中一致。

```
hive> CREATE TABLE IF NOT EXISTS mydb.copy_userinfo_col
    > AS SELECT uname FROM mydb.userinfo;
```

（2）复制指定表字段结构及相应数据，创建表。

```
hive> CREATE TABLE IF NOT EXISTS mydb.copy_e1
    > AS select name,subordinates from mydb.employee;
```

（3）创建表的时候通过 select 加载数据。

```
hive> create table cp_emp as select * from employee;
```

（4）创建表的时候通过 select 指定创建的字段并加载指定字段的数据。

```
hive> create table cr_employee1 as select name from employee;
```

7.5.3 Hive 查询基本语法规则

从 Hive 0.13.0 开始，HiveQL 可以类似于传统 SQL 来进行表的查询工作，具体参考语法规则如下。

```
SELECT [ALL | DISTINCT] select_expr, select_expr, ... # 指定查询的表或视图中的列属性名
FROM table_reference    # 指定查询表
[WHERE where_condition]  # 指明 SELECT 语句中的筛选条件
[GROUP BY col_list] #指明 SELECT 语句查询内容按 col_list 分组
[ORDER BY col_list] #指明 SELECT 语句查询内容按 col_list 作全局排序
# 根据指定的 col_list 字段列表，将数据分到不同的 Reducer 中，且分发算法是 Hash 散列，常和 SORT BY 排序一起使用。指明 SELECT 语句查询内容按 col_list 局部排序
[CLUSTER BY col_list
| [DISTRIBUTE BY col_list] [SORT BY col_list]
]
[LIMIT [offset,] rows] # 指定查询出的行数
```

7.5.4 Hive 基本查询

本小节通过对 userinfo 表的查询，演示 Hive 基本查询的过程。

【例 7-6】通过对 userinfo 表的查询，演示 Hive 基本查询的用法。

（1）查询 userinfo 表中用户名和税前工资。

如果查询表中指定的字段，可将相应字段以“,”分隔进行查询。

```
hive> SELECT uname,salary FROM userinfo;
OK
John    25000.0
Mary    18000.0
Jones   10000.0
Bill    6000.0
Time taken: 2.369 seconds, Fetched: 4 row(s)
```

（2）更改表名后查询，格式为“别名.列名”，仍然查询上面的内容，将表更名为“u”。

```
hive> SELECT u.uname,u.salary FROM userinfo u;
John    25000.0
Mary    18000.0
Jones   10000.0
Bill    6000.0
Time taken: 2.418 seconds, Fetched: 4 row(s)
```

【例 7-7】复杂数据类型查询。

（1）完成 userinfo 表中用户、家庭成员和家庭成员中第 1 个成员，以及用户家庭成员数据的查询。

```
hive> SELECT uname,family,family[0],size(family) FROM userinfo;
OK
John ["father","mother"]   father   2
Mary ["grandma"]   grandma  1
Jones     ["father","mother"]   father   2
Bill ["father","mother","wife"]father   3
Time taken: 0.667 seconds, Fetched: 4 row(s)
```

（2）以列表的形式查询出 userinfo 表中姓名为 Bill 的所有家庭成员。这里注意，family 为数组类型，这里借用 explode 方法将数据成员以列表形式列出。

```
hive> SELECT explode(family) FROM userinfo_e WHERE uname='Bill';
OK
father
father
wife
Time taken: 0.622 seconds, Fetched: 3 row(s)
```

（3）查询 userinfo 表中用户名、个人所得税、公积金和保险。其中 deductions 是集合类型。

```
hive> SELECT uname,deductions["pension"],deductions["medical"],deductions["provident"]
FROM userinfo;
OK
John    0.2    0.05   0.1
Mary    0.2    0.05   0.1
Jones   0.15   0.03   0.1
Bill    0.15   0.03   0.1
Time taken: 0.258 seconds, Fetched: 4 row(s)
```

（4）查询 userinfo 表中用户名、所在省。其中 address 是结构类型。

```
hive> SELECT uname,address.provident FROM userinfo;
OK
John HeiLongJiang
Mary HeiLongJiang
Jones BeiJing
Bill BeiJing
Time taken: 0.667 seconds, Fetched: 4 row(s)
```

（5）使用 LIMIT 查询上述结果中的前 2 行。

通过 LIMIT 语句，查询 userinfo 表中前 2 行的用户名及用户住址。

```
hive> SELECT uname,address.provident FROM userinfo LIMIT 3;
OK
John HeiLongJiang
Mary HeiLongJiang
Time taken: 0.232 seconds, Fetched: 2 row(s)
```

（6）条件查询，查询薪水税前超过 10 000 的用户名及税前工资。

```
hive> SELECT uname,address,country FROM userinfo WHERE country='China';
OK
hive> SELECT uname,salary FROM userinfo WHERE salary >10000;
John    25000.0
Mary    18000.0
Time taken: 3.312 seconds, Fetched: 2 row(s)
```

7.5.5 Hive 高级查询

本节以一个股市交易的股票信息表 stocks 为例，演示数据分组、排序、连接等查询操作。其中 stocks 的表结构如表 7-6 所示。

表 7-6　　股票信息表 stocks

字段名	字段类型	字段描述
Exchanger	String	股票交易所代码
Symbol	String	股票代码
Ymd	String	股票交易日期
price_open	Float	股票开盘价
price_high	Float	股票开盘价
price_low	Float	股票最低价
price_close	Float	股票收盘价
Volume	Int	股票交易量
price_adj_close	Float	股票成交价

股票信息表 stocks 表中的数据内容通过 SELECT 语句查询结果如下。

```
hive> SELECT * FROM stocks;
OK
NASDAQ  APPL    2005-11-11      2.55    2.77    2.5     2.67    158500  2.67
NASDAQ  APPL    2005-12-9       2.71    2.74    2.52    2.55    131700  2.55
NASDAQ  AAME    2000-11-9       2.0     2.0     2.0     2.0     0       2.0
NASDAQ  AAME    2000-11-8       2.0     2.0     2.0     2.0     100     2.0
NASDAQ  IBM     2005-11-11      13.89   14.2    13.78   14.09   165100  14.09
NASDAQ  IBM     2009-9-29       14.06   14.12   13.86   13.92   56300   13.92
NASDAQ  ACFN    1998-2-2        4.5     4.63    3.94    4.0     141100  4.0
NASDAQ  ACFN    1998-1-30       4.63    4.81    4.44    4.44    41300   4.44
NASDAQ  ACAT    1992-11-3       16.61   16.72   16.28   16.28   49300   5.32
NASDAQ  ACAT    1992-11-2       16.72   17.15   16.61   16.61   50400   5.43
Time taken: 0.185 seconds, Fetched: 10 row(s)
```

1. GROUP BY 分组，完成 HAVING 条件查询

GROUP BY 语句按照一个或者多个列对结果进行分组，然后对每个组执行聚合操作。HAVING 完成原本需要通过子查询才能对 GROUP BY 语句产生的分组进行条件过滤的任务。

【例 7-8】查询股票交易所 NASDAQ 每支股票年销售额的平均收盘价>10.0 的信息。其中平均收盘价的最终显示结果保留 2 位小数。

```
hive> SELECT symbol,year(ymd),bround(avg(price_close),2) FROM stocks
    > WHERE exchanger='NASDAQ'
    > GROUP BY symbol,year(ymd)
    > HAVING avg(price_close)>10.0
    > ;
Query ID = root_20180815085255_81663056-97b2-4db8-bea4-fd3ce73fe2fd
Total jobs = 1
Launching Job 1 out of 1
Number of reduce tasks not specified. Estimated from input data size: 1
In order to change the average load for a reducer (in bytes):
  set hive.exec.reducers.bytes.per.reducer=<number>
In order to limit the maximum number of reducers:
  set hive.exec.reducers.max=<number>
In order to set a constant number of reducers:
  set mapreduce.job.reduces=<number>
Starting Job = job_1533872294962_0040, Tracking URL = 
http://master:8088/proxy/application_1533872294962_0040/
Kill Command = /opt/hadoop/bin/hadoop job  -kill job_1533872294962_0040
Hadoop job information for Stage-1: number of mappers: 1; number of reducers: 1
2019-05-15 08:53:04,757 Stage-1 map = 0%,  reduce = 0%
2019-05-15 08:53:12,307 Stage-1 map = 100%,  reduce = 0%, Cumulative CPU 1.78 sec
2019-05-15 08:53:22,074 Stage-1 map = 100%,  reduce = 100%, Cumulative CPU 3.95 sec
MapReduce Total cumulative CPU time: 3 seconds 950 msec
Ended Job = job_1533872294962_0040
MapReduce Jobs Launched:
Stage-Stage-1: Map: 1  Reduce: 1   Cumulative CPU: 3.95 sec   HDFS Read: 12050 HDFS Write: 
142 SUCCESS
Total MapReduce CPU Time Spent: 3 seconds 950 msec
OK
ACAT    1992    16.45
IBM     2009    14.01
Time taken: 27.482 seconds, Fetched: 2 row(s)
```

2. ORDER BY 与 SORT BY

为了正确演示 ORDER BY 与 SORT BY 的区别，在正式实验前需要做如下准备。

【实验准备】

如果当前你使用的是单机下的伪分布模式，请至少设置 mapreduce.job.reduces 参数值为 2，设置两个 Reducer 输出。用于观察实验结果，理解两种排序的使用方法。可通过配置文件进行设置，也可在当前 Hive 命令窗口通过命令设置。

```
hive> set mapreduce.job.reduces=2
```

HiveQL 中的 ORDER BY 用法与 SQL 中的非常类似，只是在 Hive 中设置有严格模式，可通过 hive.mapred.mode 参数设定。如果设定为 strict，表示 ORDER BY 必须遵循严格模式，即带有 ORDER BY 的 SELECT 语句必须含有 LIMIT 限定子句；如果设定为 nonstrict，表示非严格模式，即 LIMIT 子句在 SELECT 中不是必需存在的。

【例 7-9】查询股票中的日期、股票代码和收盘价，且按日期降序、股票代码升序排序结果。

```
hive> SELECT ymd,symbol,price_close
    > FROM stocks
    > ORDER BY year(1) DESC,2 ASC;
Query ID = root_20180817012722_e8c7608c-f414-4d2c-9560-c6108e5914ea
Total jobs = 1
Launching Job 1 out of 1
Number of reduce tasks determined at compile time: 1
In order to change the average load for a reducer (in bytes):
  set hive.exec.reducers.bytes.per.reducer=<number>
In order to limit the maximum number of reducers:
  set hive.exec.reducers.max=<number>
In order to set a constant number of reducers:
  set mapreduce.job.reduces=<number>
Starting Job = job_1533872294962_0054, Tracking URL =
http://master:8088/proxy/application_1533872294962_0054/
Kill Command = /opt/hadoop/bin/hadoop job -kill job_1533872294962_0054
Hadoop job information for Stage-1: number of mappers: 1; number of reducers: 1
2018-08-17 01:27:30,601 Stage-1 map = 0%,  reduce = 0%
2018-08-17 01:27:37,010 Stage-1 map = 100%,  reduce = 0%, Cumulative CPU 1.45 sec
2018-08-17 01:27:43,416 Stage-1 map = 100%,  reduce = 100%, Cumulative CPU 2.75 sec
MapReduce Total cumulative CPU time: 2 seconds 750 msec
Ended Job = job_1533872294962_0054
MapReduce Jobs Launched:
Stage-Stage-1: Map: 1  Reduce: 1  Cumulative CPU: 2.75 sec  HDFS Read: 9298 HDFS Write: 405 SUCCESS
Total MapReduce CPU Time Spent: 2 seconds 750 msec
OK
2005-12-9      APPL    2.55
2005-11-11      APPL    2.67
2009-9-29      IBM     13.92
2005-11-11      IBM     14.09
2000-11-8      AAME    2.0
2000-11-9      AAME    2.0
1998-1-30      ACFN    4.44
1998-2-2       ACFN    4.0
```

```
1992-11-2      ACAT    16.61
1992-11-3      ACAT    16.28
Time taken: 22.672 seconds, Fetched: 10 row(s)
```

其中，DESC 表示降序，ASC 表示升序，默认排序顺序为升序。从 Hive 3.0.0 开始，HiveQL 在优化过程中删除了 LIMIT 对子查询和视图中的排序。可将 hive.remove.orderby.in.subquery 设置为 false 来禁用该功能。

SORT BY 用法与 SQL 中 ORDER BY 用法非常类似，Hive 使用 SORT BY 中的列对行进行排序。排序指定的列如果是数值类型的按数值顺序排序，如果字符串类型，则按字典顺序排序。

【例 7-10】实现股票信息查询结果按日期升序、股票代码降序排序。

```
hive> SELECT ymd,symbol,price_close
    > FROM stocks
    > SORT BY year(ymd) DESC,symbol ASC;
Query ID = root_20180816091346_139fcd68-f59e-4253-b71d-499bdb198476
Total jobs = 1
Launching Job 1 out of 1
Number of reduce tasks not specified. Defaulting to jobconf value of: 2
In order to change the average load for a reducer (in bytes):
  set hive.exec.reducers.bytes.per.reducer=<number>
In order to limit the maximum number of reducers:
  set hive.exec.reducers.max=<number>
In order to set a constant number of reducers:
  set mapreduce.job.reduces=<number>
Starting      Job      =      job_1533872294962_0051,      Tracking      URL      =
http://master:8088/proxy/application_1533872294962_0051/
Kill Command = /opt/hadoop/bin/hadoop job  -kill job_1533872294962_0051
Hadoop job information for Stage-1: number of mappers: 1; number of reducers: 2
2018-08-16 09:13:53,683 Stage-1 map = 0%,  reduce = 0%
2018-08-16 09:14:01,200 Stage-1 map = 100%,  reduce = 0%, Cumulative CPU 2.11 sec
2018-08-16 09:14:08,643 Stage-1 map = 100%,  reduce = 50%, Cumulative CPU 3.46 sec
2018-08-16 09:14:14,055 Stage-1 map = 100%,  reduce = 100%, Cumulative CPU 4.76 sec
MapReduce Total cumulative CPU time: 4 seconds 760 msec
Ended Job = job_1533872294962_0051
MapReduce Jobs Launched:
Stage-Stage-1: Map: 1 Reduce: 2  Cumulative CPU: 4.76 sec  HDFS Read: 13677 HDFS Write: 492 SUCCESS
Total MapReduce CPU Time Spent: 4 seconds 760 msec
OK
--第 1 个 Reducer 里的排序结果--
2005-11-11      APPL    2.67
2005-11-11      IBM     14.09
2000-11-8      AAME    2.0
2000-11-9      AAME    2.0
1998-1-30      ACFN    4.44
1992-11-2      ACAT    16.61
--第 2 个 Reducer 里的排序结果--
2005-12-9      APPL    2.55
2009-9-29      IBM     13.92
1998-2-2      ACFN    4.0
1992-11-3      ACAT    16.28
Time taken: 28.597 seconds, Fetched: 10 row(s)
```

【实验结论】

ORDER BY 与 SORT BY 的区别在于前者保证输出中的总顺序，而后者仅保证当前 Reducer 中的排序。虽然通过“set mapreduce.job.reduces=2”命令设置了 2 个 Reducer 输出，但 SORT BY 运行时，仍然输出 1 个 Reducer，且排序总体都是在按年降序的前提下按股票代码降序排列的。而 SORT BY 启用了 2 个 Reducer，每个 Reducer 按设定条件排序，总体上并没有按指定条件排序。

3. DISTRIBUTE BY 和 CLUSTER BY

Cluster By 和 Distribute By 主要用于指定 HiveQL 语句转译成 MapReduce 的 Key 的计算条件，其中 Cluster By 是 Distribute By 和 Sort By 的快捷方式。

DISTRIBUTE BY 可以控制 Mapper 端如何拆分数据给 Reducer 端，默认采用 Hash 算法，控制 Reducer 如何接受一行行数据进行处理。SORT BY 则控制 Reducer 内的数据如何进行排序。Hive 要求 DISTRIBUTE BY 语句写在 SORT BY 语句之前。

【例 7-11】实现股票信息查询结果按日期升序、股票代码降序排序，并确保所有具有相同股票代码的记录分发到同一个 Reducer 中进行处理。

```
hive> SELECT ymd,symbol,price_close
    > FROM stocks
    > DISTRIBUTE BY symbol
    > SORT BY year(ymd) DESC,symbol ASC;
Query ID = root_20180816085721_24351f4b-9744-4b43-915b-8a76377515d6
Total jobs = 1
Launching Job 1 out of 1
Number of reduce tasks not specified. Defaulting to jobconf value of: 2
In order to change the average load for a reducer (in bytes):
  set hive.exec.reducers.bytes.per.reducer=<number>
In order to limit the maximum number of reducers:
  set hive.exec.reducers.max=<number>
In order to set a constant number of reducers:
  set mapreduce.job.reduces=<number>
Starting Job = job_1533872294962_0050, Tracking URL =
http://master:8088/proxy/application_1533872294962_0050/
Kill Command = /opt/hadoop/bin/hadoop job  -kill job_1533872294962_0050
Hadoop job information for Stage-1: number of mappers: 1; number of reducers: 2
2018-08-16 08:57:30,291 Stage-1 map = 0%,  reduce = 0%
2018-08-16 08:57:36,928 Stage-1 map = 100%,  reduce = 0%, Cumulative CPU 1.77 sec
2018-08-16 08:57:44,480 Stage-1 map = 100%,  reduce = 50%, Cumulative CPU 2.98 sec
2018-08-16 08:57:49,866 Stage-1 map = 100%,  reduce = 100%, Cumulative CPU 4.3 sec
MapReduce Total cumulative CPU time: 4 seconds 300 msec
Ended Job = job_1533872294962_0050
MapReduce Jobs Launched:
Stage-Stage-1: Map: 1  Reduce: 2   Cumulative CPU: 4.3 sec   HDFS Read: 13721 HDFS Write: 492 SUCCESS
Total MapReduce CPU Time Spent: 4 seconds 300 msec
OK
```

第 1 个 Reducer 里的排序结果如下。

```
2009-9-29       IBM     13.92
2005-11-11       IBM     14.09
2000-11-8       AAME    2.0
```

```
2000-11-9      AAME    2.0
1998-1-30      ACFN    4.44
1998-2-2       ACFN    4.0
```

第 2 个 Reducer 里的排序结果如下。

```
2005-12-9      APPL    2.55
2005-11-11      APPL    2.67
1992-11-2      ACAT    16.61
1992-11-3      ACAT    16.28
Time taken: 29.614 seconds, Fetched: 10 row(s)
```

在 DISTRIBUTE BY 语句中和 SORT BY 语句中涉及列完全相同的话，而且采用的是升序排序方式，那么 CLUSTER BY 就等价于前面的 2 个语句。

【例 7-12】实现股票信息查询结果按年份升序排序，并确保所有具有相同年份的记录分发到同一个 Reducer 中进行处理。写的语句应该如下。

```
SELECT ymd,symbol,price_close
FROM stocks
DISTRIBUTE BY year(ymd)
SORT BY year(ymd) ASC;
```

将上面的语句改写成 DISTRIBUTE BY 后，发现运行结果与上面一致。具体运行过程如下。

```
hive> SELECT ymd,symbol,price_close
    > FROM stocks
    > CLUSTER BY year(ymd);
Query ID = root_20180817021638_06d367e8-1ba5-44ff-beae-6bfc345aba5c
Total jobs = 1
Launching Job 1 out of 1
Number of reduce tasks not specified. Defaulting to jobconf value of: 2
In order to change the average load for a reducer (in bytes):
  set hive.exec.reducers.bytes.per.reducer=<number>
In order to limit the maximum number of reducers:
  set hive.exec.reducers.max=<number>
In order to set a constant number of reducers:
  set mapreduce.job.reduces=<number>
Starting    Job    =    job_1533872294962_0057,    Tracking    URL    =
http://master:8088/proxy/application_1533872294962_0057/
Kill Command = /opt/hadoop/bin/hadoop job  -kill job_1533872294962_0057
Hadoop job information for Stage-1: number of mappers: 1; number of reducers: 2
2018-08-17 02:16:46,087 Stage-1 map = 0%,  reduce = 0%
2018-08-17 02:16:53,528 Stage-1 map = 100%,  reduce = 0%, Cumulative CPU 1.52 sec
2018-08-17 02:17:00,986 Stage-1 map = 100%,  reduce = 50%, Cumulative CPU 3.06 sec
2018-08-17 02:17:06,348 Stage-1 map = 100%,  reduce = 100%, Cumulative CPU 4.45 sec
MapReduce Total cumulative CPU time: 4 seconds 450 msec
Ended Job = job_1533872294962_0057
MapReduce Jobs Launched:
Stage-Stage-1: Map: 1 Reduce: 2  Cumulative CPU: 4.45 sec  HDFS Read: 13627 HDFS Write: 492 SUCCESS
Total MapReduce CPU Time Spent: 4 seconds 450 msec
OK
1992-11-2      ACAT    16.61
```

```
1992-11-3       ACAT    16.28
1998-1-30       ACFN    4.44
1998-2-2        ACFN    4.0
2000-11-8       AAME    2.0
2000-11-9       AAME    2.0
2009-9-29       IBM     13.92
2005-11-11       IBM     14.09
2005-12-9       APPL    2.55
2005-11-11      APPL    2.67
```

7.5.6 Hive JOIN 查询

Hive 支持同一张表或不同表之间连接操作。与直接使用 MapReduce 相比，Hive 连接更加容易操作。Hive 支持连接的基本语法规则。

```
join_table: #指定表的连接方法
table_reference [INNER] JOIN table_factor [join_condition] #内连接
#外连接 OUTER，必须返回所有的行
#左外连接 LEFT OUTER JOIN，保留左表的所有数据
#右外连接 RIGHT OUTER JOIN，保留右表的所有数据
#全外连接 FULL OUTER JOIN，保留连接两个表的所有行
| table_reference {LEFT|RIGHT|FULL} [OUTER] JOIN table_reference join_condition
#半连接
| table_reference LEFT SEMI JOIN table_reference join_condition
#交叉连接
| table_reference CROSS JOIN table_reference [join_condition] (as of Hive 0.10)
#指定要连接的表
table_reference:
# table_factor，指定连接表中的子项，如表指定字段的内容
table_factor
| join_table
table_factor:
tbl_name [alias]
| table_subquery alias
| ( table_references )
#指定表间的连接条件
join_condition:
ON expression
```

从 Hive 0.13.0 开始支持隐式连接表示法，允许 FROM 子句加入以逗号分隔的表列表，省略 JOIN 关键字，用 WHERE 连接。从 Hive 2.2.0 开始，ON 子句中支持复杂表达式，即 Hive 支持不是平等的连接条件。

【例 7-13】以内连接为例，创建 Apple 公司的股票收盘价与 IBM 公司股票收盘价每日价格对比表。

```
hive> SELECT a.ymd,a.price_close,b.price_close
    > FROM
    > (SELECT ymd,price_close FROM stocks WHERE symbol='APPL') a
```

```
    > INNER JOIN
    > (SELECT ymd,price_close FROM stocks WHERE symbol='IBM') b
    > ON a.ymd=b.ymd;
Query ID = root_20180816021657_f500c2f4-ff12-408f-9a9f-bf284b2f2ce9
Total jobs = 1
2018-08-16 02:17:05     Starting to launch local task to process map join;   maximum
memory = 518979584
2018-08-16 02:17:07     Dump the side-table for tag: 0 with group count: 2 into file:
file:/tmp/root/0edc5e16-9fc8-42d2-81ae-b097a3cf58fa/hive_2018-08-16_02-16-57_722_5638235
761251652088-1/-local-10004/HashTable-Stage-3/MapJoin-mapfile10--.hashtable
2018-08-16    02:17:07                            Uploaded      1      File      to:
file:/tmp/root/0edc5e16-9fc8-42d2-81ae-b097a3cf58fa/hive_2018-08-16_02-16-57_722_5638235
761251652088-1/-local-10004/HashTable-Stage-3/MapJoin-mapfile10--.hashtable (324 bytes)
2018-08-16 02:17:07     End of local task; Time Taken: 1.76 sec.
Execution completed successfully
MapredLocal task succeeded
Launching Job 1 out of 1
Number of reduce tasks is set to 0 since there's no reduce operator
Starting     Job     =     job_1533872294962_0043,     Tracking     URL     =
http://master:8088/proxy/application_1533872294962_0043/
Kill Command = /opt/hadoop/bin/hadoop job  -kill job_1533872294962_0043
Hadoop job information for Stage-3: number of mappers: 1; number of reducers: 0
2018-08-16 02:17:15,926 Stage-3 map = 0%,  reduce = 0%
2018-08-16 02:17:22,503 Stage-3 map = 100%,  reduce = 0%, Cumulative CPU 1.58 sec
MapReduce Total cumulative CPU time: 1 seconds 580 msec
Ended Job = job_1533872294962_0043
MapReduce Jobs Launched:
Stage-Stage-3: Map: 1   Cumulative CPU: 1.58 sec   HDFS Read: 7337 HDFS Write: 120 SUCCESS
Total MapReduce CPU Time Spent: 1 seconds 580 msec
OK
2005-11-11    2.67    14.09
Time taken: 26.949 seconds, Fetched: 1 row(s)
```

连接方式写法类似，左外连接写法及运行结果如下。

```
hive> SELECT a.ymd,a.symbol,a.price_close,b.symbol,b.price_close
    > FROM
    > (SELECT ymd,symbol,price_close FROM stocks WHERE symbol='APPL') a
    > LEFT OUTER JOIN
    > (SELECT ymd,symbol,price_close FROM stocks WHERE symbol='IBM') b
    > ON a.ymd=b.ymd;
------省略运行过程描述------
2005-11-11      APPL    2.67    IBM     14.09
2005-12-9       APPL    2.55    NULL    NULL
Time taken: 25.753 seconds, Fetched: 2 row(s)
```

全外连接写法及运行结果如下。

```
hive> SELECT a.ymd,a.symbol,a.price_close,b.symbol,b.price_close
    > FROM
    > (SELECT ymd,symbol,price_close FROM stocks WHERE symbol='APPL') a
    > FULL OUTER JOIN
    > (SELECT ymd,symbol,price_close FROM stocks WHERE symbol='IBM') b
    > ON a.ymd=b.ymd;
------省略运行过程描述------
```

```
2005-12-9       APPL    2.55    NULL    NULL
2005-11-11       APPL    2.67    IBM     14.09
NULL    NULL    NULL    IBM     13.92
Time taken: 24.045 seconds, Fetched: 3 row(s)
```

7.6　Hive API

Hive 服务面向用户开放了 API，在 HiveServer2 时代，可以支持多客户端并发和身份认证，支持基于 Thrift 的服务，例如客户端可通过 JDBC 或 ODBC 等第三方工具操作 Hive。本节通过 Java，借助第三方工具 JDBC 演示对 Hive userinfo 表的调用过程。

【例 7-14】查询 userinfo 表中用户名和税前工资。

【实现步骤】

第 1 步：加载数据库驱动程序。

第 2 步：建立驱动程序与数据库的连接。

第 3 步：创建一个 Statement 对象，用于发送 SQL 语句给数据库服务器。

第 4 步：执行 SQL 语句。

第 5 步：处理查询结果。

第 6 步：关闭所有打开的连接，释放资源。

【实现代码】

```
import java.sql.Connection;
import java.sql.DriverManager;
import java.sql.ResultSet;
import java.sql.Statement;

public class HiveAPITest {
private static String driverName = "org.apache.hive.jdbc.HiveDriver";
private static Connection conn;
private static Statement stmt;
private static ResultSet res;
private static String sql = "";

public static void main(String[] args) throws Exception {
// 第 1 步：加载数据库驱动程序
    Class.forName(driverName);
// 第 2 步：建立驱动程序与数据库的连接
    conn = DriverManager.getConnection(
            "jdbc:hive2://master:10000/mydb", "hive", "123456");
// 第 3 步：创建一个 Statement 对象，用于发送 SQL 语句给数据库服务器
    stmt = conn.createStatement();
// 第 4 步：执行 SQL 语句
    sql = "SELECT uname,salary FROM userinfo";
    res = stmt.executeQuery(sql);
// 第 5 步：处理查询结果（如果是查询语句的话）
    System.out.println("执行“SELECT uname,salary FROM userinfo”运行结果：");
    while (res.next()) {
```

```
            System.out.println(res.getInt(1) + "\t" + res.getString(2));
        }
    // 第 6 步：关闭所有打开的连接，释放资源
        res.close();
        stmt.close();
        conn.close();
    }
    }
```

【运行结果】

```
John    25000.0
Mary   18000.0
Jones   10000.0
```

7.7 本章小结

本章介绍了大数据仓库的工具 Hive 的基本用法，帮助初学者掌握 Hive 应用的基本知识。全章首先通过 7.1 节讲述了 Hive 基础知识，从 7.2 节开始详细介绍基于应用的基本语法及 Hive 工具实操：首先介绍 Hive 环境的配置；然后基于 Hive 环境进行简单命令的介绍；再基于 Hive 命令界面应用 HiveQL 语法演示统计分析的实现方法，这部分是实际项目中应用较多的技术；最后以 Java 语言为基础，通过 HiveAPI 演示 Hive 库表的操作过程。

7.8 习题

1. 试述 Hive 产生的背景。
2. 试述 Hive 的体系结构。
3. 试述 Hive 的执行流程。
4. 试述 Hive 的应用场景。
5. 参考 7.2 节，试着独立安装 Hive 远程模式。
6. 参考 7.3 节，练习 Hive 交互与非交互界面命令应用。
7. 试述你对 Hive 读模式的理解。
8. 理解 Hive 数据类型，创建具有复杂类型字段的表结构，并对复杂类型字段对应数据进行查询。
9. 练习表查询功能。
10. 通过 JDBC，编写程序实现对表的创建与删除的功能。

第 8 章　大数据实时应用技术

08

目前，数据处理方式有两种模式：实时处理和离线处理。实时数据处理是指计算机对现场数据在其发生的实际时间内进行收集和处理的过程。实时数据是一种带有时态性的数据，与普通的静止数据最大的区别在于实时数据带有严格的时间限制，一旦处于有效时间之外，数据将变得无效。而 Hadoop、HBase、Hive 都是针对数据进行批处理的操作模型即离线数据处理模型，对于实时数据的处理并不能满足业务的需求。针对大数据下实时计算的特点，出现许多工具如 Spark Streaming、Storm 等。其中 Spark Streaming 仍属于微批处理工具，虽然可以满足一般情况下的实时数据处理要求，但对于要求极高的大型实时计算系统，使用 Storm 可以说更加合适。Storm 是实时计算工具中应用较广泛的较成功的一款工具，在一些大型的企业如阿里云等得到成功应用。本章以 Storm 为例进行大数据实时应用技术的描述与应用演示。

知识地图

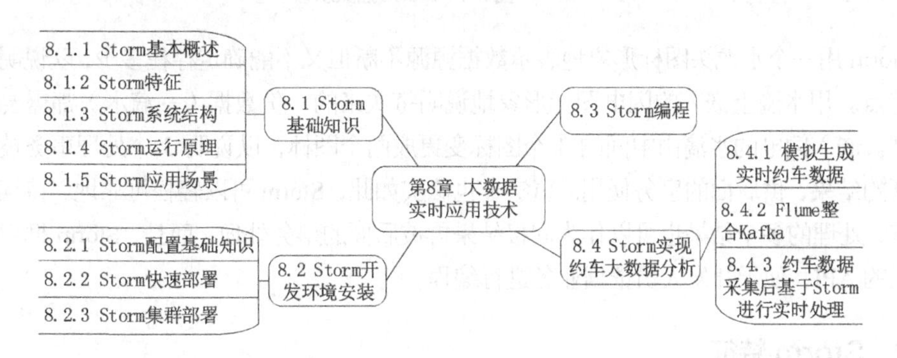

8.1 Storm 基础知识

进行大数据处理时，HDFS 应用了分布式理论，以一种易于应用的模式面向客户开放。HBase 针对 HDFS 不擅长处理小条目的缺陷，对数据内容进行排序，以部分数据冗余存储的模式，重新设定划分文件的模型并进行存储，提升了读数据的速度。而 Hive 在 HDFS 数据统计分析上降低了开发人员编写代码的难度，以一种类 SQL 的方式进行应用。但这些应用进行的都是批处理操作，适用于对时间上要求不高的历史数据的统计分析，但对于数据量无法预估、实时性要求高的应用（例如打车的实时交通应用）会显得力不从心。Storm 是一个免费开源的分布式实时计算系统，能持续可靠地处理无界的数据流，开发人员可以使用 C++、Java、Python 等编程语言对它进行操作，达到大数据实时处理的效果。

8.1.1 Storm 基本概述

Storm 是一个典型的应用拓扑模型的，具有分布式、可靠性、容错性的数据流处理系统，初期被应用于 Twitter 的社交网络，并获得成功。这之后，Twitter 的社交网络代码开源，为大数据实时计算添加了一个非常有价值的工具。在 Storm 框架开发过程中，原生语言主要采用 Clojure 的 Java。Storm 最初由 Nathan Marz 带领 Backtype 公司的团队开发，后期被 Twitter 公司收购并开源；2013 年 9 月，由 Apache 基金会接管，进行进一步封装开发；2014 年 9 月，Storm 成为 Apache 顶级项目中一个免费开源的分布式实时计算系统。

实时数据的特点是源源不断、没有界限，而且实时计算系统采集的所有数据都需要实时处理。Storm 官网提供了一个很有意思的图来展示 Storm 框架的抽象示意，如图 8-1 所示。

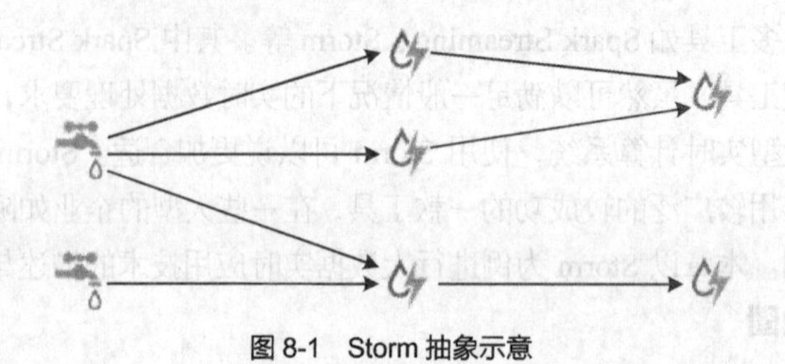

图 8-1 Storm 抽象示意

Storm 用一个水龙头图标形象地表示数据源源不断但又不能确定存在多少，以说明实时数据无界限的特点。用水滴上嵌入的闪电图标形象地说明每次来的一份数据（一滴水）都需要像闪电一样地被处理。嵌入闪电的水滴由中间的 3 个图标变更成两个图标，以说明 3 个处理事务被处理后，可以生成新的结果，供后面的事务使用。事实上也确实如此，Storm 可以轻松可靠地、持续地处理无界的数据流，处理的多个结果也可以作为间接结果再被后面的事务处理。而且，Storm 框架向开发人员开放可用的 API，便于开发人员依据业务进行编程。

8.1.2 Storm 特征

Storm 集成了分布式计算的技术，使用消息队列和数据库技术进行数据处理与分析。在 Storm 的拓扑结构中，Storm 及时处理其中接收到的数据流，它可以简单地处理，也可以复杂地处理这些数据流，甚至可以生成新的数据流，完成每个计算阶段数据流的重新划分。总结起来，Storm 大致具有如下的特征。

- 开源、免费：可通过 Apache 官网获取 Storm 框架的源码，依据业务需求进行补充、编译，满足企业的各种需求。也可以获取编译后的代码，用于入门学习。同时官网提供开发文档、版本说明等信息供用户参考。

- 实时性：Storm 主要依据实时业务需求进行计算模型的定义，每秒钟可以处理上百万条的数据，可以完成流式数据的持续查询处理，并把处理结果流传送至客户端。根据官网给出参考数据，Storm 的基准是在硬件（参考标准为 2 核、Intel E5645 型号、2.4GHz 主频的处理器，24 GB 内存）上每个节点每秒处理 100 万条 100 字节消息。
- 易用性：对专业要求极高的实时理论逻辑，Storm 将向用户开发简易的 API，使用户可以快速部署，并易于实现较复杂的业务。
- 可扩展性：Storm 采用拓扑结构设计，能够以非常低的延迟处理非常高的数据吞吐量，同时满足分布式理论可横向扩展的需求，便于用户在 Storm 集群中增减主机。
- 容错性：Storm 具备自动故障检测功能，可对存在故障的节点上的任务进行重新分配，以此保证实时数据计算可持续运行，直到用户结束计算进程。

编程语言无关性：Storm 支持 Thrift 接口，可以应用于 Thrift 支持的任何语言。

8.1.3　Storm 系统结构

与 Hadoop 集群类似，Storm 集群同样采用 master/slave 结构。其中主节点（master）运行 nimbus 进程，负责管理 Storm 集群。而众多的工作节点（worker）运行 supervisor 进程。supervisor 进程监听从 nimbus 分配给它执行的任务，负责启动或停止一个或多个工作进程，每个工作进程可以运行 1 个或多个任务。Storm 集群系统结构如图 8-2 所示。

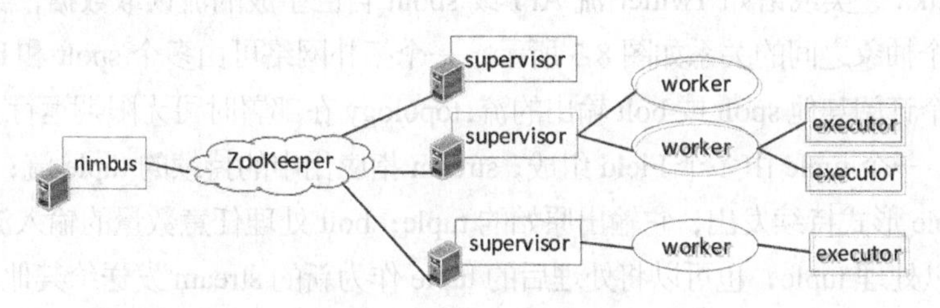

图 8-2　Storm 集群系统结构

Storm 集群系统结构中，主要涉及几个关键的术语：ZooKeeper、nimbus、supervisor、worker 和 executor。

- ZooKeeper：具有选择机制，在 Storm 集群中进行可靠性调度，负责存储心跳、调度、错误等元数据信息。所以，即使 nimbus 和 supervisor 进程所在的节点出现故障，ZooKeeper 都能快速做出反应并恢复。
- nimbus：负责 Storm 集群的资源分配和任务调度。调度 topology，将调度信息写入 ZooKeeper，通过心跳机制判断 supervisor/worker 是否异常，并进行处理。
- supervisor：接收 nimbus 分配的任务，依据 ZooKeeper 调试信息，启动或停止属于自己管理的 worker 进程。通过心跳机制监控并处理 worker 异常。
- worker：运行具体处理组件逻辑的进程，组件主要包括 spout 和 bolt 两种；负责启动 executor，通过心跳机制处理本地文件系统和 ZooKeeper 之间的心跳信息。
- executor：worker 中每一个 spout/bolt 的线程称为一个 task。在 Storm 0.8 之后，同一个 spout/bolt 的 task 可能会共享一个物理线程，该线程称为 executor。

8.1.4 Storm 运行原理

在 Storm 集群中，任意一台从节点服务器中可能运行一个或多个独立的 worker 进程，每个 worker 进程内可以运行一个或多个 executor，每个 executor 成为指定的 worker 进程中的线程，每个 executor 可运行一个或多个相同组件（spout 或 bolt）的任务（task），每个任务执行实际的数据处理工作。而对于这个描述的 Storm 拓扑集群中重要的计算组件 spout 和 bolt 来说，它的计算模型如图 8-3 所示。

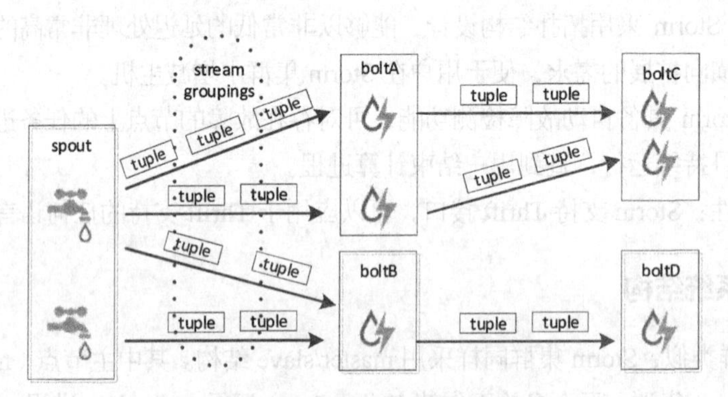

图 8-3　Storm 拓扑计算模型

在 Storm 拓扑计算模型中，有 3 个重要的抽象出来的概念：spout、bolt 和 topology。spout 可从诸如 Kestrel、Kafka 之类或诸如 Twitter 流 API 或 spout 自己生成的流读取数据，实现了大多数消息队列系统。这 3 个抽象之间的关系如图 8-3 所示，一个拓扑网络可由多个 spolt 和 bolt 组成。网络中每条边代表了一个订阅其他 spolt 或 bolt 输出的流，topology 在部署时可无限期运行。在图 8-3 中，tuple 是数据处理单元，一个 tuple 由多个 Field 组成；stream 指应用中的持续的 tuple 流；spout 从外部获取流的数据，以 tuple 形式持续发出，它输出原始的 tuple；bolt 处理任意数量的输入流并产生任意数量的新输出流，可以处理 tuple，也可以将处理后的 tuple 作为新的 stream 发送给其他 bolt，如图 8-3 中的 boltB 发送给 boltD；stream groupings 是从上游到某个下游多个并发 task 中 tuple 的分组方式，如决定 spout 与 bolt 之间或不同的 bolt 之间应该如何进行 tuple 的传送。

8.1.5 Storm 应用场景

Storm 最初用于处理 Twitter 中实时海量的数据。面对 Twitter 几十亿用户的信息搜索、转发和评论，Storm 获得了实际场景应用的成功。自 2011 年 9 月发布的第 1 个版本 0.5.0 之后，Storm 得到了进一步的应用，可以说 Storm 框架模型更适于流式数据的处理，能够处理源源不断流进来的消息，处理之后将结果写入指定的存储中。

Storm 有许多用例：实时分析、在线机器学习、连续计算、分布式 RPC、ETL 等。Storm 很快：一个基准测试表示每个节点每秒处理超过 100 万个元组。它具有可扩展性、容错性，可确保你的数据得到处理，并且易于设置和操作。

淘宝、阿里巴巴应用 Storm 实现实时流引擎的支撑。淘宝实时分析系统实现实时分析用户的行为日志的功能，将最新的用户属性反馈给搜索引擎，能够为用户展现最贴近其当前需求的结果。再如，携程实时分析系统监控携程网的网站性能，应用 Storm 集群实时日志分析和入库。

8.2　Storm 开发环境安装

8.2.1　Storm 配置基础知识

与其他大数据工具类似，Storm 可以部署在单个节点或集群环境下。在部署之前需要去官网了解 Storm 支持的平台和部署前需要的基本平台环境。所以在部署 Hive 之前，首先要做好下面 3 件事。

第 1 件事：准备 Storm 环境部署需要的平台，例如本节准备了一个装有 CentOS 7 的虚拟机。

第 2 件事：准备 Storm 部署依赖环境。

建议选用 Java 7 及以上版本。若选用 Python，可选用 Python 2.6.6 及以上版本。Python 3.x 也应该能够工作，但还没有进行彻底的测试。这些是使用 Storm 的依赖项及对应版本。这里需要注意的是，Storm 不同的版本，可能对应不同版本的 Java 和/或 Python，也可能不适用。此外，作为资源协调的 ZooKeeper 必不可少，本节实验选用 3.4.6 版本。

第 3 件事：下载 Storm。

通过登录 Storm 官网可免费获取源码或编译后的不同版本的 Storm 工具。本次实验下载了 Storm 官网已经编译好的压缩包 apche-storm-0.9.6.tar.gz。0.96 是 Storm 工具的版本号，该包解压后直接配置就可以应用了。如果需要查看当前工具包的源代码，可下载带 src 字样的包（针对当前 0.96 版本的 Storm 工具下载名为 apche-storm-0.9.6-src.tar.gz 的包）。用户可依据业务需求对源码进行代码的增减，然后依据应用平台环境编译后使用。

其中，apche-storm-0.9.6.tar.gz 为本次实验应用的 Storm 官网已经编译好的压缩包，0.96 是 Storm 的版本号，该包解压缩配置后就可以应用了。而带 scr 字样的包，例如 apche-storm-0.9.6-src.tar.gz 提供的是源码包，用户可依据业务需要进行代码的增减，然后依据应用平台环境编译后使用。

8.2.2　Storm 快速部署

Storm 快速部署很简单，下面以 Storm 0.9.6 为例，演示 Storm 快速安装的过程。

【例 8-1】在单机上，快速完成 Storm 平台的部署，主要完成以下 3 个步骤。

第 1 步：将下载至本地的 Storm 压缩包解压缩至 CentOS 平台指定位置，例如/opt 目录下。参考命令：tar xf apache-storm-0.9.6.tar.gz -C /opt/。

第 2 步：打开“{$STORM_HOME}/conf/storm.yaml”文件进行 Storm 参数配置，其中至少修改 ZooKeeper 地址 storm.zookeeper.servers 和 nimbus 地址 nimbus.host。

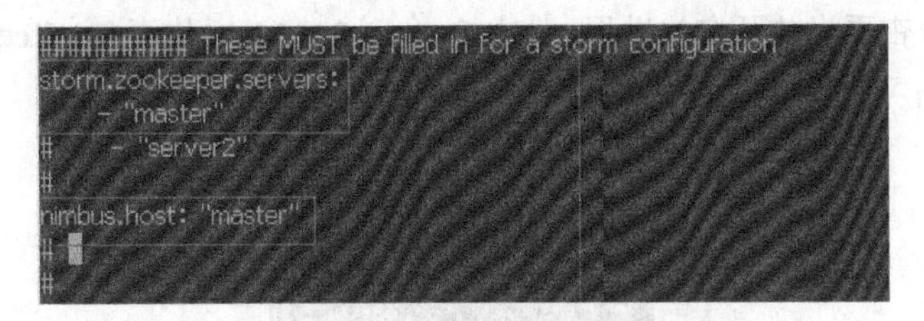

其中 master 代表主机名，也可以用在 Storm 环境安装的当前机器的 IP 进行配置。

第 3 步：启动服务。

（1）启动 ZooKeeper 服务。参考命令如下。

```
{$ZOOKEEPER_HOME}/bin/zkServer.sh start
```

通过 jps 命令查看 ZooKeeper 启动进程 QuorumpeerMain 已经存在。

（2）启动 Storm 平台中 nimbus 后台进程，参考命令如下。

```
{$STORM_HOME}/bin/storm nimbus &
```

```
[root@master bin]# ./storm nimbus &
[1] 14588
[root@master bin]# Running: /usr/lib/java-1.8/bin/java -server -Dstorm.options= -Dstorm.home=/opt/storm -Dstorm.log.dir=/opt/storm/logs
-Djava.library.path=/usr/local/lib:/opt/local/lib:/usr/lib -Dstorm.conf.file= -cp /opt/storm/lib/clojure-1.5.1.jar:/opt/storm/lib/tools.
logging-0.2.3.jar:/opt/storm/lib/chill-java-0.3.5.jar:/opt/storm/lib/ring-jetty-adapter-0.3.11.jar:/opt/storm/lib/commons-io-2.4.jar:/op
t/storm/lib/compojure-1.1.3.jar:/opt/storm/lib/log4j-over-slf4j-1.6.6.jar:/opt/storm/lib/clj-time-0.4.1.jar:/opt/storm/lib/reflectasm-1.
07-shaded.jar:/opt/storm/lib/clj-stacktrace-0.2.2.jar:/opt/storm/lib/tools.macro-0.1.0.jar:/opt/storm/lib/joda-time-2.0.jar:/opt/storm/l
ib/json-simple-1.1.jar:/opt/storm/lib/tools.cli-0.2.4.jar:/opt/storm/lib/ring-core-1.1.5.jar:/opt/storm/lib/ring-servlet-0.3.11.jar:/opt
/storm/lib/ring-devel-0.3.11.jar:/opt/storm/lib/minlog-1.2.jar:/opt/storm/lib/math.numeric-tower-0.0.1.jar:/opt/storm/lib/core.incubator
-0.1.0.jar:/opt/storm/lib/logback-classic-1.0.13.jar:/opt/storm/lib/jetty-6.1.26.jar:/opt/storm/lib/servlet-api-2.5.jar:/opt/storm/lib/j
grapht-core-0.9.0.jar:/opt/storm/lib/slf4j-api-1.7.5.jar:/opt/storm/lib/asm-4.0.jar:/opt/storm/lib/kryo-2.21.jar:/opt/storm/lib/commons-
fileupload-1.2.1.jar:/opt/storm/lib/commons-logging-1.1.3.jar:/opt/storm/lib/carbonite-1.4.0.jar:/opt/storm/lib/jline-2.11.jar:/opt/stor
m/lib/commons-lang-2.5.jar:/opt/storm/lib/snakeyaml-1.11.jar:/opt/storm/lib/objenesis-1.2.jar:/opt/storm/lib/commons-codec-1.6.jar:/opt/
storm/lib/storm-core-0.9.6.jar:/opt/storm/lib/hiccup-0.3.6.jar:/opt/storm/lib/commons-exec-1.1.jar:/opt/storm/lib/jetty-util-6.1.26.jar:
/opt/storm/lib/logback-core-1.0.13.jar:/opt/storm/lib/disruptor-2.10.4.jar:/opt/storm/lib/clout-1.0.1.jar:/opt/storm/conf -Xmx1024m -Dlo
gfile.name=nimbus.log -Dlogback.configurationFile=/opt/storm/logback/cluster.xml backtype.storm.daemon.nimbus
```

（3）启动 Storm 平台中 superviser 后台进程。参考命令如下。

```
{$STORM_HOME}/bin/storm supervisor &
```

```
[root@master ~]# /opt/storm/bin/storm supervisor &
[1] 14960
[root@master ~]# Running: /usr/lib/java-1.8/bin/java -server -Dstorm.options= -Dstorm.home=/opt/storm -Dstorm.log.dir=/opt/storm/logs -D
java.library.path=/usr/local/lib:/opt/local/lib:/usr/lib -Dstorm.conf.file= -cp /opt/storm/lib/clojure-1.5.1.jar:/opt/storm/lib/tools.lo
gging-0.2.3.jar:/opt/storm/lib/chill-java-0.3.5.jar:/opt/storm/lib/ring-jetty-adapter-0.3.11.jar:/opt/storm/lib/commons-io-2.4.jar:/opt/
storm/lib/compojure-1.1.3.jar:/opt/storm/lib/log4j-over-slf4j-1.6.6.jar:/opt/storm/lib/clj-time-0.4.1.jar:/opt/storm/lib/reflectasm-1.07
-shaded.jar:/opt/storm/lib/clj-stacktrace-0.2.2.jar:/opt/storm/lib/tools.macro-0.1.0.jar:/opt/storm/lib/joda-time-2.0.jar:/opt/storm/lib
/json-simple-1.1.jar:/opt/storm/lib/tools.cli-0.2.4.jar:/opt/storm/lib/ring-core-1.1.5.jar:/opt/storm/lib/ring-servlet-0.3.11.jar:/opt/s
torm/lib/ring-devel-0.3.11.jar:/opt/storm/lib/minlog-1.2.jar:/opt/storm/lib/math.numeric-tower-0.0.1.jar:/opt/storm/lib/core.incubator-0
.1.0.jar:/opt/storm/lib/logback-classic-1.0.13.jar:/opt/storm/lib/jetty-6.1.26.jar:/opt/storm/lib/servlet-api-2.5.jar:/opt/storm/lib/jgr
apht-core-0.9.0.jar:/opt/storm/lib/slf4j-api-1.7.5.jar:/opt/storm/lib/asm-4.0.jar:/opt/storm/lib/kryo-2.21.jar:/opt/storm/lib/commons-fi
leupload-1.2.1.jar:/opt/storm/lib/commons-logging-1.1.3.jar:/opt/storm/lib/carbonite-1.4.0.jar:/opt/storm/lib/jline-2.11.jar:/opt/storm/
lib/commons-lang-2.5.jar:/opt/storm/lib/snakeyaml-1.11.jar:/opt/storm/lib/objenesis-1.2.jar:/opt/storm/lib/commons-codec-1.6.jar:/opt/st
orm/lib/storm-core-0.9.6.jar:/opt/storm/lib/hiccup-0.3.6.jar:/opt/storm/lib/commons-exec-1.1.jar:/opt/storm/lib/jetty-util-6.1.26.jar:/o
pt/storm/lib/logback-core-1.0.13.jar:/opt/storm/lib/disruptor-2.10.4.jar:/opt/storm/lib/clout-1.0.1.jar:/opt/storm/conf -Xms256m -Dlogfi
le.name=supervisor.log -Dlogback.configurationFile=/opt/storm/logback/cluster.xml backtype.storm.daemon.supervisor
```

（4）通过 jps 命令查看当前开启的进程，其中 QuorumPeerMain 代表 ZooKeeper 守护进程，nimbus 和 supervisor 是 Storm 平台开启的守护进程。

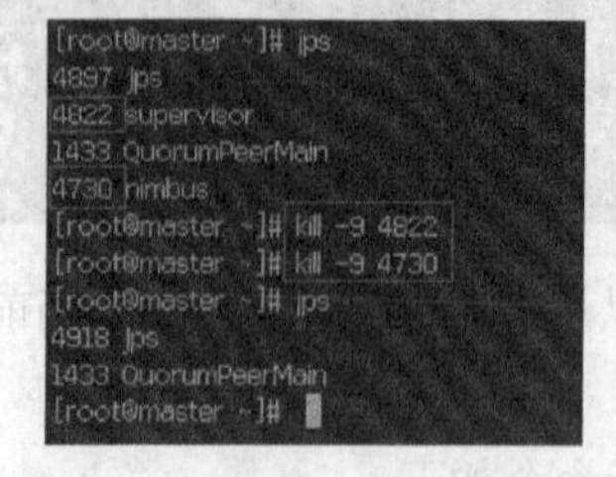

8.2.3 Storm 集群部署

Storm 环境易于部署，用最少的设置和配置即可启动和运行。Storm 集群部署也较简单，可参阅官网。下面仍以 Storm 0.9.6 为例进行集群安装的演示。

【例 8-2】选用 3 台服务器，机器名分别为 master、slave1 和 slave2。安装配置一个具有 2 个 Broker 的 Storm 集群，并在其上创建一个具有 2 个分区的 Topic。

第 1 步：解压缩 Storm 压缩文件至指定文件夹，例如/opt，为了维护方便，将解压缩后的 Storm 安装包更名为 storm。参考命令如下。

```
tar -zxf apache-storm-0.9.6.tar.gz -C /opt
mv /opt/apache-storm-0.9.6 /opt/storm
```

第 2 步：通过 vi 命令打开{$STORM_HOME}/conf/storm.yaml 文件配置 Storm 参数。

```
storm.zookeeper.servers:
- "master"
- "slave1"
- "slave2"
nimbus.host: "master"
supervisor.slots.ports:
- 6700
- 6701
- 6702
- 6703
```

第 3 步：将配置完的 Storm 分发至 slave1、slave2。

第 4 步：此步聚不是必要的，为了应用维护方便，在每一个节点里，在~/.bashrc 或/etc/profile 文件中配置 Storm 环境变量。

```
# storm Environment
export STORM_HOME=/opt/storm
export PATH=$PATH:$STORM_HOME/bin
```

并使用 source 命令使配置的环境变量生效，参考命令如下。

```
source ~/.bashrc 或 source /etc/profile
```

第 5 步：启动 Storm 集群服务。

（1）在集群的每一个节点上启动 Storm 集群依赖服务 ZooKeeper 的守护进程。参考命令如下。

```
zkServer.sh start
```

（2）启动 Storm 集群 nimbus 服务。参考命令如下。

```
storm nimbus &
```

```
[root@master ~]# storm nimbus &
[1] 19418
[root@master ~]# Running: /usr/lib/java-1.8/bin/java -server -Dstorm.options= -Dstorm
.home=/opt/storm -Dstorm.log.dir=/opt/storm/logs -Djava.library.path=/usr/local/lib:/
opt/local/lib:/usr/lib -Dstorm.conf.file= -cp /opt/storm/lib/clojure-1.5.1.jar:/opt/s
torm/lib/tools.logging-0.2.3.jar:/opt/storm/lib/chill-java-0.3.5.jar:/opt/storm/lib/r
ing-jetty-adapter-0.3.11.jar:/opt/storm/lib/commons-io-2.4.jar:/opt/storm/lib/compoju
re-1.1.3.jar:/opt/storm/lib/log4j-over-slf4j-1.6.6.jar:/opt/storm/lib/clj-time-0.4.1.
jar:/opt/storm/lib/reflectasm-1.07-shaded.jar:/opt/storm/lib/clj-stacktrace-0.2.2.jar
:/opt/storm/lib/tools.macro-0.1.0.jar:/opt/storm/lib/joda-time-2.0.jar:/opt/storm/lib
/json-simple-1.1.jar:/opt/storm/lib/tools.cli-0.2.4.jar:/opt/storm/lib/ring-core-1.1.
5.jar:/opt/storm/lib/ring-servlet-0.3.11.jar:/opt/storm/lib/ring-devel-0.3.11.jar:/op
t/storm/lib/minlog-1.2.jar:/opt/storm/lib/math.numeric-tower-0.0.1.jar:/opt/storm/lib
/core.incubator-0.1.0.jar:/opt/storm/lib/logback-classic-1.0.13.jar:/opt/storm/lib/je
tty-6.1.26.jar:/opt/storm/lib/servlet-api-2.5.jar:/opt/storm/lib/jgrapht-core-0.9.0.j
ar:/opt/storm/lib/slf4j-api-1.7.5.jar:/opt/storm/lib/asm-4.0.jar:/opt/storm/lib/kryo-
2.21.jar:/opt/storm/lib/commons-fileupload-1.2.1.jar:/opt/storm/lib/commons-logging-1
.1.3.jar:/opt/storm/lib/carbonite-1.4.0.jar:/opt/storm/lib/jline-2.11.jar:/opt/storm/
lib/commons-lang-2.5.jar:/opt/storm/lib/snakeyaml-1.11.jar:/opt/storm/lib/objenesis-1
.2.jar:/opt/storm/lib/commons-codec-1.6.jar:/opt/storm/lib/storm-core-0.9.6.jar:/opt/
storm/lib/hiccup-0.3.6.jar:/opt/storm/lib/commons-exec-1.1.jar:/opt/storm/lib/jetty-u
til-6.1.26.jar:/opt/storm/lib/logback-core-1.0.13.jar:/opt/storm/lib/disruptor-2.10.4
.jar:/opt/storm/lib/clout-1.0.1.jar:/opt/storm/conf -Xmx1024m -Dlogfile.name=nimbus.l
og -Dlogback.configurationFile=/opt/storm/logback/cluster.xml backtype.storm.daemon.n
imbus
[root@master ~]#
```

（3）在 slave1 节点运行 supervisor 服务。参考命令如下。

```
storm supervisor &
```

```
[root@slave1 ~]# storm supervisor &
[1] 11307
[root@slave1 ~]# Running: /usr/lib/java-1.8/bin/java -server -Dstorm.optio
ns= -Dstorm.home=/opt/storm -Dstorm.log.dir=/opt/storm/logs -Djava.library
.path=/usr/local/lib:/opt/local/lib:/usr/lib -Dstorm.conf.file= -cp /opt/s
torm/lib/clojure-1.5.1.jar:/opt/storm/lib/tools.logging-0.2.3.jar:/opt/sto
rm/lib/chill-java-0.3.5.jar:/opt/storm/lib/ring-jetty-adapter-0.3.11.jar:/
opt/storm/lib/commons-io-2.4.jar:/opt/storm/lib/compojure-1.1.3.jar:/opt/s
torm/lib/log4j-over-slf4j-1.6.6.jar:/opt/storm/lib/clj-time-0.4.1.jar:/opt
/storm/lib/reflectasm-1.07-shaded.jar:/opt/storm/lib/clj-stacktrace-0.2.2.
jar:/opt/storm/lib/tools.macro-0.1.0.jar:/opt/storm/lib/joda-time-2.0.jar:
/opt/storm/lib/json-simple-1.1.jar:/opt/storm/lib/tools.cli-0.2.4.jar:/opt
/storm/lib/ring-core-1.1.5.jar:/opt/storm/lib/ring-servlet-0.3.11.jar:/opt
/storm/lib/ring-devel-0.3.11.jar:/opt/storm/lib/minlog-1.2.jar:/opt/storm/
lib/math.numeric-tower-0.0.1.jar:/opt/storm/lib/core.incubator-0.1.0.jar:/
opt/storm/lib/logback-classic-1.0.13.jar:/opt/storm/lib/jetty-6.1.26.jar:/
opt/storm/lib/servlet-api-2.5.jar:/opt/storm/lib/jgrapht-core-0.9.0.jar:/o
pt/storm/lib/slf4j-api-1.7.5.jar:/opt/storm/lib/asm-4.0.jar:/opt/storm/lib
/kryo-2.21.jar:/opt/storm/lib/commons-fileupload-1.2.1.jar:/opt/storm/lib/
commons-logging-1.1.3.jar:/opt/storm/lib/carbonite-1.4.0.jar:/opt/storm/li
b/jline-2.11.jar:/opt/storm/lib/commons-lang-2.5.jar:/opt/storm/lib/snakey
aml-1.11.jar:/opt/storm/lib/objenesis-1.2.jar:/opt/storm/lib/commons-codec
-1.6.jar:/opt/storm/lib/storm-core-0.9.6.jar:/opt/storm/lib/hiccup-0.3.6.j
ar:/opt/storm/lib/commons-exec-1.1.jar:/opt/storm/lib/jetty-util-6.1.26.ja
r:/opt/storm/lib/logback-core-1.0.13.jar:/opt/storm/lib/disruptor-2.10.4.j
ar:/opt/storm/lib/clout-1.0.1.jar:/opt/storm/conf -Xmx256m -Dlogfile.name=
supervisor.log -Dlogback.configurationFile=/opt/storm/logback/cluster.xml
backtype.storm.daemon.supervisor
[root@slave1 ~]#
```

（4）在 slave2 节点运行 supervisor 服务。参考命令如下。

```
storm supervisor &
```

第 6 步：通过 jps 命令查看各节点服务启动后的守护进程。

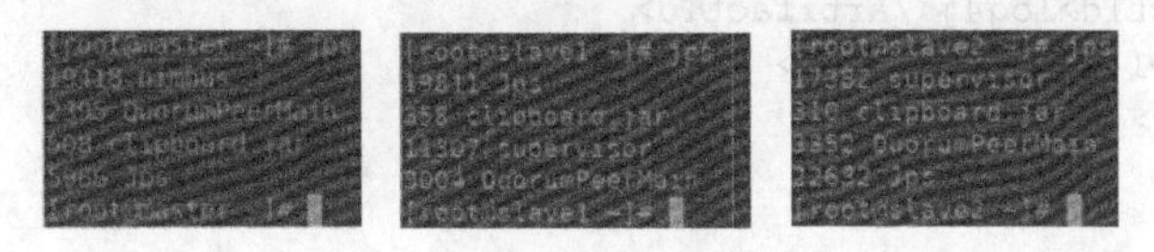

其中各节点的 QuorumPeerMain 为 ZooKeeper 的守护进程。

8.3 Storm 编程

Storm 部署后很容易操作。Storm 的设计非常强大，集群将持续稳定运行。下面通过经典的 WordCount 体会 Storm 编程过程，其计算过程如图 8-4 所示。

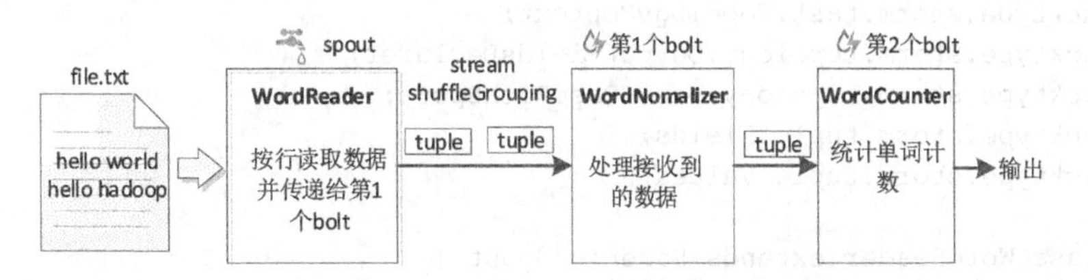

图 8-4 Storm 环境下 WordCount 拓扑计算模型

【例 8-3】以图 8-4 中 file.txt 文件内容为例，基于 Storm 平台进行单词统计计算。

第 1 步：基于 Maven 项目下 pom.xml 文件依赖的参数配置参考如下。

```
<?xml version="1.0" encoding="UTF-8"?>
<project xmlns="http://maven.apache.org/POM/4.0.0"
xmlns:xsi="http://www.w3.org/2001/XMLSchema-instance"
xsi:schemaLocation="http://maven.apache.org/POM/4.0.0 http://maven.apache.org/xsd/maven-4.0.0.xsd">
<modelVersion>4.0.0</modelVersion>
```

```
<groupId>storm</groupId>
<artifactId>project</artifactId>
<version>1.0-SNAPSHOT</version>
<packaging>jar</packaging>
<name>storm</name>
<url>http://maven.apache.org</url>
<properties>
    <project.build.sourceEncoding>UTF-8</project.build.sourceEncoding>
</properties>
<dependencies>
    <dependency>
        <groupId>junit</groupId>
        <artifactId>junit</artifactId>
        <version>4.12</version>
        <scope>test</scope>
    </dependency>
    <dependency>
        <groupId>org.apache.storm</groupId>
        <artifactId>storm-core</artifactId>
        <version>0.9.6</version>
    </dependency>
    <dependency>
        <groupId>log4j</groupId>
        <artifactId>log4j</artifactId>
        <versio>1.2.17</version>
    </dependency>
</dependencies>
</project>
```

第 2 步：编写 spouts 文件 WordReader 类文件。

```
import java.io.BufferedReader;
import java.io.FileNotFoundException;
import java.io.FileReader;
import java.util.Map;

import backtype.storm.spout.SpoutOutputCollector;
import backtype.storm.task.TopologyContext;
import backtype.storm.topology.OutputFieldsDeclarer;
import backtype.storm.topology.base.BaseRichSpout;
import backtype.storm.tuple.Fields;
import backtype.storm.tuple.Values;

public class WordReader extends BaseRichSpout {
   private SpoutOutputCollector collector;
   private FileReader fileReader;
   private boolean completed = false;

   public void ack(Object msgId) {
      System.out.println("OK:" + msgId);
   }

   public void close() {
   }
```

```
    public void fail(Object msgId) {
        System.out.println("FAIL:" + msgId);
    }
/**
* 分发文件中的文本行，向 bolts 发布待处理的数据，读取文件并逐行发布数据
*/
    public void nextTuple() {
     //直到文件读完之前一直被调用
        if (completed) {
            try {
                Thread.sleep(1000);
            } catch (InterruptedException e) {
            }
            return;
        }
        String str;
        // 创建 reader
        BufferedReader reader = new BufferedReader
                (fileReader);
        try {
            //读所有行
            while ((str = reader.readLine()) != null) {
                // 按每一行发布一个新的值
                this.collector.emit(new Values(str), str);
            }
        } catch (Exception e) {
            throw new RuntimeException("Error reading tuple", e);
        } finally {
            completed = true;
        }
    }

   /**
* 创建一个文件并获取指定的 collector 对象
* TopologyContext 对象，包含所有拓扑数据
* SpoutOutputCollector 对象，实现发布交给 bolts 处理的数据
*/
    public void open(Map conf, TopologyContext context, SpoutOutputCollector collector) {
        try {
            // 创建了一个 FileReader 对象，用来读取文件
            this.fileReader = new FileReader(conf.get("wordsFile").toString());
        } catch (FileNotFoundException e) {
            throw new RuntimeException("Error reading file [" + conf.get("wordFile") + "]");
        }
        this.collector = collector;
    }

    // 声明输出域"word"
    public void declareOutputFields(OutputFieldsDeclarer declarer) {
        declarer.declare(new Fields("line"));
    }
}
```

第3步：建立 WordNomalizer 类文件，实现 bolts 的创建并对内容进行分词处理。

```
import backtype.storm.topology.BasicOutputCollector;
import backtype.storm.topology.OutputFieldsDeclarer;
import backtype.storm.topology.base.BaseBasicBolt;
import backtype.storm.tuple.Fields;
import backtype.storm.tuple.Tuple;
import backtype.storm.tuple.Values;

public class WordNormalizer extends BaseBasicBolt {
    public void cleanup() {
    }

/**
* bolt 从单词文件接收到文本行，并将其标准化
*/
    public void execute(Tuple input, BasicOutputCollector collector) {
        String sentence = input.getString(0);
        String[] words = sentence.split(" "); //文本行按空格切分成单词数组
        for (String word : words) {
            word = word.trim(); //去除单词的两边的空格
             if (!word.isEmpty()) {
            word = word.toLowerCase(); // 将单词转换成小写
            collector.emit(new Values(word));  //发布这个单词
            }
        }
    }

/**
 * 发布"word"域
 * @declarer：声明 bolt 的出参
*/
    public void declareOutputFields(OutputFieldsDeclarer declarer) {
        declarer.declare(new Fields("word")); //声明 bolt 将发布一个名为"word"的域
    }
}
```

第4步：建立 WordCounter 类文件，创建 bolts 实现单词计数。

```
import backtype.storm.task.TopologyContext;
import backtype.storm.topology.BasicOutputCollector;
import backtype.storm.topology.OutputFieldsDeclarer;
import backtype.storm.topology.base.BaseBasicBolt;
import backtype.storm.tuple.Tuple;

import java.util.HashMap;
import java.util.Map;

public class WordCounter extends BaseBasicBolt {
    Integer id;
    String name;
    Map<String, Integer> counters;
```

```
    /**
     * spout 结束时（当集群关闭时），将显示单词的数量
     */
    @Override
    public void cleanup() {
        System.out.println("-- Word Counter [" + name + "-" + id + "] --");
        for (Map.Entry<String, Integer> entry : counters.entrySet()) {
            System.out.println(entry.getKey() + ": " + entry.getValue());
        }
    }

    /**
     * 初始化声明
     */
    @Override
    public void prepare(Map stormConf, TopologyContext context) {
        this.counters = new HashMap<String, Integer>();
        this.name = context.getThisComponentId();
        this.id = context.getThisTaskId();
    }

    public void declareOutputFields(OutputFieldsDeclarer declarer) {
    }

    /**
     * 为每一个单词计数
     */
    public void execute(Tuple input, BasicOutputCollector collector) {
        String str = input.getString(0);
        // 如果单词不存在，创建一个 map，否则，该单词计数加 1
        if (!counters.containsKey(str)) {
            counters.put(str, 1);
        } else {
            Integer c = counters.get(str) + 1;
            counters.put(str, c);
        }
    }
}
```

第 5 步：编写 main 方法文件 TopologyMain。

```
import backtype.storm.Config;
import backtype.storm.LocalCluster;
import backtype.storm.topology.TopologyBuilder;
import backtype.storm.tuple.Fields;
import experiment.bolts.WordCounter;
import experiment.bolts.WordNormalizer;
import experiment.spouts.WordReader;

public class TopologyMain {
    public static void main(String[] args) throws InterruptedException {
        // 定义拓扑
        TopologyBuilder builder = new TopologyBuilder();
        builder.setSpout("word-reader", new WordReader());
```

```
        // 在 spout 和 bolts 之间通过 shuffleGrouping 方法连接
        // 这种分组方式决定了 Storm 会以随机分配方式从源节点向目标节点发送消息
        builder.setBolt("word-normalizer", new WordNormalizer()).shuffleGrouping("word-reader");
        builder.setBolt("word-counter", new WordCounter(), 1).
                fieldsGrouping("word-normalizer", new Fields("word"));
       // 创建一个包含拓扑配置的 Config 对象
       // 它在运行时与集群配置合并，并通过 prepare 方法发送给所有节点
        Config conf = new Config();
        // 由 spout 读取的文件的文件名，赋给 wordFile 属性
        conf.put("wordsFile", "{$STORM_HOME/NOTICE");
        conf.setDebug(false);
        conf.put(Config.TOPOLOGY_MAX_SPOUT_PENDING, 1);
        // 用一个 LocalCluster 对象运行这个拓扑
        LocalCluster cluster = new LocalCluster();
        // 运行拓扑
        cluster.submitTopology("Getting-Started-Toplogy", conf, builder.createTopology());
        Thread.sleep(10000);   //休眠 1s（拓扑在另外的线程运行）
        cluster.shutdown();      // 关闭集群
    }
}
```

第 6 步：运行主方法文件 TopologyMain，运行结果如下。

```
hello 2
world 1
hadoop 1
```

8.4 Storm 实现约车大数据分析

约车项目的数据量无界而且实时性要求较高，本节模拟约车项目进行约车大数据分析过程的实现。整个项目拥有实时数据产生、数据采集、数据接入与数据流式计算 4 个重要环节，如图 8-5 所示。

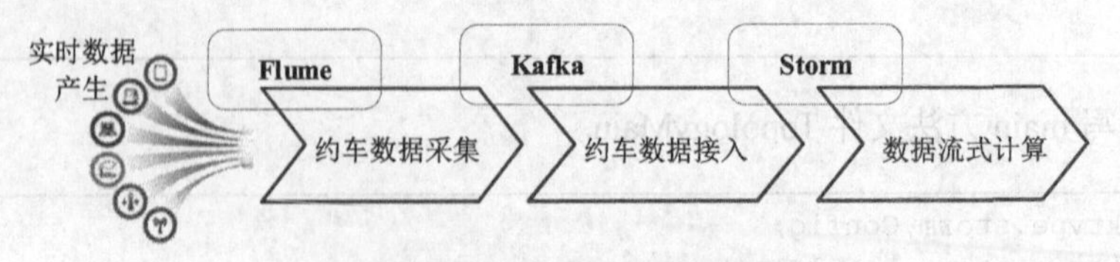

图 8-5　Storm 实现约车项目构成模型

实时数据应用 Shell 脚本模拟生成。

约车数据采集采用 Apache-Flume-1.6.0 实现。Flume 是一种分布式、可靠且可用的服务，用于有效地收集、聚合和移动大量日志数据。它具有基于数据流的简单灵活的架构。它具有可靠性机制以及许多故障转移和恢复机制，具有强大的容错性，它使用简单的可扩展数据模型，允许在线分析应用程序。

约车数据接入采用 Kafka_2.10 实现。Kafka 用于构建实时数据管道和流应用程序。它具有水平可

扩展性、容错性和快速性，可在数千家公司的生产中运行。

数据流式计算采用 Storm 实现，它可以轻松可靠地处理无限数据流。Storm 集成了已经使用的排队和数据库技术，拓扑消耗数据流，并以任意复杂的方式处理这些流，然后在计算的每个阶段之间重新划分流。

8.4.1　模拟生成实时约车数据

使用脚本生成约车数据，并使用 crontab 添加定时任务，以此来模拟约车实时数据的生成。

第 1 步：创建名为 generatordata.sh 的脚本文件，文件内容参考如下。

```
#! /bin/bash
phone_array=(133 153 180 181 189 130 131 132 145 155 156 185 186 134 135 136 137 138 139 147 150 151 152 157 158 159 182 183 184 187 188)
function rand(){
min=$1
max=$(($2-$min+1))
num=$(date +%s%N)
echo $(($num%$max+$min))
}
phone1=${phone_array[$(rand 0 ${#phone_array[@]}-1)]}
((phone2=$RANDOM%10))
for i in {1..7}
do
phone2=$phone2$((($RANDOM%10)))
done
phone=$phone1$phone2
now=$(date "+%Y-%m-%d %H:%M:%S")
dist_array=(松北区 道里区 道外区 平房区 香坊区 呼兰区 阿城区)
d1=d1
d2=d2
city=哈尔滨
jiedao=("三电街 太阳岛街 松浦街 万宝街 松北街 对青山镇 乐业镇" "兆麟街 新阳路街 抚顺街 共乐街 新华街 城乡路街 工农街 尚志街 斯大林街 通江街 经纬街 工程街 安静街 安和街 正阳河街 建国街 康安街 太平镇 新发镇 新农镇 榆树镇" "花园街 奋斗路街 革新街 文化街 大成街 芦家街 荣市街 燎原街 松花江街 曲线街 通达街 七政街 和兴路街 哈西街 保健路街 先锋路街 新春街 王岗镇" "靖宇街 太古街 东莱街 滨江街 仁里街 崇俭街 振江街 东原街 大兴街 胜利街 南马街 民强街 大有坊街 南直路街 化工街 火车头街 新一街 三棵树大街街 水泥路街 大街街 黎华街 新乐街 团结镇 永源镇 巨源镇" "兴建街 保国街 联盟街 友协街 新疆街 新伟街 平房镇 平新镇" "香坊大街街 安埠街 通天街 新香坊街 铁东街 新成街 红旗街 六顺街 成高子镇 幸福镇" "腰堡街 兰河街 利民街 呼兰街 康金镇 沈家镇 方台镇 白奎镇 石人镇 二八镇 莲花镇 大用镇 双井镇 长岭镇" "和平街 胜利街 通城街 河东街 阿什河街 玉泉镇 蜚克图镇 亚沟镇 交界镇 小岭镇 平山镇 松峰山镇 新华镇 双丰镇")
dist_rand=$(rand 0 ${#dist_array[@]}-1)
jiedao_rand=$(rand 0 ${#jiedao[$dist_rand][@]}-1)
dist1=${jiedao[0]}
dist2=${dist1// / }
dist=区
price=$(rand 10 200)
echo "$phone $now $d1 $d2 $city $dist $price"
```

第 2 步：通过 chmod 命令赋予 generatordata.sh 文件可执行的权限。参考命令如下。

```
chmod +x generatordata.sh
```

第 3 步：通过 vi 命令创建日志文件 test.log，用于存储 generatordata.sh 生成的数据。

第 4 步：使用 crontab 添加定时任务，以此来模拟约车实时数据的生成。通过在当前的命令窗口输入 crontab -e 命令，设置定时任务的指令，本例设定 10s 执行一次 generatordata.sh 生成数据并追加至 test.log 文件的操作。参考指令内容如下。

```
* * * * * sleep 10; cd /root/experiment/file; bash generatordata.sh >> /root/experiment/file/test.log
* * * * * sleep 20; cd /root/experiment/file; bash generatordata.sh >> /root/experiment/file/test.log
* * * * * sleep 30; cd /root/experiment/file; bash generatordata.sh >> /root/experiment/file/test.log
* * * * * sleep 40; cd /root/experiment/file; bash generatordata.sh >> /root/experiment/file/test.log
* * * * * sleep 50; cd /root/experiment/file; bash generatordata.sh >> /root/experiment/file/test.log
* * * * * sleep 60; cd /root/experiment/file; bash generatordata.sh >> /root/experiment/file/test.log
```

第 5 步：通过观测 test.log 文件尾部，验证模拟的定时生成数据功能效果。参考命令如下。

```
tail -F test.log
```

观测到每隔 10 秒，test.log 文件会出现一条新的数据。该数据就是定时任务执行的结果。

8.4.2 Flume 整合 Kafka

Flume 采集数据，而 Kafka 作为 Flume 与 Storm 之间数据的传输管道，起着重要的作用。本小节主要介绍 Flume 与 Kafka 之间传递数据的实现过程。

第 1 步：在已经存在的 Flume 环境下配置与 Kafka 整合的属性文件，实现工具间数据传输。参考命令如下。

```
cp flume-conf.properties.template flume-kafka-conf.properties
```

第 2 步：配置 flume-kafka-conf.properties 文件。

参考配置内容如下。

```
# the channels and the sinks
# Sources, channels and sinks are defined per agent
# Name the components on this agent
a1.sources = r1
a1.sinks = k1
a1.channels = c1
```

```
# Describe/configure the source
a1.sources.r1.type = exec
a1.sources.r1.command =tail -F /root/experiment/file/test.log #定时器指定存储数据的文件
# Describe the sink
a1.sinks.k1.type = org.apache.flume.sink.kafka.KafkaSink
a1.sinks.k1.topic = test
a1.sinks.k1.brokerList = master:9092  #master 为主机名，也可以用 IP 配置
a1.sinks.k1.requiredAcks = 1
a1.sinks.k1.batchSize = 20
a1.sinks.k1.channel = c1
# Use a channel which buggers events in memory
a1.channels.c1.type=memory
a1.channels.c1.capacity=1000
a1.channels.c1.transactionCapacity=100
# Bind the source and sink to the channel
a1.sources.r1.channels=c1
```

第 3 步：配置 {$Kafka_HOME/config}/server.propertiesKafka 文件，实现与 Flume 整合的相关属性。参考配置如下。

```
Listener=PLAINTEXT://:9092
Log.dirs=/opt/kafka/kafka-logs
```

第 4 步：启动 Flume 与 Kafka 相关服务。

（1）启动 ZooKeeper 服务。参考命令如下。

```
{$ZOOKEEPER_HOME}/bin/zkServer.sh start
```

（2）启动 Kafka 服务，命令行会提示启动过程的日志追加到当前目录下的 nohup.out 文件中。参考命令如下。

```
nohup {$KAFKA_HOME}/bin/kafka-server-start.sh {$KAFKA_HOME}/config/server.properties &
```

通过 jps 命令查看当前启动的守护进程，结果显示 Kafka 进程已经启动成功。

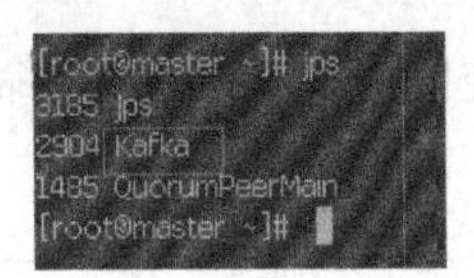

（3）启动 Flume 服务，启动过程记录至当前目录的 nohup 文件中。参考命令如下。

```
nohup {$FLUME_HOME}/bin/flume-ng agent --conf conf --conf-file {$FLUME_HOME}/conf/flume-kafka-conf.properties -n a1 -Dflume.root.logger=DEBUG,console &
```

```
[root@master ~]# cd /opt/flume
[root@master flume]# nohup bin/flume-ng agent --conf conf --conf-file conf/flume-kafka-conf.pr
operties -n a1 -Dflume.root.logger=DEBUG,console &
[2] 3201
[root@master flume]# nohup: ignoring input and appending output to 'nohup.out'
[root@master flume]# ll
total 200
drwxr-xr-x  2 501 games  4096 6 月  6 08:20
-rw-r--r--  1 501 games 69856 5 月  9  2015 CHANGELOG
drwxr-xr-x  1 501 games  4096 6 月 26 09:32
-rw-r--r--  1 501 games  6172 5 月  9  2015 DEVNOTES
drwxr-xr-x 10 501 games  4096 5 月 12  2015
drwxr-xr-x  2 root root  4096 6 月  6 08:20
-rw-r--r--  1 501 games 25903 5 月  9  2015 LICENSE
-rw-------  1 root root  59793 6 月 28 10:22 nohup.out
-rw-r--r--  1 501 games   249 5 月  9  2015 NOTICE
-rw-r--r--  1 501 games  1779 5 月  9  2015 README
-rw-r--r--  1 501 games  1585 5 月  9  2015 RELEASE-NOTES
drwxr-xr-x  2 root root  4096 6 月  6 08:20
[root@master flume]#
```

通过 jps 命令，查看启动的进程，如截图中内容所示。

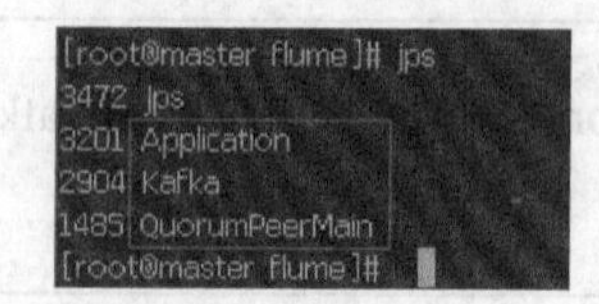

第 5 步：验证 Flume 与 Kafka 间约车数据传递情况。

（1）启动定时器服务。参考命令如下。

```
crontab -e
```

```
[root@master log]# systemctl restart crond
[root@master log]#
```

（2）查看 test.log 文件，确认每隔 10s 该文件会出现一条新的数据。参考命令如下。

```
tail -F test.log
```

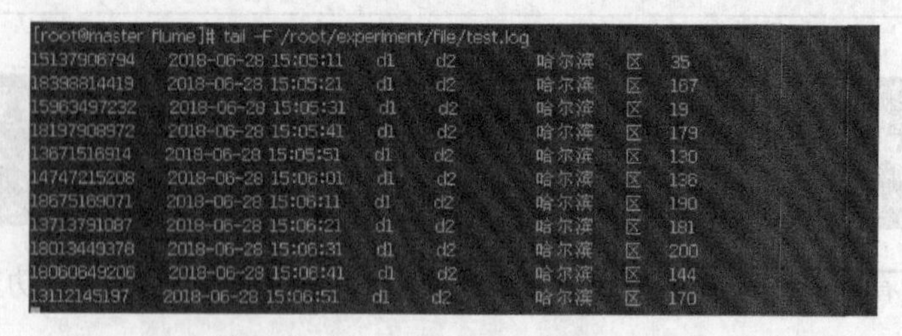

（3）通过 cd 命令切换至 Kafka 监控日志目录。通过 ll 命令查看该目录下的文件列表。参考命令如下。

```
cd /opt/kafka/kafka-logs/test-0/
```

```
[root@master ~]# cd /opt/kafka/kafka-logs/test-0/
[root@master test-0]# ll
total 12
-rw-r--r-- 1 root root 10485760 6 月 28 15:07 00000000000000000000.index
-rw-r--r-- 1 root root     6863 6 月 28 15:11 00000000000000000000.log
[root@master test-0]#
```

（4）通过 tail 命令观测定时任务中由 test.log 日志发过来的内容。大约每隔 10s 会出现一条新的数据。参考命令如下。

```
tail -F 00000000000000000000.log
```

```
[root@master test-0]# tail -F 00000000000000000000.log
10h��������������
          Hello wrold_��}������������I18964060057    2018-06-28 15:01:02    d1    d2        哈尔滨    区    1
87_T��m�������������I13302065853    2018-06-28 15:01:12    d1    d2        哈尔滨    区    110`��V������������H181589
47092    2018-06-28 15:01:22    d1    d2        哈尔滨    区    16`�q������������H18801809731    2018-06-28 15:01:32
  d1    d2        哈尔滨    区    96_��$�������������I13730475175    2018-06-28 15:01:42    d1    d2        哈尔滨
 区    182_�h�������������I15231175175    2018-06-28 15:01:52    d1    d2        哈尔滨    区    125_GT�������������
I13938620279    2018-06-28 15:02:02    d1    d2        哈尔滨    区    16`gw������������H15324708308    2018-06-28
15:02:11    d1    d2        哈尔滨    区    53        ▒�������������I18247519828    2018-06-28 15:02:21    d1    d2
   哈尔滨    区    188
_hp�w������������I18366108125    2018-06-28 15:02:31    d1    d2        哈尔滨    区    111
                                                                   `�bA ������������H1824826
5782    2018-06-28 15:02:41    d1    d2        哈尔滨    区    83
                                               `���n������������H18772548387    2018-06-28 15:02:5
_d����������������I18686204620    2018-06-28 15:03:01    d1    d2        哈尔滨    区    153`.��������������H1515282
7462    2018-06-28 15:03:11    d1    d2        哈尔滨    区    66_�M�������������I18392230029    2018-06-28 15:03:21
  d1    d2        哈尔滨    区    171`��3������������H15815871268    2018-06-28 15:03:31    d1    d2        哈尔滨
 区    94`V������������H13877893165    2018-06-28 15:03:41    d1    d2        哈尔滨    区    27_��.2������������I145
84197458    2018-06-28 15:03:51    d1    d2        哈尔滨    区    184`�8�������������H13515979061    2018-06-28 15:
04:01    d1    d2        哈尔滨    区    92`��������������H18936840494    2018-06-28 15:04:11    d1    d2        哈尔
滨    区    79`���b������������H13002074994    2018-06-28 15:04:21    d1    d2        哈尔滨    区    89`�c������������
��H15565689199    2018-06-28 15:04:31    d1    d2        哈尔滨    区    12`��p�������������H13436533676    2018-06-
28 15:04:41    d1    d2        哈尔滨    区    71▒_�`������������I15328791966    2018-06-28 15:04:51    d1    d2
(0������������H15137906794    2018-06-28 15:05:11    d1    d2        哈尔滨    区    35*��������������I18398814419
  2018-06-28 15:05:21    d1    d2        哈尔滨    区    167`/%�1������������H15963497232    2018-06-28 15:05:31
 d1    d2        哈尔滨    区    19_w��������������I18197908972    2018-06-28 15:05:41    d1    d2        哈尔滨    区
  179_5�w������������I13671516914    2018-06-28 15:05:51    d1    d2        哈尔滨    区    130_���������������I14
747215208    2018-06-28 15:06:01    d1    d2        哈尔滨    区    136_�A,�������������I18675169071    2018-06-28
15:06:11    d1    d2        哈尔滨    区    190!_���x�������������I13713791087    2018-06-28 15:06:21    d1    d2
  哈尔滨    区    181"_
��e�������������I18013448378    2018-06-28 15:06:31    d1    d2        哈尔滨    区    200#_�.0q������������I18060649
206    2018-06-28 15:06:41    d1    d2        哈尔滨    区    144$_��d4�������������I13112145197    2018-06-28 15:06:
51    d1    d2        哈尔滨    区    170
```

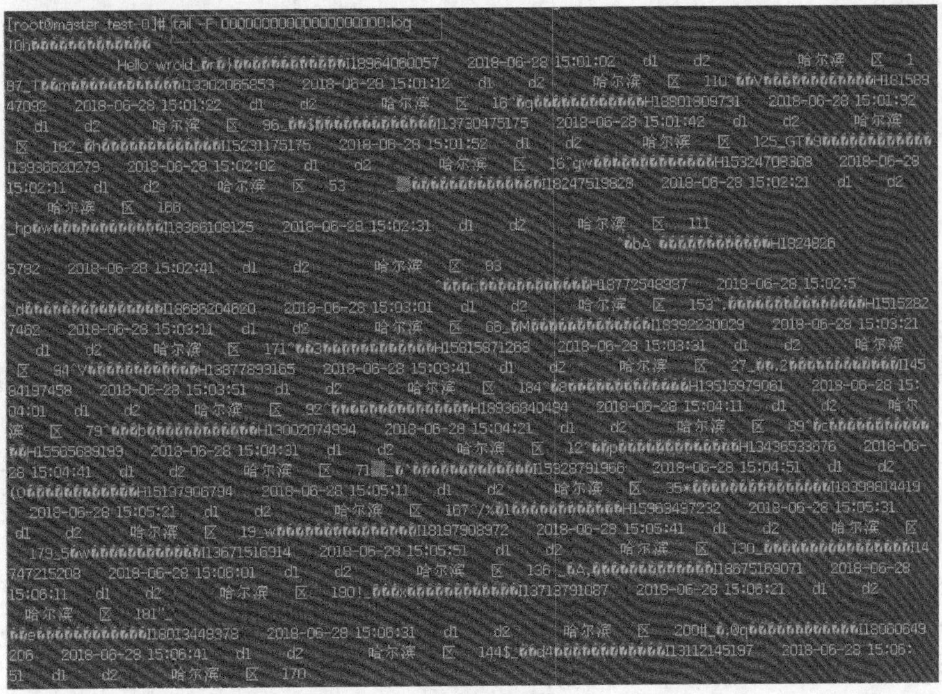

8.4.3　约车数据采集后基于 Storm 进行实时处理

第 1 步：基于 Maven 项目下 pom.xml 文件依赖的参数配置参考如下。

```
<?xml version="1.0" encoding="UTF-8"?>
<project xmlns="http://maven.apache.org/POM/4.0.0"
xmlns:xsi="http://www.w3.org/2001/XMLSchema-instance"
xsi:schemaLocation="http://maven.apache.org/POM/4.0.0 http://maven.apache.org/xsd/maven-4.0.0.xsd">
<modelVersion>4.0.0</modelVersion>
<groupId>uber</groupId>
<artifactId>UberStorm</artifactId>
<version>1.0-SNAPSHOT</version>
<properties>
<project.build.sourceEncoding>UTF-8</project.build.sourceEncoding>
</properties>
<dependencies>
<dependency>
<groupId>org.apache.storm</groupId>
<artifactId>storm-core</artifactId>
<version>0.9.6</version>
</dependency>
<dependency>
<groupId>org.apache.kafka</groupId>
<artifactId>kafka_2.9.2</artifactId>
```

```
<version>0.8.1.1</version>
<exclusions>
<exclusion>
<groupId>log4j</groupId>
<artifactId>log4j</artifactId>
</exclusion>
</exclusions>
</dependency>
<dependency>
<groupId>junit</groupId>
<artifactId>junit</artifactId>
<version>3.8.1</version>
<scope>test</scope>
</dependency>
</dependencies>
</project>
```

第 2 步：创建 log4j.properties 文件。

使用鼠标单击项目中的 Java 文件夹，单击右键选择 New→Resource Bundle，在弹出的窗口中输入 log4j，单击“确定”按钮，创建 log4j.properties 文件。文件参考内容如下。

```
log4j.rootLogger=INFO, stdout
log4j.appender.stdout=org.apache.log4j.ConsoleAppender
log4j.appender.stdout.layout=org.apache.log4j.PatternLayout
# Pattern to output the caller's file name and line number.
log4j.appender.stdout.layout.ConversionPattern=%5p [%t] (%F:%L) - %m%n
```

第 3 步：创建 KafkaReaderSpout 类文件。

```
import backtype.storm.spout.SpoutOutputCollector;
import backtype.storm.task.TopologyContext;
import backtype.storm.topology.OutputFieldsDeclarer;
import backtype.storm.topology.base.BaseRichSpout;
import backtype.storm.tuple.Fields;
import backtype.storm.tuple.Values;
import org.slf4j.Logger;
import org.slf4j.LoggerFactory;
import java.util.Map;
public class KafkaReaderSpout extends BaseRichSpout {
private final Logger logger = LoggerFactory.getLogger(KafkaReaderSpout.class);
private static final long serialVersionUID = 1L;
private SpoutOutputCollector collector;
private KafkaConsumer consumer;
public void open(Map conf, TopologyContext context, SpoutOutputCollector collector) {
this.collector = collector;
this.consumer = new KafkaConsumer();
logger.info("KafkaReaderSpout started ");
}
@Override
public void close() {
super.close();
}
@Override
```

```
public void ack(Object msgId) {
}
@Override
public void fail(Object msgId) {
logger.error("KafkaReaderSpout fail(),failedmsg :" + msgId.toString());
}
public void nextTuple() {
String msg = consumer.takeOneMsg();
try {
if (msg != null) {
this.collector.emit(new Values(msg),
msg);
logger.info("get one message : "+msg);
} else {
Thread.sleep(10);
}
} catch (Exception e) {
logger.info("KafkaReaderSpoutnextTuple() Sth wrong with "+ msg);
logger.error("KafkaReaderSpoutnextTuple() Exception:", e);
}
}
public void declareOutputFields(OutputFieldsDeclarer declarer) {
declarer.declare(new Fields("source_line"));
}
}
```

第 4 步：创建 DataparseBolt 类文件。

```
import java.util.Map;
import org.apache.log4j.LogManager;
import org.apache.log4j.Logger;
import backtype.storm.task.TopologyContext;
import backtype.storm.topology.BasicOutputCollector;
import backtype.storm.topology.OutputFieldsDeclarer;
import backtype.storm.topology.base.BaseBasicBolt;
import backtype.storm.tuple.Fields;
import backtype.storm.tuple.Tuple;
import backtype.storm.tuple.Values;
public class DataparseBolt extends BaseBasicBolt {
private static final long serialVersionUID = 1L;
private long consumermsgcount = 0l;
private static Logger logger =LogManager.getLogger(DataparseBolt.class);
@Override
public void prepare(Map stormConf, TopologyContext Context) {
}
@Override
public void cleanup() {
}
public void execute(Tuple input, BasicOutputCollector Collector) {
String sentence = input.getString(0);
if (sentence == null || "".equals(sentence)) {
   return;
}
consumermsgcount++;
logger.info("consumer msg num?"+consumermsgcount);
```

```
Collector.emit(new Values(sentence));
}
public void declareOutputFields(OutputFieldsDeclarer declarer) {
declarer.declare(new Fields("parsed_datamap"));
}
}
```

第 5 步：创建 ProjectConfig 类文件。

```
public class ProjectConfig {
public static final String KAFKA_ZOOKEEPER = "localhost:2181";
public static final String KAFKA_TOPIC = "diditopic";
public static final String KAFKA_CONSUMER_GROUP = "test-group";
public static final int MQ_MESSAGE_CONTAINER_SIZE = 100;
}
```

第 6 步：创建 KafkaConsumer 类文件。

```
import java.util.HashMap;
import java.util.List;
import java.util.Map;
import java.util.Properties;
import java.util.concurrent.ArrayBlockingQueue;
import java.util.concurrent.BlockingQueue;
import org.apache.log4j.LogManager;
import org.apache.log4j.Logger;
import kafka.consumer.Consumer;
import kafka.consumer.ConsumerConfig;
import kafka.consumer.ConsumerIterator;
import kafka.consumer.KafkaStream;
import kafka.javaapi.consumer.ConsumerConnector;
public class KafkaConsumer {
private static Logger logger = LogManager.getLogger(KafkaConsumer.class);
BlockingQueue<String> queue = new ArrayBlockingQueue<String>(ProjectConfig.MQ_MESSAGE_
CONTAINER_SIZE);
public KafkaConsumer() {
new Thread("Kafka-Consumer-Thread-yanzhen") {
@Override
public void run() {
Properties props = new Properties();
props.put("zookeeper.connect",ProjectConfig.KAFKA_ZOOKEEPER);
props.put("zk.connectiontimeout.ms", "100000");
props.put("group.id",ProjectConfig.KAFKA_CONSUMER_GROUP);
props.put("auto.offset.reset", "smallest");
ConsumerConfig consumerConfig = new ConsumerConfig(props);
ConsumerConnector consumerConnector = Consumer.createJavaConsumerConnector(consumerConfig);
HashMap<String, Integer> map = new HashMap<String, Integer>();
map.put(ProjectConfig.KAFKA_TOPIC, 1);
Map<String, List<KafkaStream<byte[],byte[]>>> topicMessageStreams = consumerConnector.
createMessageStreams(map);
List<KafkaStream<byte[], byte[]>> streams = topicMessageStreams.get(ProjectConfig.KAFKA_TOPIC);
logger.info("------------------streams size"+streams.size());
for (final KafkaStream<byte[], byte[]> stream : streams) {
logger.info("-------------------------------kafkastream for");
```

```
ConsumerIterator<byte[], byte[]> it = stream.iterator();
while (it.hasNext()) {
String message = new String(it.next().message());
logger.info("-----------------------------------------Message from SingleTopic: " + message);
try {
queue.put(message);
} catch (InterruptedException e) {
e.printStackTrace();
}
}
}
}
}.start();
}
public String takeOneMsg() {
return queue.poll();
}
public static void main(String[] args) {
int count = 0;
KafkaConsumer c = new KafkaConsumer();
String msg = c.takeOneMsg();
while (msg != null) {
System.out.println(msg);
count++;
System.out.println(count);
msg = c.takeOneMsg();
}
}
}
```

第 7 步：创建 TopologyMain 类文件。

```
import backtype.storm.Config;
import backtype.storm.LocalCluster;
import backtype.storm.generated.AlreadyAliveException;
import backtype.storm.generated.InvalidTopologyException;
import backtype.storm.topology.TopologyBuilder;
public class TopologyMain {
public static void main(String[] args) throws InterruptedException,AlreadyAliveException,
InvalidTopologyException {
TopologyBuilder builder = new TopologyBuilder();
builder.setSpout("KafkaReaderSpout", new KafkaReaderSpout());
builder.setBolt("DataParseBolt", new DataparseBolt(),1).shuffleGrouping("KafkaReaderSpout");
Config conf = new Config();
LocalCluster cluster = new LocalCluster();
cluster.submitTopology("teststorm-demo", conf,
builder.createTopology());
}
}
```

第 8 步：此时会在 IDEA 开发工具的控制台中观测到约车实时数据的运行结果。

8.5 本章小结

本章介绍了 Storm 的基本概念及应用方法，帮助读者理解实时数据的基本概念，以及与离线工具 Hadoop 的区别。基于实时数据的无界性、实时性等特点，对基于实时分布式框架的典型代表工具 Storm 进行讲解与学习。

本章首先简要介绍了 Storm 的概念、特征、系统结构及运行原理；然后以 Storm 0.9.6 为实例进行安装、部署和应用介绍；最后以一个实时约车大数据分析的案例，模拟真实数据情况，进行 Flume+Kafka+Storm 工具的整合开发，以实战的方式引导读者理解实时项目的开发过程。

8.6 习题

1. 试述你对 Storm 基本概念的理解。
2. 试述 Storm 的基本特征。
3. 试述 Storm 系统结构中的主要组件及各组件的作用。
4. 试述 Storm 的运行原理。
5. 上网查阅 Storm 的应用案例。
6. 试着独立安装部署 Storm 环境。
7. 独立编写完成 Storm 部署环境下 WordCount 程序。
8. 参考 8.4 节内容，编写程序实现实时约车功能。